I0464617

Riccardo Borghi

Esercizi e Problemi di Fisica
I. Meccanica

Printed by CreateSpace

Prima Edizione 2015

Printed by CreateSpace

Indice

Prefazione

Questo libro nasce quale naturale complemento delle lezioni di meccanica elementare per allievi ingegneri scritte nel 2014.

Non v'è dubbio che il modo migliore per imparare i metodi della fisica in generale e della meccanica in particolare sia quello di applicarli a situazioni concrete. Occorre peraltro sfatare la convinzione, piuttosto radicata fra le matricole, che la risoluzione di un problema di fisica si riduca alla mera applicazione di "magiche" formulette matematiche. Sebbene le leggi che regolano il moto dei corpi trovino nella matematica la naturale forma espressiva, la loro applicazione pratica è spesso lungi dall'essere banale. Una delle maggiori difficoltà risiede nel fatto che il testo di un tipico problema di meccanica è quasi sempre enunciato nel linguaggio ordinario e ciò implica una preliminare opera di traduzione volta alla costruzione di un efficace modello geometrico. Lo stretto legame tra meccanica newtoniana e geometria euclidea rappresenta dunque un elemento essenziale per una corretta impostazione del procedimento risolutivo. Per questo ho cercato di mantenere un atteggiamento il più possibile lineare nel proporre le soluzioni ai vari problemi contenuti nel libro, limitando ove possibile il ricorso a trucchi ed espedienti. Spero che ciò possa servire da stimolo allo studente per ricercare soluzioni alternative, magari più efficaci ed eleganti di quelle da me proposte, e favorire in tal modo l'esercizio della propria creatività.

Il libro è diviso in due parti: la prima contiene i testi dei duecentotrentacinque problemi proposti partendo dall'algebra vettoriale sino ad arrivare ai moti rototraslatori, passando per la cinematica e la dinamica del punto, la gravitazione universale, le equazioni cardinali dei sistemi, la geometria delle masse e la statica del corpo rigido. La seconda parte del libro contiene le soluzioni dettagliate di ciascun problema. Più di trecento figure corredano il testo.

Sono grato a Turi Maria Spinozzi per il supporto tecnico durante la preparazione del libro. Ringrazio infine Ornello Borghi per il prezioso aiuto offertomi nella delicata fase di revisione del testo.

Roma, 25 aprile 2015.

R. B.

Parte I

Testi dei problemi

1

1. Dimostrare che, date due corde di un cerchio AB e CD che si intersecano ad angolo retto in un punto P, la risultante dei quattro segmenti orientati $\overrightarrow{PA}$, $\overrightarrow{PB}$, $\overrightarrow{PC}$ e $\overrightarrow{PD}$, pensati applicati in P, passa per il centro O del cerchio e ha modulo doppio della lunghezza del segmento OP.

2. Dimostrare la seguente costruzione geometrica per la somma vettoriale di due segmenti orientati $\overrightarrow{AB}$ e $\overrightarrow{CD}$: a partire da A e C si traccino le rette parallele rispettivamente ai segmenti AD e CB e sia P la relativa intersezione. A partire da B e D si traccino le rette parallele rispettivamente ai segmenti AD e CB e sia Q la relativa intersezione. Si ha $\overrightarrow{PQ} = \overrightarrow{AB} + \overrightarrow{CD}$.

3. Trovare un punto O nel piano di un quadrilatero $ABCD$ tale che

$$\overrightarrow{OA} + \overrightarrow{OB} + \overrightarrow{OC} + \overrightarrow{OD} = 0$$

Dimostrare che O rappresenta la "media aritmetica" dei quattro vertici.

4. Dimostrare che due vettori $\boldsymbol{u}$ e $\boldsymbol{w}$ sono perpendicolari se $|\boldsymbol{u} + \boldsymbol{w}| = |\boldsymbol{u} - \boldsymbol{w}|$.

5. Dimostrare che se i vettori $\boldsymbol{u} + \boldsymbol{w}$ e $\boldsymbol{u} - \boldsymbol{w}$ sono perpendicolari allora $|\boldsymbol{u}| = |\boldsymbol{w}|$.

6. Dati tre vettori $\boldsymbol{u}$, $\boldsymbol{v}$ e $\boldsymbol{w}$, dimostrare che

   (a) $|\boldsymbol{u} + \boldsymbol{v}| \leq |\boldsymbol{u}| + |\boldsymbol{v}|$
   (b) $|\boldsymbol{u} - \boldsymbol{v}| \geq |\boldsymbol{u}| - |\boldsymbol{v}|$
   (c) $|\boldsymbol{u} + \boldsymbol{v} + \boldsymbol{w}| \leq |\boldsymbol{u}| + |\boldsymbol{v}| + |\boldsymbol{w}|$

7. Dimostrare che i punti medi dei lati di un quadrilatero di forma qualsiasi coincidono con i vertici di un parallelogramma.

8. Determinare sotto quali condizioni è vera l'equazione $\boldsymbol{u} \cdot \boldsymbol{u} = \boldsymbol{u} \cdot \boldsymbol{w}$.

9. Dimostrare che se due vettori $\boldsymbol{u}$ e $\boldsymbol{w}$ hanno lo stesso modulo V e formano un angolo ϑ, allora $|\boldsymbol{u} + \boldsymbol{w}| = 2V \cos\frac{\vartheta}{2}$ e $|\boldsymbol{u} - \boldsymbol{w}| = 2V \sin\frac{\vartheta}{2}$.

10. Il raggio terrestre fu stimato per la prima volta più di duemila anni fa da Eratostene di Cirene. Da un manoscritto che riguardava Siene, l'attuale Assuan, Eratostene venne a sapere che a mezzogiorno del solstizio d'estate la luce del Sole si rifletteva sul fondo dei pozzi. In altri termini, il Sole passava allo zenith sopra Assuan, come mostrato nella figura.

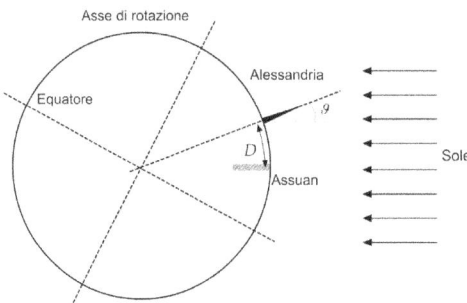

Ad Alessandria, che si trova a circa 800 km più a nord di Assuan, gli oggetti verticali proiettavano invece sempre almeno una minima ombra. Eratostene misurò la lunghezza delle ombre prodotte dal Sole a mezzogiorno del solstizio d'estate, e stimò in tal modo l'angolo che la direzione dei raggi luminosi forma con la verticale in circa 1/50 di giro. Utilizzando questi dati, trovare la stima di Eratostene del raggio terrestre.

11. Stimare l'eccentricità dell'orbita ellittica terrestre sapendo che il diametro angolare del Sole visto dalla Terra varia da un massimo di 32' 33" a un minimo di 31' 29".

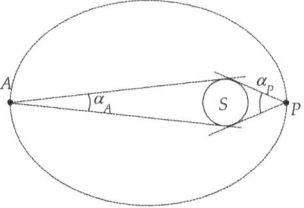

12. Supponiamo di avere una corda che cinga perfettamente la Terra lungo l'equatore.

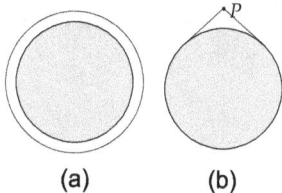

(a)   (b)

Aumentando la lunghezza della corda di un metro ed espandendola uniformemente intorno alla superficie come mostrato nella figura (a), stimare di quanto sale la corda rispetto alla superficie. Se invece l'aumento della lunghezza fosse di un solo millimetro, ma la corda fosse tesa come mostrato nella figura (b), quanto sarebbe la quota di P?

13. Siano dati due versori $\hat{r}_1$ ed $\hat{r}_2$, individuati rispettivamente dalle coordinate sferiche (ϑ_1, φ_1) e (ϑ_2, φ_2). Dimostrare che l'angolo α compreso tra le direzioni si ottiene dalla relazione

$$\cos\alpha = \sin\vartheta_1 \sin\vartheta_2 \cos(\varphi_1 - \varphi_2) + \cos\vartheta_1 \cos\vartheta_2$$

14. L'astronomo greco Aristarco di Samo stimò il rapporto tra la distanza Terra-Sole e la distanza Terra-Luna misurando la separazione angolare ϑ, vista dalla Terra, tra Sole e Luna quando quest'ultima si trova in *quadratura* (ossia è piena per metà), come mostrato nella figura.

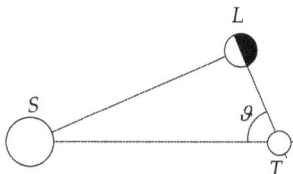

(a) Sapendo che Aristarco trovò $\vartheta \simeq 87°$, quale è il rapporto stimato?

(b) Utilizzando i valori attualmente noti per le distanze medie Terra-Sole e Terra-Luna, si stimi il valore di ϑ.

15. Il diametro di un cilindro si può stimare utilizzando solamente un righello graduato nel seguente modo: si pone il righello perpendicolarmente all'asse del cilindro dietro e a contatto di quest'ultimo, stimando ad occhio la lunghezza, diciamo L, del tratto occultato dal cilindro, come mostrato nella figura.

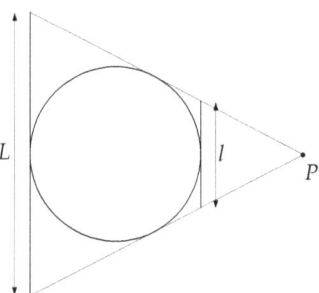

Si ripete quindi un'analoga stima per il tratto di lunghezza l, ottenuta mantenendo il righello a contatto col cilindro ma davanti ad esso, come mostrato nella figura. Dimostrare che il diametro del cilindro è pari alla media geometrica di l ed L.

16. Dato un triangolo di forma arbitraria, dimostrare che la somma dei quadrati delle mediane è pari ai 3/4 della somma dei quadrati dei lati.

17. Dimostrare la seguente identità vettoriale:

$$(a \times b) \times c = (a \cdot c)b - (b \cdot c)a$$

18. Scelti arbitrariamente tre vettori a, b e c, dimostrare che

$$a \times (b \times c) + c \times (a \times b) + b \times (c \times a) = 0$$

19. Si consideri un triangolo di forma qualsiasi avente lati a, b e c e i vettori u, v e w, ad essi rispettivamente perpendicolari, con la stessa lunghezza e orientati verso l'esterno del triangolo, come mostrato in figura.

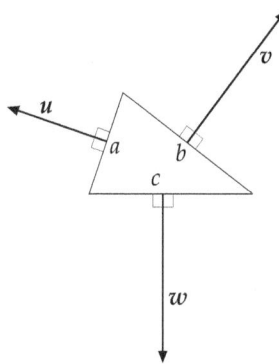

Calcolare la somma $u + v + w$.

20. I quattro vertici di un tetraedro si trovano in corrispondenza dell'origine O di un sistema di riferimento cartesiano ortogonale $Oxyz$ e di tre punti individuati rispettivamente dai versori degli assi coordinati $\hat{\imath}$, $\hat{\jmath}$ e $\hat{k}$. Calcolare l'area della superficie totale del tetraedro.

21. Dati tre vettori non complanari a, b e c, dimostrare che vale la seguente decomposizione lineare di un arbitrario vettore v:

$$v = Aa + Bb + Cc$$

dove il coefficiente A è dato da

$$A = \frac{v \cdot (b \times c)}{a \cdot (b \times c)}$$

e analoghe espressioni, ottenute permutando ciclicamente a, b e c, si ottengono per i coefficienti B e C.

22. Dati quattro vettori a, b, c e d, trovare la direzione del vettore

$$(a \times b) \times (c \times d)$$

23. Per un'arbitraria matrice quadrata di numeri reali, il modulo del determinante è minore o al massimo uguale della radice quadrata del prodotto delle somme dei quadrati dei termini delle varie righe. Si dimostri la diseguaglianza nel caso di una matrice 2×2, interpretando gli elementi di ciascuna riga come le componenti cartesiane di un vettore del piano. Quale interpretazione vettoriale della diseguaglianza si può dare nel caso di una matrice 3×3?

24. Due navi, rappresentate dai punti A e B, stanno rispettivamente entrando e uscendo dal porto P, come mostrato in figura.

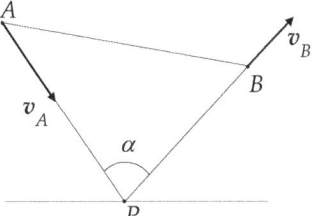

Le velocità delle navi v_A e v_B formano l'angolo α. Calcolare il rapporto $\overline{AP}/\overline{BP}$ nell'istante in cui la distanza tra le navi è minima.

25. Un uomo nella posizione A vuole raggiungere, nel minor tempo possibile, il proprio ombrellone che si trova nella posizione B, come mostrato nella figura.

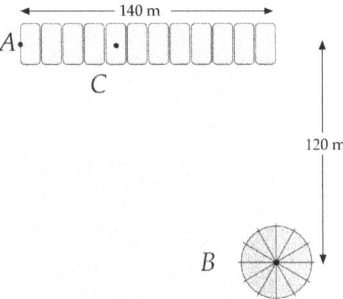

Sapendo che l'uomo può correre a circa 5 m/s sul passaggio orizzontale fatto di cemento e a circa 3 m/s sulla spiaggia, determinare la traiettoria ottimale ACB.

26. Un punto parte dalla posizione *A* e arriva nella posizione *B* seguendo la traiettoria mostrata nella figura. Sapendo che il modulo della velocità rimane costante, determinare l'ascissa *x* del punto *P* che corrisponde al *minimo* tempo di viaggio.

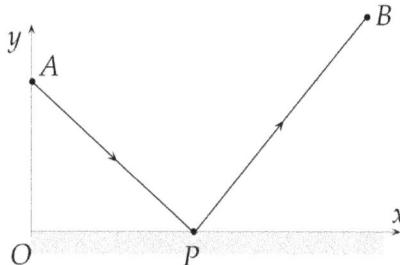

27. Il fenomeno della rifrazione della luce può essere compreso mediante considerazioni puramente cinematiche.

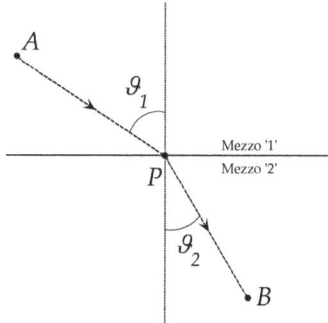

Con riferimento alla figura, indichiamo con v_1 e v_2 rispettivamente le velocità scalari della luce nel mezzo '1' e nel mezzo '2'. Determinare la posizione del punto *P* affinché il tempo che un raggio luminoso impiega per andare da *A* a *B* sia minimo.

28. Dimostrare che, dato un versore $\hat{u}$ la cui orientazione nel piano dipende da un parametro t, il vettore $\dfrac{d\hat{u}}{dt}$ è ortogonale a $\hat{u}$.

29. Sia dato un versore $\hat{u}$ avente un estremo fisso nell'origine O e l'altro che si muove sulla sfera di raggio unitario secondo le equazioni

$$\begin{cases} \vartheta = \vartheta(t) \\ \varphi = \varphi(t) \end{cases}$$

dove (ϑ, φ) indicano le coordinate sferiche dell'estremo libero di $\hat{u}$, come mostrato nella figura.

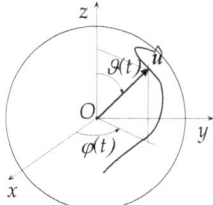

Dimostrare che la velocità angolare ω ammette la seguente rappresentazione cartesiana:

$$\omega = -\dot{\vartheta}\sin\varphi\,\hat{\imath} + \dot{\vartheta}\cos\varphi\,\hat{\jmath} + \dot{\varphi}\,\hat{k}$$

30. Dimostrare che, dato un punto in moto su un'arbitraria traiettoria piana e pensando il vettore posizione r funzione dello spazio s misurato sulla traiettoria stessa, vale la seguente espressione per il versore tangente $\hat{\tau}$:

$$\hat{\tau} = \frac{\mathrm{d}r}{\mathrm{d}s}$$

31. Sapendo che la massima accelerazione o decelerazione di un treno è pari a 1 m/s², trovare il minimo tempo necessario per raggiungere una stazione distante 100 km da quella di partenza sapendo che il limite di velocità è pari a 100 km/h.

32. Due punti P e Q percorrono, partendo da fermi, una data distanza nello stesso tempo. Il primo accelera per l'intero tragitto con accelerazione costante. Il secondo si muove nella prima metà del percorso con accelerazione costante e mantiene la velocità così ottenuta durante la seconda metà. Calcolare il rapporto tra le due accelerazioni.

33. Un punto si muove, partendo da fermo, con accelerazione costante a_1 sino a raggiungere la velocità V, mantiene questa velocità costante per un certo tempo e finalmente si ferma con decelerazione costante a_2. Indicando con D la distanza totale percorsa, dimostrare che il tempo totale di moto è dato dalla seguente espressione:

$$\frac{D}{V} + \frac{V}{2}\left(\frac{1}{a_1} + \frac{1}{a_2}\right)$$

e calcolare il valore di V che lo rende minimo.

34. Dimostrare che un punto, partendo da fermo, non può muoversi con una velocità proporzionale allo spazio percorso.

35. Dimostrare che se un punto P si muove su una traiettoria rettilinea verso un punto fisso O con velocità proporzionale alla distanza OP, non potrà raggiungere O in un tempo finito.

36. Dimostrare che se un punto rallenta con velocità scalare inversamente proporzionale al tempo, la sua decelerazione è proporzionale al quadrato della velocità.

37. Un punto P si muove di moto uniformemente accelerato e passa per le posizioni A, B e C, rispettivamente agli istanti di tempo t_A, t_B e t_C. Dimostrare che l'accelerazione vettoriale (costante) del punto è rappresentata dal seguente vettore:

$$2\frac{\overrightarrow{AB}\,t_C + \overrightarrow{BC}\,t_A + \overrightarrow{CA}\,t_B}{(t_A - t_B)(t_B - t_C)(t_C - t_A)}$$

38. Una formica si muove con velocità costante lungo un'asta di lunghezza L, inizialmente appoggiata in posizione verticale a una parete. Supponendo che l'estremo inferiore dell'asta scivoli orizzontalmente verso destra con velocità costante e che l'estremo superiore si mantenga in contatto con la parete per tutta la durata del moto (sino a che l'asta raggiunge la posizione orizzontale), dimostrare che la formica raggiunge la quota massima quando l'asta è inclinata di 45° sull'orizzontale.

39. Una circonferenza di raggio R rotola senza strisciare con velocità angolare ω su una retta, come mostrato in figura.

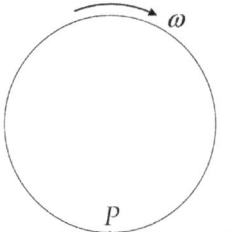

Dimostrare che l'accelerazione del punto di contatto P è diretta ortogonalmente alla retta e vale in modulo $\omega^2 R$.

40. Un punto P si muove su una traiettoria piana Γ, come mostrato in figura.

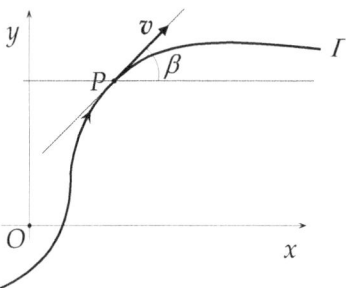

Se le componenti della sua velocità, espresse nel sistema di riferimento cartesiano ortogonale Oxy, sono

$$\begin{cases} v_x = v \cos\beta \\ \\ v_y = v \sin\beta \end{cases}$$

dove sia v che β sono funzioni arbitrarie del tempo, determinare l'espressione della componente normale dell'accelerazione.

41. Un punto materiale si muove su una circonferenza con l'equazione oraria $\vartheta(t) = \beta\, t^3$, dove β è un parametro positivo. Calcolare l'angolo che l'accelerazione forma con l'asse di riferimento (asse x) la prima volta che il punto ripassa per la posizione $\vartheta = 0$.

42. Un punto P si muove di moto rettilineo uniforme. Q è il punto ottenuto proiettando P da un punto (fisso) O su una retta (fissa) s, come
mostrato in figura.

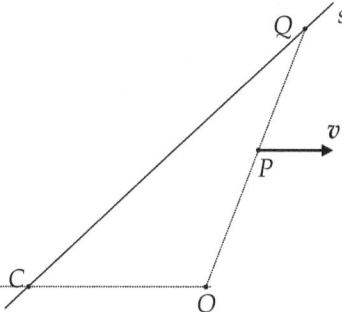

Dimostrare che l'accelerazione di Q sulla retta è proporzionale al cubo
della distanza $\overline{QC}$, dove C è l'intersezione di s con la retta passante per
O e parallela alla direzione di P.

43. Il giorno *sidereo* è definito come il tempo che la Terra impiega per
compiere una rotazione completa attorno al proprio asse. Il giorno
solare medio è il tempo che intercorre tra due successivi passaggi del
Sole allo zenith (vedi figura).

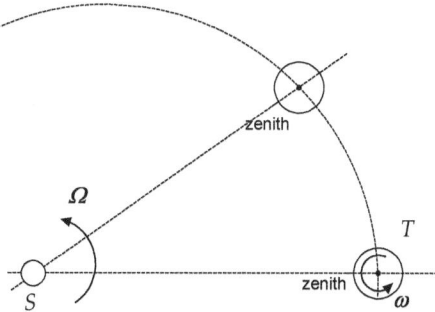

Sapendo che l'anno solare è costituito da 365 giorni solari, stimare il
rapporto tra le durate del giorno solare e del giorno sidereo.

44. Nel dispositivo ideato dal fisico francese Hippolyte Fizeau per la misura della velocità della luce schematizzato nella figura, un fascio luminoso viene fatto passare nella zona periferica di una ruota dentata, in modo da essere trasmesso e arrestato in corrispondenza rispettivamente dei solchi e dei denti (che hanno uguale larghezza). Il fascio viene poi riflesso dallo specchio M, disposto ortogonalmente al percorso della luce e distante $D \simeq 8633$ m dalla ruota.

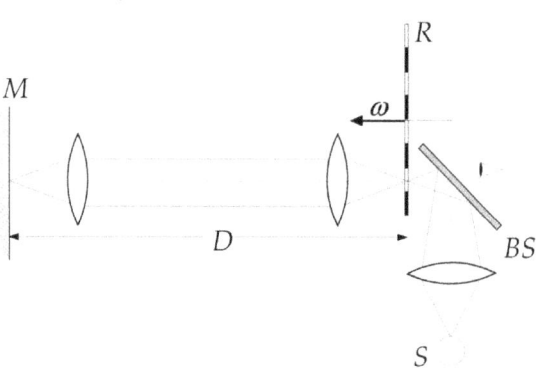

Aumentando progressivamente la velocità angolare ω della ruota, si può fare in modo che, durante il tempo impiegato dalla luce nel percorso di andata e ritorno, ogni solco venga sostituito da un dente adiacente, cosicché la luce non riesce a oltrepassare nuovamente la ruota. Fizeau trovò che ciò accadeva alla frequenza di rotazione di 12.6 giri/s per una ruota avente 720 denti (e altrettanti solchi). Stimare il valore della velocità della luce utilizzando questi dati.

45. Il tempo che la Luna impiega per completare un'orbita intorno alla Terra è pari a circa 27 giorni, 7 ore e 43 minuti. Il tempo che intercorre tra due alte maree corrispondenti a due giorni successivi è maggiore di un giorno solare (pari a 24 ore) a causa del moto orbitale della Luna (vedi figura).

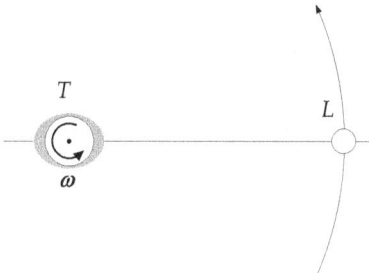

Dimostrare che il ritardo giornaliero della marea è pari a circa 50 minuti e mezzo.

46. Gli estremi P e Q di una sbarra rigida sono vincolati a muoversi rispettivamente lungo l'asse x e l'asse y di un sistema di riferimento cartesiano ortogonale Oxy. Se la velocità di P è costante, dimostrare che l'accelerazione di un generico punto della sbarra:

   (a) è parallela all'asse y;
   (b) è in modulo inversamente proporzionale al cubo dell'ordinata del punto.

47. L'equazione polare della spirale logaritmica della figura è

$$r(\varphi) = \exp(-b\,\varphi), \qquad b > 0.$$

Indicando con s e ρ rispettivamente lo spazio misurato lungo la traiettoria e il raggio di curvatura, dimostrare che:

$$\frac{ds}{dr} = \text{cost.}$$

e che

$$\frac{d\rho}{ds} = \text{cost.}$$

48. Dimostrare che per una curva piana sufficientemente regolare di forma arbitraria vale la seguente relazione tra il versore tangente $\hat{\tau}$, quello normale $\hat{\nu}$ e il raggio di curvatura ρ:

$$\frac{\mathrm{d}\hat{\tau}}{\mathrm{d}s} = \frac{1}{\rho}\hat{\nu}$$

49. Dimostrare che per una curva piana sufficientemente regolare di forma arbitraria vale la seguente relazione tra il versore tangente $\hat{\tau}$, quello normale $\hat{\nu}$ e il raggio di curvatura ρ:

$$\frac{\mathrm{d}\hat{\nu}}{\mathrm{d}s} = -\frac{1}{\rho}\hat{\tau}$$

50. Un punto P percorre una traiettoria ellittica con l'accelerazione che punta costantemente il centro O, come mostrato in figura.

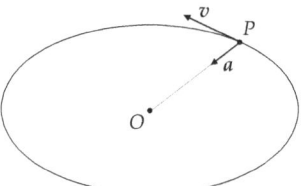

Dimostrare che il modulo dell'accelerazione è proporzionale alla distanza $\overline{OP}$.

51. Un punto P percorre una spirale logaritmica con l'accelerazione che punta costantemente verso il centro O, come mostrato in figura.

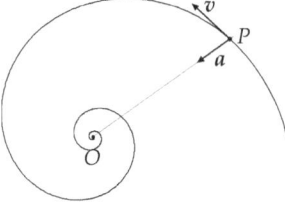

Dimostrare che il modulo dell'accelerazione è inversamente proporzionale al cubo della distanza $\overline{OP}$.

52. Un corpo viene lanciato verticalmente verso l'alto. Nella fase di salita transita per la quota H all'istante t_1 e vi ripassa, durante la fase di discesa, all'istante t_2. Calcolare la quota H e la velocità iniziale.

53. Due corpi sono lasciati cadere dallo stesso punto rispettivamente all'istante $t = 0$ e all'istante $t = T$.

    (a) Dimostrare che l'istante temporale $t = \tau$ corrispondente alla separazione verticale L è dato da

    $$\tau = \frac{L}{gT} + \frac{T}{2}$$

    (b) Determinare il valore di T per cui il tempo necessario a raggiungere una fissata separazione verticale tra i corpi è minimo.

54. Un proiettile viene lanciato da una quota nulla. Dimostrare che:

    (a) le gittate corrispondenti agli alzi $\pi/4 - \alpha$ e $\pi/4 + \alpha$ sono identiche.

    (b) Per un arbitrario valore dell'alzo, la quota massima raggiunta dal corpo è la metà di quella che avrebbe raggiunto, a una distanza pari alla metà della gittata, in assenza della forza peso.

55. Un corpo viene lanciato con un alzo ϑ dalla base di un piano inclinato di un angolo α rispetto all'orizzontale. Dimostrare che, se il corpo colpisce il piano perpendicolarmente ad esso,

    $$\tan(\vartheta - \alpha) \tan \alpha = \frac{1}{2}$$

56. Dimostrare la costruzione grafica mostrata in figura per determinare la gittata di un proiettile lanciato da un punto O con velocità iniziale v_0.

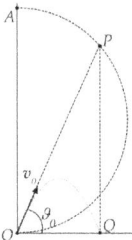

A partire da O si tracci il segmento verticale $\overline{OA} = 2v_0^2/g$ e la circonferenza avente diametro OA. A partire da O si tracci la corda OP alla circonferenza orientata come v_0, e si abbassi infine da P la perpendicolare al piano orizzontale passante per O. Detto Q il piede della perpendicolare, la gittata è pari a $\overline{OQ}$.

57. Sia $\overline{OQ}$ la gittata orizzontale di un proiettile ed R l'intersezione tra la retta passante per O e per una generica posizione P sulla traiettoria con la verticale per Q, come mostrato nella figura.

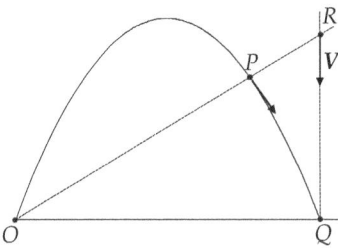

Dimostrare che il punto R si muove verso il basso con velocità pari in modulo alla componente verticale della velocità iniziale.

58. Un corpo viene lanciato da un punto O con velocità iniziale di modulo v_0 e alzo sconosciuto. Sapendo che la quota massima raggiunta durante il moto è H e che la gittata è D, dimostrare che la massima gittata ottenibile, a parità di velocità iniziale, è

$$2H + \frac{D^2}{8H}$$

59. Si vuole colpire un bersaglio posto in un punto Q lanciando un proiettile dal punto P con una velocità iniziale di modulo v_0. Determinare sotto quali condizioni Q può essere colpito e calcolare il corrispondente alzo.

60. Si vuole colpire un bersaglio posto nel punto Q della figura lanciando un proiettile dal punto O con la minima velocità scalare.

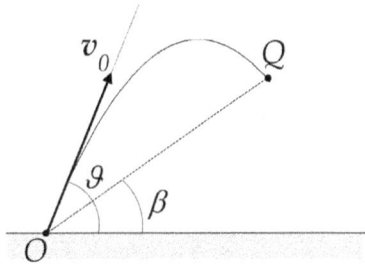

Dimostrare che tra l'alzo ϑ e l'angolo di mira β vale la seguente relazione:

$$\tan\vartheta = \frac{1 + \sin\beta}{\cos\beta}$$

61. Un punto materiale viene lanciato nel vuoto verso una sottile fenditura posta a distanza D dal punto di lancio e successivamente procede per un ulteriore tratto di lunghezza D sino a colpire uno schermo, come mostrato nella figura.

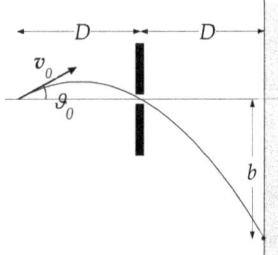

Calcolare b in funzione della velocità iniziale v_0 e dimostrare che, per "piccoli" valori dell'alzo,

$$b \simeq \frac{gD^2}{v_0^2}$$

62. Un corpo viene lanciato nel vuoto da un piano inclinato con velocità v_0 e alzo ϑ, come mostrato nella figura.

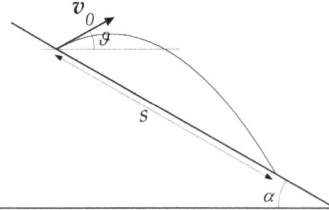

Dimostrare che il corpo tocca nuovamente il piano inclinato a una distanza s dal punto di lancio pari a

$$s = \frac{2v_0^2}{g} \frac{\sin(\vartheta + \alpha) \cos \vartheta}{\cos^2 \alpha}$$

e che, fissati i valori di v_0 e α, il *massimo* valore di s è

$$s_{\max} = \frac{v_0^2}{g} \frac{1 + \sin \alpha}{\cos^2 \alpha}$$

63. Un corpo viene lanciato con velocità scalare v_0 da una quota H. Dimostrare che il valore massimo della gittata è

$$\frac{v_0^2}{g} \sqrt{1 + \frac{2gH}{v_0^2}}$$

64. Due sassi vengono lanciati con la stessa velocità scalare da una quota H con alzi ϑ_1 e ϑ_2, come mostrato in figura.

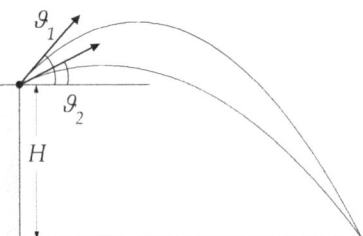

Sapendo che essi arrivano a terra nello stesso punto, calcolare H.

65. Un cannone spara un proiettile che raggiunge la quota massima H con velocità V in modulo. Sapendo che alla quota $H/2$ il modulo della velocità è $\sqrt{3/2}\,V$, calcolare l'alzo del cannone.

66. Un punto materiale si muove in un piano sotto l'azione di una forza attrattiva diretta perpendicolarmente a una retta e proporzionale in modulo alla distanza dalla retta stessa. Dimostrare che la traiettoria di moto è un arco di seno.

67. Due masse puntiformi m ed M, collegate da un filo ideale di lunghezza L e massa trascurabile, sono poggiate su una superficie sferica perfettamente liscia di raggio R, come mostrato in figura.

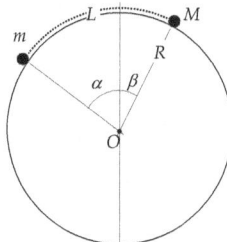

Determinare la posizione di equilibrio del sistema.

68. Due punti materiali di ugual massa sono vincolati a muoversi lungo l'asse x e l'asse y di un sistema di riferimento cartesiano Oxy, soggetti a una reciproca attrazione diretta lungo la loro congiungente e avente modulo costante. Dimostrare che, se i punti vengono lasciati a partire da fermi, si incontreranno nell'origine O indipendentemente dalle posizioni iniziali.

69. Tre identiche particelle di massa m sono poste in corrispondenza dei vertici di un triangolo equilatero di lato L e tenute insieme da tre fili ideali. Dimostrare che ponendo in rotazione il sistema attorno al centro del triangolo in modo che ciascuna particella abbia velocità scalare v, la tensione in ciascun filo è pari a mv^2/L.

70. Un punto si muove in un piano sotto l'azione della forza di gravità e di una forza perpendicolare e proporzionale (in modulo) alla velocità. Sapendo che il punto parte da fermo, determinare la traiettoria di moto.

71. Da un cerchio posto in un piano verticale si traccino le corde a partire dagli estremi del diametro verticale. Dimostrare che il tempo che un corpo, soggetto alla forza peso e a una resistenza viscosa, impiega per percorrere queste corde è sempre lo stesso.

72. Un corpo di massa m viene lanciato verticalmente verso l'alto con velocità v_0. Supponendo che sul corpo agisca, oltre alla forza peso, anche la forza di attrito viscoso $F_a = -mv/\tau$, determinare la velocità con cui il corpo ricade a terra.

73. Un corpo di massa m viene lanciato verticalmente verso l'alto con velocità v_0. Supponendo che sul corpo agisca, oltre alla forza peso, anche una forza di attrito descritta dalla legge $F_a = -mvv/\ell$, determinare la velocità con cui il corpo ricade a terra.

74. Dimostrare che per un corpo in moto rettilineo, soggetto unicamente a una forza proporzionale al quadrato della velocità, l'accelerazione media in un intervallo temporale scelto arbitrariamente è pari alla media geometrica dei valori delle accelerazioni all'inizio e alla fine dell'intervallo.

75. Un corpo di massa m viene lasciato cadere sotto l'azione della forza peso in un mezzo in cui è presente una forza di resistenza $-Kvv$. Dare l'espressione per la velocità limite.

76. Un corpo viene lanciato verticalmente verso l'alto in un mezzo che presenta una resistenza proporzionale al quadrato della velocità. Sapendo che la velocità limite per il corpo in questo mezzo è pari a 300 km/h e che in assenza d'attrito esso raggiungerebbe la quota massima di 100 m, calcolare la quota massima effettivamente raggiunta.

77. Un corpo di massa m viene lasciato cadere, partendo da fermo, da una quota H in un mezzo che presenta una una forza di attrito descritta dalla legge $F_a = -mvv/\ell$. Dimostrare che il tempo impiegato per arrivare a terra è pari a

$$T = \sqrt{\frac{\ell}{g}} \log\left[\exp\left(\frac{H}{\ell}\right) + \sqrt{\exp\left(\frac{2H}{\ell}\right) - 1} \right]$$

78. Un corpo, partito con una velocità iniziale v_0, si muove di moto rettilineo soggetto unicamente a una forza di resistenza avente modulo $Cv + Kv^2$. Dimostrare che lo spazio percorso prima di arrestarsi è

$$\frac{m}{K} \log \left(1 + \frac{K}{C} v_0 \right)$$

79. La resistenza dell'aria esercitata su una sfera di raggio r in moto con velocità v è ben approssimata dalla seguente espressione:

$$F = -\alpha R v - \beta R^2 v\, v$$

dove R indica il raggio della sfera, mentre le costanti α e β sono pari rispettivamente a 3×10^{-4} e 0.9, avendo espresso tutte le grandezze fisiche in unità del S.I. Calcolare la velocità limite per una goccia di pioggia di raggio 2 mm.

80. La torre di Pisa è alta 56 m. Volendo riprodurre il presunto esperimento di Galilei immaginiamo di far cadere dalla sommità della torre due sfere di ferro (densità 7500 kg/m^3) aventi raggi pari rispettivamente a 2 e a 10 cm. Trascurando la componente viscosa (ossia quella proporzionale alla velocità) della resistenza dell'aria, stabilire quale delle due palle arriverà prima a terra e dare una stima dell'anticipo temporale.

81. L'accelerazione tangenziale di un punto varia esplicitamente nel tempo secondo la legge $a_\tau = -f(t)$. Sapendo che il punto si arresta in un tempo pari a T, Dimostrare che la distanza complessivamente percorsa è pari a

$$D = \int_0^T t\, f(t)\, \mathrm{d}t$$

82. Dimostrare che nel moto piano di un proiettile soggetto alla forza peso e a una forza di resistenza funzione arbitraria della velocità, l'equazione cartesiana della traiettoria $y = y(x)$ soddisfa la seguente equazione differenziale: si ha

$$\frac{\mathrm{d}^2 y}{\mathrm{d}x^2} = -\frac{g}{v_x^2}$$

indipendentemente dalla legge che specifica il modulo della forza di resistenza.

83. Un pedone vuole attraversare la strada nell'intervallo di 50 m tra due automobili larghe 1.6 m che procedono una dietro l'altra con velocità costante di 50 km/h. Trovare la minima velocità scalare del pedone per cui non verrà investito.

84. Un nuotatore deve attraversare un fiume. Sapendo che può nuotare a circa 1 m/s in acqua e che la corrente è di 2 m/s, calcolare in quale direzione deve nuotare per raggiungere la sponda opposta nel punto più vicino a quello di partenza.

85. Una nave sta viaggiando parallelamente alla costa, a distanza D da essa, con velocità costante V, come mostrato nella figura.

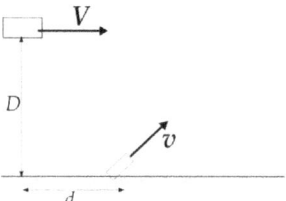

Un motoscafo vuole intercettarla partendo dal porto. Sapendo che la velocità del motoscafo è pari a $v < V$, dimostrare che per intercettare la nave deve partire prima che questa giunga a una distanza orizzontale da esso pari a

$$d = D \sqrt{\left(\frac{V}{v}\right)^2 - 1}$$

86. Un punto O si muove di moto rettilineo uniforme con velocità $\boldsymbol{u}$. Un secondo punto P si muove con velocità scalare V costante mantenendo la propria direzione di moto ortogonale a quella del vettore $\overrightarrow{OP}$. Dimostrare che la traiettoria di P vista da O è una conica e calcolarne l'eccentricità.

87. Una nave deve attraversare un corso d'acqua muovendosi con una velocità scalare (rispetto all'acqua) numericamente pari a quella della corrente. Dimostrare che se il muso della nave è rivolto costantemente verso un punto fisso scelto sulla riva opposta, essa percorrerà una traiettoria parabolica avente il fuoco in tale punto e il vertice coincidente col punto di approdo.

88. Mentre un treno accelera con accelerazione pari a 1 m/s² un bambino lancia verticalmente verso l'alto una pallina dal pavimento con velocità iniziale pari a 1 m/s. Determinare qual'è la traiettoria della pallina vista dal bambino e calcolare a quale distanza essa toccherà nuovamente il pavimento del treno.

89. Un ascensore si muove verso il basso con accelerazione costante a. Una macchina di Atwood è fissata al soffitto, come mostrato nella figura.

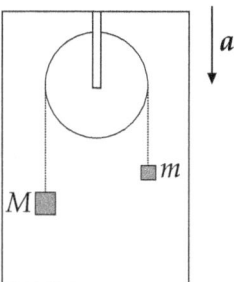

Calcolare l'accelerazione delle due masse rispetto all'ascensore e la forza esercitata dalla carrucola sulla barra che la vincola al soffitto.

90. Calcolare il periodo di rotazione che dovrebbe avere la Terra affinché la direzione di caduta libera dei corpi sia la stessa in tutti i punti della superficie terrestre.

91. Un disco scivola su un lago ghiacciato con velocità scalare costante v in una località posta alla latitudine λ. Dimostrare che, nel sistema di riferimento solidale con la Terra, la traiettoria del disco è circolare e stimarne il raggio.

92. Derivare la rappresentazione dell'accelerazione di un satellite posto su un'orbita circolare equatoriale dal punto di vista di un osservatore terrestre.

93. Derivare la rappresentazione dell'accelerazione di un satellite posto su un'orbita circolare polare dal punto di vista di un osservatore terrestre.

94. Derivare l'equazione differenziale di moto del pendolo semplice in regime di piccole oscillazioni utilizzando la rappresentazione cartesiana.

95. Una massa M è ferma, sospesa all'estremità di un filo passante attraverso un piccolo tubo recante all'altro capo una piccola massa m che ruota su un percorso circolare di raggio $l \sin \alpha$, come mostrato in figura.

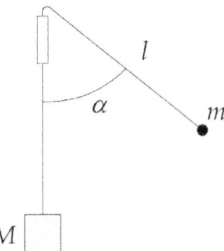

Dimostrare che il periodo orbitale di m è pari a

$$2\pi \sqrt{\frac{l}{g} \frac{m}{M}}$$

96. Un pendolo semplice è vincolato a muoversi a contatto con un piano liscio, inclinato di un angolo α sull'orizzontale, come mostrato in figura. Calcolare il periodo delle piccole oscillazioni.

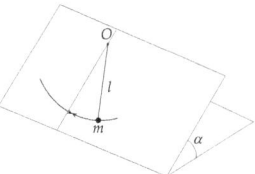

97. Un pendolo semplice è appeso al soffitto di un vagone che si muove di moto rettilineo uniformemente accelerato, come mostrato in figura.

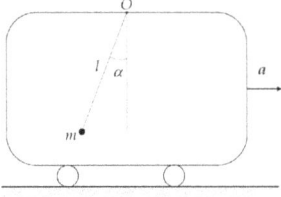

Calcolare l'angolo α corrispondente alla posizione d'equilibrio del pendolo e il periodo delle piccole oscillazioni.

98. Un disco ruota con velocità angolare costante ω attorno a un asse verticale passante per il centro. Da un punto P della superficie inferiore del disco posto a una distanza a dall'asse di rotazione è sospeso un pendolo semplice di lunghezza l, come mostrato nella figura.

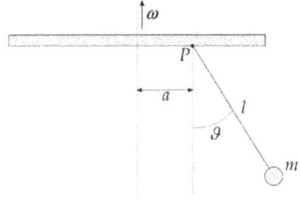

Dimostrare che l'angolo di equilibrio ϑ del pendolo è soluzione dell'equazione trascendente

$$\cos\vartheta + \frac{a}{l}\frac{1}{\tan\vartheta} = \frac{g}{\omega^2 l}$$

99. Con riferimento alla cicloide della figura dimostrare che, detto C il centro del cerchio osculatore nel punto P,

$$\overrightarrow{PC} = 2\overrightarrow{PQ}$$

dove Q è l'intersezione della normale passante per P e della retta orizzontale passante per la cuspide della cicloide.

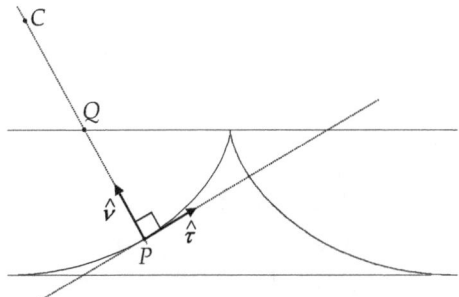

100. Una massa m è collegata tramite due molle ideali nei modi illustrati nella figura: (a) in parallelo ovvero (b) in serie. Dimostrare che la prima configurazione ha una frequenza di oscillazione non inferiore al doppio di quella della seconda configurazione.

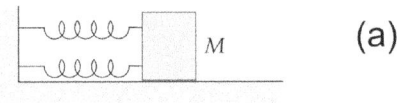

101. Una massa m è sospesa verticalmente tramite una molla di costante elastica k. Se la massa viene raddoppiata, il punto di equilibrio scende della quantità $h = 10$ cm, come mostrato in figura.

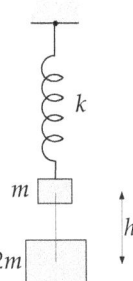

Calcolare la frequenza delle oscillazioni delle due configurazioni.

102. Supponendo che un punto si muova nel piano xy con le seguenti equazioni parametriche:

$$\begin{cases} x(t) = a \cos(\omega t + \alpha) \\ y(t) = b \cos(\omega t + \beta) \end{cases}$$

dimostrare che l'equazione della traiettoria è

$$\frac{x^2}{a^2} - \frac{2xy}{ab}\cos(\alpha - \beta) + \frac{y^2}{b^2} = \sin^2(\alpha - \beta)$$

103. Un corpo di massa $m = 1$ kg poggia su un piano inclinato di 45° sull'orizzontale. Il coefficiente d'attrito statico tra corpo e piano è pari a 1/2. Determinare il valore minimo e massimo della forza orizzontale che occorre applicare al corpo per mantenerlo in equilibrio statico.

104. Due corpi di massa $m = 1$ kg ed M si trovano su un piano inclinato di 30° sull'orizzontale, come mostrato nella figura. Il coefficiente d'attrito statico relativo al contatto tra m e il piano è pari a $\mu_s = 1$, mentre per M non v'è attrito. Determinare il valore massimo di M per cui il sistema rimane in equilibrio.

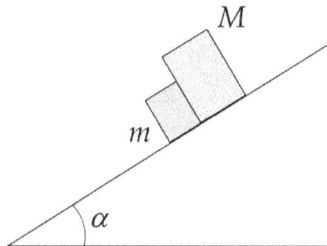

105. Un corpo di massa m si trova su un piano inclinato di un angolo α rispetto all'orizzontale, come mostrato nella figura.

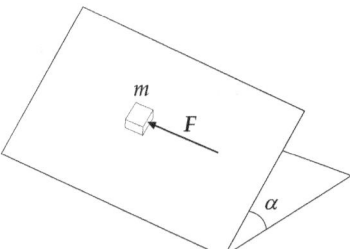

Se $\phi_s > \alpha$ è l'angolo del cono d'attrito tra il corpo e il piano, dimostrare che il modulo *minimo* della forza F, diretta orizzontalmente, necessario per mettere in moto il corpo è

$$mg\,\frac{\sqrt{\sin(\phi_s - \alpha)\sin(\phi_s + \alpha)}}{\cos\phi_s}$$

106. Un corpo di massa m è premuto contro una parete da una forza $\boldsymbol{F}$ inclinata rispetto all'orizzontale, come mostrato nella figura.

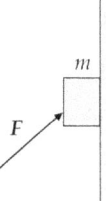

Indicando con ϕ_s l'angolo d'attrito tra corpo e parete dimostrare che il valore minimo di F necessario per evitare che m scivoli verso il basso è pari a $mg\cos\phi_s$ e calcolare la corrispondente inclinazione di $\boldsymbol{F}$.

107. Un corpo di massa m è posto su un piano inclinato rispetto all'orizzontale di un angolo α ed è agganciato a uno degli estremi di una molla ideale, come mostrato in figura.

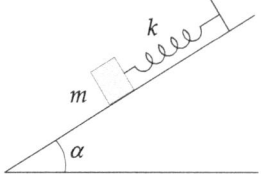

Supponendo che l'angolo di attrito ϕ_s del contatto corpo-piano sia maggiore di α, determinare le posizioni di equilibrio.

108. Risolvere l'esercizio precedente nell'ipotesi in cui $\alpha < \phi_s$.

109. Un corpo può scorrere all'interno di un tubo avente sezione circolare, come mostrato nella figura.

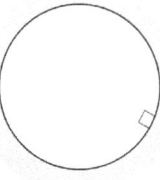

Se il coefficiente d'attrito statico è pari a μ_s, determinare il luogo delle posizioni di equilibrio del corpo.

110. A un asse verticale è attaccato lateralmente un braccio lungo il quale può scorrere, con un certo attrito, un manicotto, come mostrato nella figura.

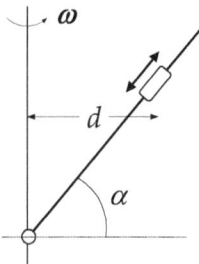

Supponendo che l'asse verticale ruoti con velocità angolare ω determinare le posizioni di equilibrio (rispetto al braccio) del manicotto in funzione della distanza d e dell'angolo α.

111. Un motociclista percorre il cosiddetto "muro della morte", come mostrato nella figura, ossia un cilindro ad asse verticale di raggio R, in modo tale da rimanere "incollato" alla parete.

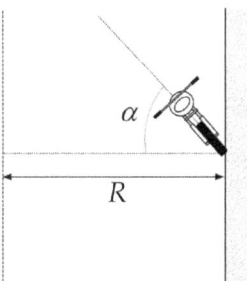

A questo scopo deve mantenere una velocità minima che dipende da R e dal coefficiente di attrito statico μ_s tra gli pneumatici e la superficie interna del cilindro. Determinare questa velocità minima e la corrispondente inclinazione sull'orizzontale α che il motociclista deve mantenere per evitare di cadere.

112. Due corpi di massa $m_1 = 4$ kg ed $m_2 = 2$ kg sono posti su un piano inclinato di un angolo $\alpha = 60°$ sull'orizzontale e sono collegati da un filo ideale, come mostrato in figura.

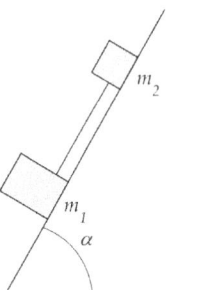

Sapendo che i coefficienti d'attrito dinamico valgono rispettivamente $\mu_1 = 0.1$ e $\mu_2 = 0.2$, calcolare l'accelerazione dei corpi e la tensione del filo.

113. Una massa puntiforme è poggiata sul fondo di un cilindro cavo ad asse orizzontale. Il cilindro viene posto in rotazione attorno al proprio asse con velocità angolare costante Ω, come mostrato in figura.

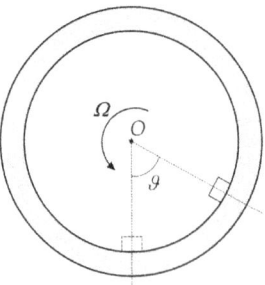

A causa dell'attrito la massa viene trascinata dal cilindro su per un angolo di 45°, dopodiché inizia a scivolare verso il basso. Calcolare la relazione tra velocità angolare e il coefficiente di attrito statico tra il corpo e la superficie interna del cilindro.

114. A un corpo, poggiato su un piano inclinato di un angolo ϑ sull'orizzontale, viene impressa una velocità, diretta orizzontalmente, avente modulo V_0, come mostrato nella figura.

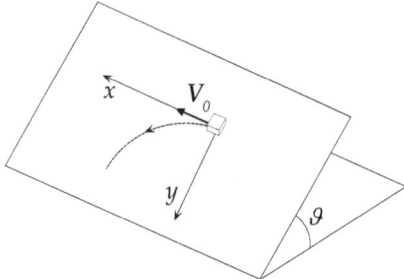

Sapendo che tra il piano e il corpo c'è un attrito dinamico con coefficiente $\mu = \tan \vartheta$, determinare la velocità limite.

115. L'accelerazione di gravità sulla superficie lunare è circa 1/6 di quella terrestre. Sapendo che il diametro angolare della Luna visto dalla Terra è pari a circa 0.5°, stimare il rapporto tra le rispettive densità.

116. Il 4 ottobre 1957 venne lanciato dal cosmodromo di Baikonur (Kazakistan) il primo satellite artificiale della storia, lo *Sputnik I*. Il satellite orbitò intorno alla Terra per 57 giorni lungo una traiettoria ellittica compresa tra i 947 km e i 228 km dalla superficie terrestre. Stimare il numero di orbite percorse dal satellite.

117. Dimostrare che il periodo orbitale di un satellite che si muove in prossimità della superficie di un pianeta di forma sferica è pari a

$$\sqrt{\frac{3\pi}{G\rho}}$$

dove ρ indica la densità media del pianeta.

118. Un satellite artificiale per telecomunicazioni è posto in un orbita equatoriale geostazionaria.

    (a) Calcolare la quota del satellite.

    (b) Volendo riportare il satellite a terra, questo viene rallentato istantaneamente e lasciato andare sotto l'azione della sola attrazione gravitazionale terrestre. Determinare l'orbita che permette al satellite di arrivare sulla Terra con una velocità tangente alla superficie terrestre, come mostrato nella figura, e determinare il tempo necessario per l'operazione.

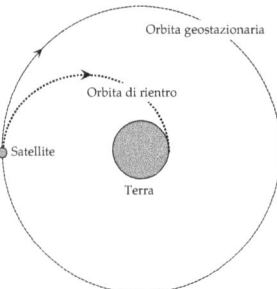

119. Ganimede è uno dei quattro satelliti "medicei" di Giove, scoperti da Galileo Galilei nel 1610. Esso percorre un'orbita approssimativamente circolare, avente raggio circa 15 volte quello di Giove, in circa 7 giorni, 3 ore e 42 minuti. Sapendo che la distanza orbitale media della Luna è pari acirca 60 volte il raggio terrestre, con un periodo orbitale di 27 giorni, 7 ore e 43 minuti, stimare il rapporto tra le densità medie di Giove e della Terra.

120. Sapendo che la velocità orbitale media della Terra è pari a circa 30 km/s e che il raggio medio dell'orbita di Giove è pari a circa 5 U.A., stimare la velocità orbitale di Giove.

121. Un pianeta si muove intorno al Sole su un'orbita ellittica avente eccentricità ϵ. Dimostrare che il rapporto tra le sue velocità al perielio e all'afelio è pari a

$$\frac{1+\epsilon}{1-\epsilon}$$

122. Una massa puntiforme m si trova a distanza D da un'altra massa (anch'essa puntiforme) $M \gg m$. Supponendo entrambe le masse inizialmente ferme, dimostrare che il tempo necessario per la collisione è

$$\frac{\pi D}{2} \sqrt{\frac{D}{2GM}}$$

123. Un pianeta percorre un'orbita attorno al Sole caratterizzata da un'eccentricità $\epsilon \ll 1$. Dimostrare che i tempi di percorrenza delle due parti dell'orbita divise dal semilato retto sono proporzionali a

$$\frac{1}{2}\left(1 \pm \frac{4\epsilon}{\pi}\right)$$

124. Due stelle di ugual massa poste a distanza D (misurata in unità astronomiche) si muovono attorno al centro O sotto l'azione della reciproca attrazione gravitazionale, percorrendo orbite circolari identiche, come mostrato nella figura.

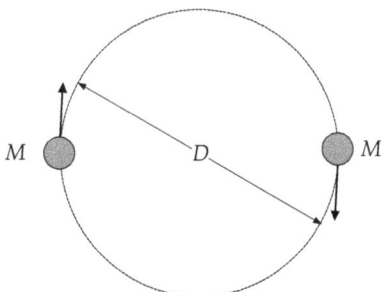

Indicando con T il periodo di rotazione delle due stelle (misurato in anni solari), dimostrare che la massa di ciascuna stella, misurata in termini della massa solare, è pari a $D^3/(2T^2)$.

125. Dimostrare che la velocità areolare di un satellite in moto su un'orbita ellittica intorno alla Terra è

$$\frac{\sqrt{GM\,l}}{2}$$

dove M è la massa terrestre ed l il semilato retto.

126. Il *limite di Roche* rappresenta la distanza dal centro di un pianeta oltre la quale sono possibili aggregazioni di massa in forma di satelliti o di anelli. Entro il suddetto limite tali aggregazioni non sono possibili in quanto l'intensità dell'attrazione gravitazionale da parte del pianeta diviene sufficientemente elevata per frantumare il satellite a causa delle forze di marea. Lo scopo del problema è presentare un modello elementare per la stima del limite di Roche.

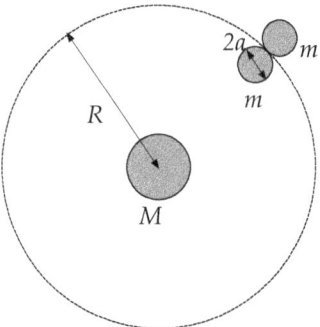

La figura mostra due corpi sferici di massa m e raggio a che si muovono solidalmente attorno un pianeta di massa M, in modo che il punto di contatto compia un moto circolare uniforme su un'orbita di raggio R.

(a) Dimostrare che, nel limite $a \ll R$, tale situazione è possibile a patto che sia verificata la seguente condizione:

$$\frac{m}{M} \geq 12 \left(\frac{a}{R}\right)^3$$

(b) Supponendo che il pianeta sia di forma sferica con raggio R_M e densità ρ_M, e indicando con ρ_m la densità dei corpi di raggio a, dedurre la seguente stima del limite di Roche:

$$2.3 R_M \left(\frac{\rho_M}{\rho_m}\right)^{1/3}$$

127. La traiettoria di una cometa è rappresentata da una parabola posta sul piano dell'orbita terrestre. La cometa intercetta l'orbita della Terra in corrispondenza degli estremi di un suo diametro, come mostrato nella figura.

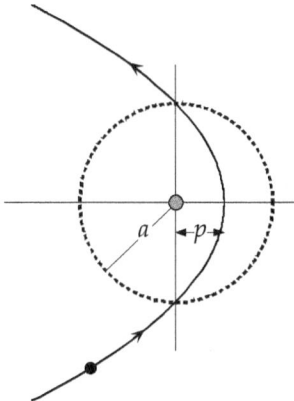

Indicando con *a* il raggio dell'orbita terrestre (pari a 1 U.A.), dimostrare che:

   (a) il perielio *p* della cometa è pari ad *a*/2;

   (b) il tempo che la cometa passa all'interno dell'orbita terrestre è pari a circa 77 giorni.

128. Dimostrare che in un'orbita parabolica il tempo necessario al raggio vettore per "spazzare" un angolo ϑ misurato a partire dal vertice è proporzionale a

$$\tan\frac{\vartheta}{2} + \frac{1}{3}\tan^3\frac{\vartheta}{2}$$

129. Un punto *P* si muove su un'orbita circolare sotto l'azione di una forza centrale diretta costantemente verso un punto fisso *C* della traiettoria. Dimostrare che la forza è inversamente proporzionale alla *quinta* potenza della distanza $\overline{CP}$.

130. In una particolare manovra di *rendezvous orbitale*, uno *Space Shuttle* (S) deve raggiungere il telescopio spaziale *Hubble* (H) posto in un'orbita circolare geocentrica a circa 560 km dalla superficie terrestre. Inizialmente S raggiunge la stessa orbita di H e si pone a una distanza angolare pari a $\vartheta = 45°$ da esso, come mostrato nella figura.

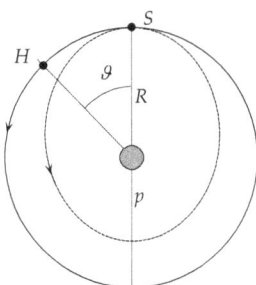

Successivamente, utilizzando i razzi di bordo, S viene rallentato e inserito in un'orbita ellittica avente apogeo R e perigeo p. Si vuole che, a partire da questo istante, S si ricongiunga ad H dopo aver percorso una singola orbita ellittica. Determinare il rapporto p/R.

131. Dimostrare che la velocità vettoriale di un corpo in moto su un'orbita ellittica sotto l'azione di una forza di attrazione gravitazionale esercitata da un corpo di massa $M \gg m$ si può sempre scomporre nella somma di un vettore costante avente modulo $\bar{\omega} a \epsilon / \sqrt{1 - \epsilon^2}$, diretto ortogonalmente rispetto all'asse maggiore dell'orbita, e di un vettore avente modulo $\bar{\omega} a / \sqrt{1 - \epsilon^2}$ ma diretto lungo la direzione locale azimutale. $\bar{\omega} = 2\pi/T$ rappresenta la velocità angolare media del moto.

132. Una cometa si muove intorno al Sole su un'orbita parabolica. Dimostrare che la componente della velocità perpendicolare all'asse della parabola è inversamente proporzionale alla distanza della cometa dal Sole.

133. Verificare il teorema delle forze vive nel caso del moto rettilineo di un punto materiale m che parta con velocità iniziale v_0 e sia soggetto a una forza di attrito proporzionale alla velocità.

134. Un corpo di massa m si muove di moto rettilineo per un tratto di lunghezza L sotto l'azione di una forza F il cui andamento in funzione della posizione x è mostrato in figura.

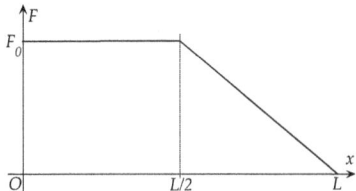

Supponendo che m parta da fermo, calcolare la sua velocità dopo l'intero tragitto e a metà di esso.

135. Un corpo di massa m si muove di moto rettilineo uniforme su un piano orizzontale liscio con velocità V verso una delle estremità di una molla (di massa trascurabile) a riposo, come mostrato in figura.

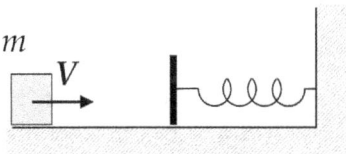

La molla non è ideale, ma esercita sul corpo una forza di richiamo $F = -kx - \alpha x^3$, con $k, \alpha > 0$. Calcolare la massima compressione subita dalla molla.

136. Una "palla magica" viene lasciata andare, a partire da ferma, da una quota H. Sapendo che dopo ogni rimbalzo una frazione $f \ll 1$ della sua energia cinetica viene consumata, dimostrare che il tempo totale di volo è approssimativamente pari a

$$\sqrt{\frac{2H}{g}} \left(\frac{4}{f} - 1 \right)$$

137. Un punto materiale sta viaggiando lungo una parete con velocità costante V_0, quando la sua direzione viene deviata di un angolo ϑ dal raccordo circolare mostrato nella figura.

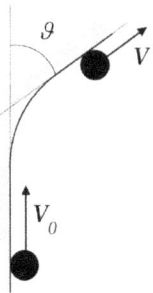

Sapendo che tra il punto e la parete c'è un attrito dinamico caratterizzato dal coefficiente μ_d, dimostrare che

$$V = V_0 \exp(-\mu_d \vartheta)$$

138. Una piramide a base quadrata di lato L e altezza H ha una massa M distribuita uniformemente su tutto il volume. Dimostrare che l'energia potenziale gravitazionale associata è pari a $\dfrac{Mgh}{4}$ e utilizzare questo risultato per stimare il lavoro necessario per assemblare la piramide di Cheope ($L \simeq 230$ m, $h \simeq 150$ m), assumendo una densità media dei blocchi pari a 2500 kg/m^3.

139. Una massa puntiforme m è vincolata a muoversi lungo l'asse x mostrato in figura sotto l'azione di una molla avente costante elastica k e lunghezza a riposo l_0.

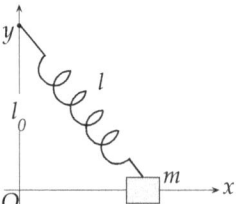

Calcolare l'energia potenziale di m in funzione dell'ascissa x e dimostrare che per "piccole" oscillazioni è proporzionale a x^4.

140. Due piani orizzontali perfettamente lisci sono collegati tramite un gradino di altezza H, anch'esso perfettamente liscio, come mostrato in figura.

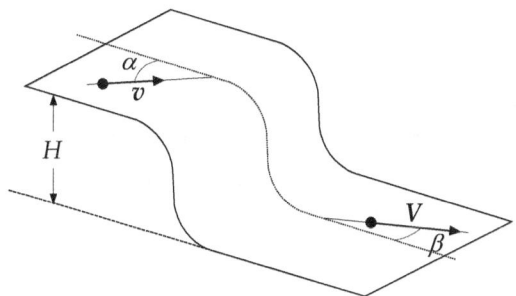

Un punto materiale si muove sul piano a quota maggiore con velocità costante v. Calcolare la velocità V del punto una volta passato nel piano inferiore.

141. Una massa puntiforme m è lasciata andare da ferma. Dopo aver percorso una distanza verticale D incontra l'estremità di una molla verticale ideale a riposo, come mostrato in figura.

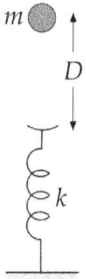

Supponendo che la massa rimanga agganciata alla molla per il resto del moto e indicando con k la costante elastica, determinare la minima e la massima quota raggiunta.

142. Una massa puntiforme m si muove lungo l'asse x rimbalzando elasticamente tra due pareti poste a distanza l. Se E rappresenta l'energia meccanica della massa, e l'energia potenziale tra le pareti è nulla, dimostrare che il moto è periodico con periodo

$$T_0 = l \sqrt{\frac{2m}{E}}$$

Supponiamo adesso che l'energia potenziale tra le pareti sia quella mostrata nella figura, dove $\varepsilon \ll E$ rappresenta una piccola perturbazione rispetto all'energia totale.

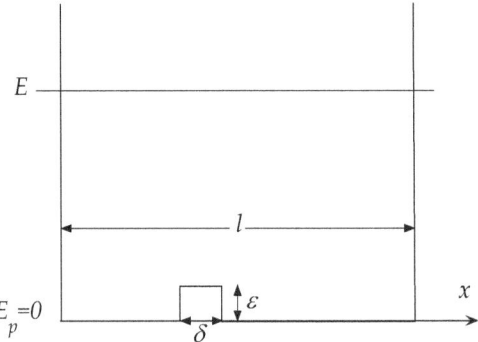

Dimostrare che il nuovo periodo T è

$$T \simeq T_0 \left(1 + \frac{\varepsilon \delta}{2El} \right)$$

143. Una particella di massa $m = 1$ kg si muove lungo una retta soggetta a una forza conservativa la cui energia potenziale è

$$E_p(x) = x^2 - x^3 \, ,$$

dove x è espressa in m ed E_p in J. Supponendo che la massa venga lanciata dalla posizione $x = 0$ con velocità v diretta nel verso positivo, determinare per quale intervallo di valori di v il moto è oscillatorio. Calcolare inoltre la frequenza delle piccole oscillazioni attorno alla posizione di equilibrio stabile.

144. Un corpo viene lasciato cadere da fermo da una quota $H \ll R_T$, dove R_T è il raggio terrestre. Trascurando ogni forma d'attrito dimostrare che la velocità v_T con cui il corpo arriva a terra è

$$v_T \simeq \sqrt{2gH}\left(1 - \frac{H}{2R_T}\right)$$

145. Una particella è soggetta all'attrazione gravitazionale di due identiche masse M fisse poste a una reciproca distanza $2D$. Se la particella parte da ferma a una distanza R da entrambe le masse, dimostrare che la massima velocità raggiunta durante il moto è pari a

$$2\sqrt{GM\frac{R-D}{RD}}$$

146. N punti materiali, ciascuno di massa m, sono posti simmetricamente su una circonferenza di raggio R. Dimostrare che l'energia potenziale di un punto P posto a una distanza $r \ll R$ è approssimativamente pari a

$$U_0 - KN\frac{r^2}{R^3}$$

e dare una stima dei parametri U_0 e K.

147. Un'astronave di massa m orbita intorno alla Terra su un'orbita circolare. Dimostrare che la velocità di fuga è $\sqrt{2}$ volte la velocità orbitale.

148. Un'astronave di massa m si muove intorno alla Terra su un'orbita ellittica. Calcolare il rapporto tra le velocità di fuga al perigeo e all'apogeo.

149. Un'astronave orbita intorno alla Terra su un'orbita ellittica. Detta r la distanza dell'astronave dal centro delle forze, dimostrare che il rapporto tra la velocità orbitale e la velocità di fuga è

$$\sqrt{1 - \frac{r}{2a}}$$

dove a indica il semiasse maggiore dell'ellisse.

150. Un'astronave si muove intorno alla Terra su un'orbita ellittica. Dimostrare che il minimo valore della quantità $v_f - v$ si ha al perigeo.

151. La famigerata mitragliatrice tedesca *Maschinengewehr 42*, nota come MG 42, fu sviluppata dall'industria bellica nazista e impiegata durante la seconda guerra mondiale a partire dal 1942. Era in grado di sparare circa 1200 proiettili calibro 7,92 Mauser (massa pari a circa 12 g) ogni minuto, con una velocità iniziale di circa 800 m/s. Stimare la forza media di rinculo.

152. Supponiamo che un oggetto piano avente area A si muova con velocità costante v all'interno di un fluido avente densità di massa ρ, come mostrato in figura.

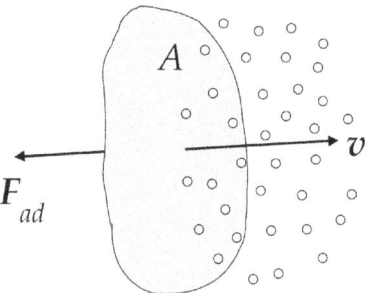

Schematizzando il mezzo come composto da N particelle (di massa m) per unità di volume (in modo che $Nm = \rho$), e supponendo che ogni particella colpita dall'oggetto rimbalzi elasticamente, dimostrare che la forza di attrito dinamico F_{ad} sperimentata è pari a

$$F_{ad} = -2\rho A v\,v$$

153. Una massa puntiforme m_1 urta elasticamente una massa m_2 in quiete. Dopo l'urto le due masse procedono con velocità uguali e opposte. Dimostrare che il rapporto tra le masse è pari a 3.

154. Una massa m urta elasticamente una massa $M > m$ ferma. In seguito all'urto la direzione della velocità di m viene deviata di 90° e ridotta per un fattore $\sqrt{3}$. Dimostrare che $M = 2m$ e che la sua velocità forma un angolo di $\pi/6$ con la direzione originale di moto.

155. Una massa m urta elasticamente una massa $M > m$ ferma. In seguito all'urto la direzione della velocità di m viene deviata di 90°. Calcolare la direzione della velocità di M.

156. Due masse m_1 ed m_2 si urtano elasticamente. Dimostrare che il modulo della velocità relativa rimane invariato in seguito all'urto.

157. Un uomo di 80 kg è fermo a poppa di una zattera avente massa 200 kg e lunga 3 m, ferma sulla superficie di un lago. L'uomo inizia a camminare verso l'estremità opposta della barca e, una volta raggiunta, si ferma nuovamente.

Supponendo di poter trascurare l'attrito tra la zattera e l'acqua del lago, calcolare lo spostamento finale della zattera.

Se, al contrario, l'acqua esercitasse una forza di resistenza di tipo viscoso, ossia proporzionale alla velocità della zattera, dimostrare che lo spostamento totale di quest'ultima sarebbe nullo.

158. Una massa puntiforme m urta con velocità v una massa $M \gg m$ in moto con velocità V, come mostrato in figura.

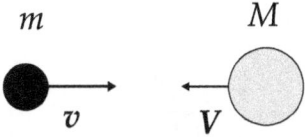

Dimostrare che, se l'urto è elastico, la velocità finale della massa m è pari a circa $-v + 2V$.

159. Un blocco di massa M è in quiete su un piano orizzontale perfettamente liscio. Esso viene bombardato da N particelle identiche, ciascuna avente massa $m \ll M$, che lo urtano elasticamente in sequenza con identica velocità v_0. Dimostrare che la velocità scalare finale acquistata dal blocco è pari a circa

$$v_0 \left[1 - \exp\left(-2\frac{m}{M} N \right) \right].$$

160. Uno schema di principio del cosiddetto pendolo *balistico* è mostrato nella figura.

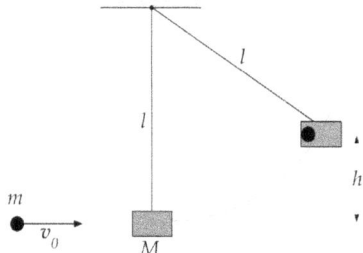

Un proiettile di massa m viene sparato orizzontalmente verso un blocco di legno di massa M, rimanendo conficcato all'interno. Determinare l'altezza massima h raggiunta dal sistema blocco+proiettile e la frazione dell'energia meccanica iniziale dissipata nell'urto.

161. Due masse m ed M sono collegate tramite una molla ideale (costante elastica k) disposta verticalmente, come mostrato in figura.

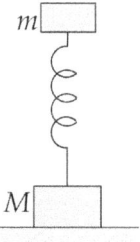

Calcolare la minima compressione della molla necessaria perché l'intero sistema sia in grado di staccarsi dal piano orizzontale.

162. Uno schema di principio di un *battipalo* è mostrato nella figura.

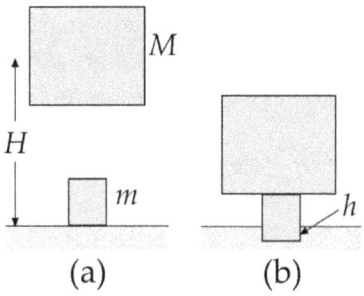

(a)   (b)

Una massa M viene lasciata cadere da ferma a partire da una quota H, urtando in questo modo una massa m a terra. Supponendo per semplicità che l'urto sia perfettamente *anelastico* (dopo il contatto le masse procedono insieme) e sapendo che m penetra nel terreno per una profondità pari ad h, stimare la forza di resistenza media del terreno.

163. Una pallina di massa m è posta sulla sommità di una semisfera liscia di massa M posta a sua volta in quiete su un piano orizzontale liscio, come mostrato in figura.

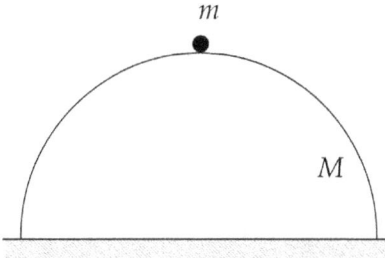

Dimostrare che se la pallina viene spostata leggermente dalla posizione di equilibrio instabile con una velocità iniziale trascurabile, l'angolo di distacco ϑ, ossia l'angolo che la direzione passante per il centro della semisfera e la pallina forma con la verticale, soddisfa la seguente equazione algebrica:

$$\frac{m}{m+M}\cos^3\vartheta - 3\cos\vartheta + 2 = 0.$$

164. Un uomo sta salendo, insieme alla piattaforma sulla quale si trova se-
     duto, con un'accelerazione costante pari a un quarto dell'accelerazione
     di gravità (vedi figura). Sapendo che la massa dell'uomo e quella del-
     la piattaforma sono rispettivamente pari a 70 kg e 10 kg, calcolare la
     forza con cui l'uomo deve tirare la fune verso il basso.

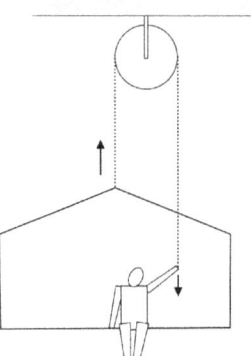

165. A una macchina di Atwood è applicata una forza F, come schematiz-
     zato nella figura.

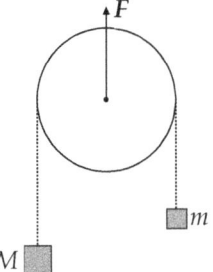

     Trascurando la massa della carrucola, calcolare le accelerazioni delle
     due masse e quella del punto di applicazione di F.

166. Una corda omogenea di lunghezza l, ferma su un piano orizzontale
     liscio, viene tirata da una forza costante F nella direzione della sua
     lunghezza. Dimostrare che la tensione all'interno della corda varia
     linearmente con la posizione.

167. Un'asta omogenea è piegata in forma di un arco di cerchio di raggio a e apertura 2α, come mostrato nella figura.

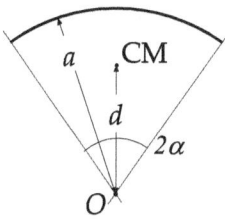

Dimostrare che il centro di massa si trova a una distanza d da O pari a

$$d = a\,\frac{\sin\alpha}{\alpha}$$

168. Dimostrare che il centro di massa di una distribuzione omogenea avente la forma di un settore circolare di raggio a e semiapertura α si trova sull'asse di simmetria a una distanza d dal centro O pari a

$$d = \frac{2}{3}a\,\frac{\sin\alpha}{\alpha}$$

169. Una distribuzione di massa omogenea ha la forma di un trapezio avente basi a e b (con $a < b$) e altezza d. Dimostrare che:

   (a) il centro di massa si trova sulla retta passante per i punti medi delle basi del trapezio;

   (b) la quota del centro di massa, misurata a partire dalla base maggiore, è pari a

$$\frac{d}{3}\frac{a+2b}{a+b}.$$

Dimostrare quindi la seguente costruzione geometrica per determinare graficamente la posizione del centro di massa: prolungando ciascuna delle due basi, in versi opposti, di un tratto rispettivamente pari alla lunghezza dell'altra base, Il centro di massa si trova all'intersezione della retta che unisce i due estremi così ottenuti con la mediana definita precedentemente.

170. Dimostrare che l'accelerazione del centro di massa della macchina di Atwood illustrata nella figura è diretta verticalmente verso il basso ed ha modulo

$$g \left(\frac{m - M}{m + M} \right)^2$$

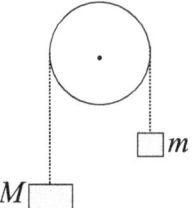

171. Una catena omogenea e perfettamente flessibile di lunghezza L è appoggiata a cavallo di un supporto come mostrato nella figura (a).

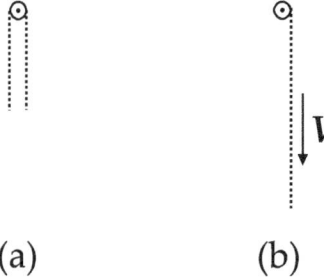

(a)   (b)

A causa dell'equilibrio instabile, la catena inizia a scivolare sino a lasciare il supporto con la velocità V mostrata nella figura (b). Dimostrare che, trascurando ogni forma di attrito, $V = \sqrt{gL/2}$.

172. Una catena omogenea e perfettamente flessibile è tenuta sospesa in posizione verticale in modo che l'estremo inferiore sfiori la superficie di un tavolo orizzontale liscio. Lasciando andare improvvisamente l'estremità superiore, la catena cade sul tavolo. Dimostrare che, ad ogni istante, la reazione del tavolo sulla catena è tre volte il peso della parte di catena già ammucchiata sul tavolo.

173. Una formica ferma su un anello, a sua volta in quiete, poggiato su un piano orizzontale liscio inizia a camminare lungo l'anello. Quale traiettoria descriverà rispetto al piano?

174. La figura mostra un sistema di stelle binario, in cui i due corpi ruotano attorno al comune centro di massa (supposto fisso) sotto l'azione della reciproca attrazione gravitazionale.

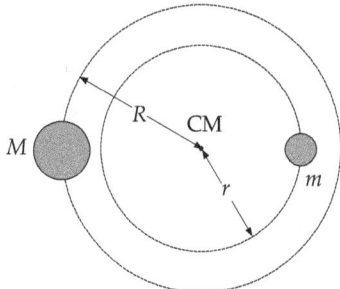

Dimostrare che il periodo di rotazione, uguale per entrambe le stelle, si ottiene dalla seguente espressione:

$$T^2 = \left(\frac{4\pi^2}{GM}\right) r^3 \left(1 + \frac{R}{r}\right)^2$$

Verificare che lo stesso valore si ottiene ponendo m al posto di M e scambiando r con R. Supponendo che solamente la stella di massa M sia visibile e misurandone massa, velocità orbitale e periodo orbitale, è possibile stimare la massa della stella invisibile?

175. Dimostrare che tre punti materiali m_1, m_2 ed m_3 posizionati in corrispondenza dei vertici di un triangolo equilatero e soggetti alla reciproca attrazione gravitazionale possono descrivere orbite circolari attorno al comune centro di massa con la seguente velocità angolare:

$$\sqrt{\frac{G}{L^3}M}$$

dove L indica il lato del triangolo ed $M = m_1 + m_2 + m_3$ la massa totale del sistema.

176. Un corpo di massa M urta elasticamente con velocità V un corpo di massa m inizialmente fermo. Dimostrare che la massima velocità possibile che può acquistare quest'ultimo è due volte quella del centro di massa del sistema.

177. Un corpo di massa M in moto con velocità V si divide in due frammenti, ciascuno di massa $M/2$, in seguito a un'esplosione interna di energia pari all'energia cinetica iniziale. Dimostrare che il modulo della velocità dei frammenti non può superare $2V$.

178. Tre punti materiali di ugual massa poggiano su un piano orizzontale privo d'attrito collegati da fili inestensibili di uguale lunghezza e di massa trascurabile. I fili sono inizialmente allineati, come mostrato nella figura (a).

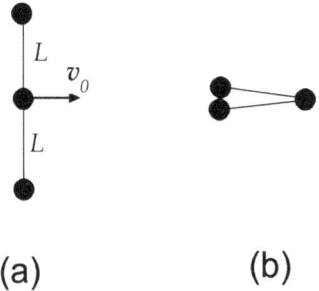

(a)   (b)

Alla massa centrale viene comunicata, tramite una forza impulsiva, una velocità v_0 diretta ortogonalmente ai fili. Si calcoli la velocità di ciascuna delle due masse esterne un istante prima che si urtino (figura b).

179. Un corpo si muove lungo orbite circolari sotto l'azione di una forza attrattiva diretta verso il comune centro. Dimostrare che se la velocità areolare è indipendente dal raggio dell'orbita, il modulo della forza attrattiva è inversamente proporzionale all'inverso del cubo del raggio.

180. Un razzo è lanciato dalla superficie della Terra con velocità v_0 e alzo ϑ. Trascurando ogni forma di attrito, dimostrare che la massima distanza r dal centro della Terra raggiunta dal razzo durante il volo è

$$\frac{r}{R_T} = \frac{1+\sqrt{1-4\eta(1-\eta)\cos^2\vartheta}}{2(1-\eta)} \qquad \eta = \frac{v_0^2}{v_f^2}$$

dove $v_f = \sqrt{2gR_T}$ è la velocità di fuga. Verificare inoltre che nel limite $v_0 \ll v_f$ si ritrova il caso del moto parabolico, ossia $r = h + R_T$ con $h \simeq v_0^2 \sin^2\vartheta/2g$.

181. Una massa m è poggiata su un piano orizzontale privo di attrito ed è collegata tramite un filo ideale passante in un piccolo foro praticato nel piano a una massa M sospesa verticalmente, come mostrato in figura.

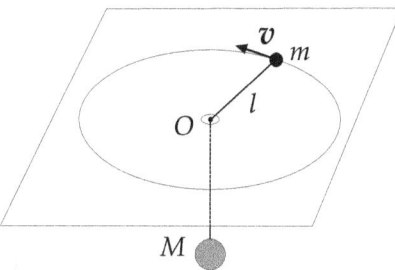

Supponendo che m sia lanciata sul piano con una velocità v diretta ortogonalmente al filo a una distanza l dal foro, dimostrare che, quando la velocità sarà nuovamente ortogonale al filo, la distanza r dal foro deve soddisfare l'equazione

$$r^2 - \frac{mv^2}{2Mg}r - \frac{mv^2}{2Mg}l = 0$$

182. Un punto materiale P viene lanciato con velocità V a grande distanza da un centro di forza O con parametro d'impatto b, come mostrato nella figura.

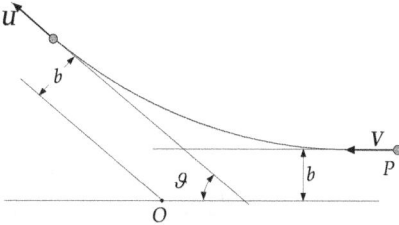

Supponendo che l'accelerazione impressa da O sul corpo vari proporzionalmente all'inverso del quadrato della distanza (K/r^2), dimostrare che l'angolo di diffusione ϑ si determina tramite la seguente relazione:

$$\tan\frac{\vartheta}{2} = \frac{K}{bV^2}$$

183. Un uomo si trova fermo nel punto *A* di una piattaforma orizzontale che può ruotare senz'attrito attorno a un asse verticale passante per il punto *O*, come mostrato in figura. L'uomo inizia a camminare e percorre sulla piattaforma la traiettoria circolare indicata, tornando nel punto di partenza.

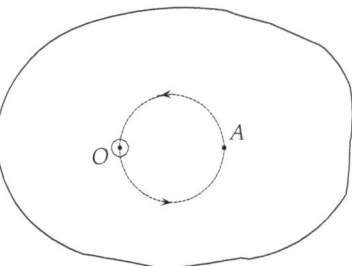

Supponendo di poter trascurare la massa della piattaforma, dimostrare che questa ha complessivamente ruotato di un angolo pari a π.

184. Come si modifica il risultato dell'esercizio precedente se si tiene conto che il momento d'inerzia della piattaforma rispetto all'asse di rotazione è pari a *I* e il diametro della traiettoria circolare è pari a *D*?

185. Un pendolo composto viene lasciato andare da fermo col centro di massa alla stessa quota dell'asse di rotazione. Dimostrare che la componente orizzontale della reazione vincolare è massima quando l'inclinazione del pendolo è di 45°.

186. Un pendolo composto costituito da un'asta omogenea di lunghezza *L* è sospeso verticalmente per un estremo ed è fermo in posizione di equilibrio. Calcolare la velocità orizzontale che occorre fornire all'estremo libero affinché l'asta arrivi con velocità nulla in corrispondenza della posizione di equilibrio instabile [momento d'inerzia dell'asta $ML^2/3$].

187. Un pendolo composto è costituito da un'asta omogenea piegata in forma di un arco di cerchio e sospesa per il punto medio. Dimostrare che la lunghezza equivalente del pendolo coincide col diametro del cerchio.

188. Due pendoli composti di masse M ed m hanno lunghezze equivalenti rispettivamente pari a L ed l. I centri di massa distano dal comune asse di rotazione rispettivamente D e d. Dimostrare che la lunghezza equivalente del pendolo composto ottenuto saldando i due pendoli è

$$\frac{MDL + mdl}{MD + md}$$

189. Un'asta omogenea è piegata in forma di un arco di cerchio di raggio a e apertura 2α. Calcolare il momento d'inerzia rispetto all'asse ortogonale al piano del cerchio.[1]

190. Calcolare il momento d'inerzia del settore omogeneo avente semiampiezza α mostrato nella figura rispetto all'asse ad esso ortogonale.

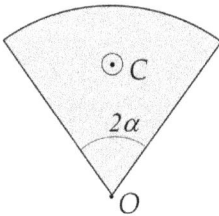

191. Calcolare il momento d'inerzia di un cono omogeneo avente massa M, base circolare di raggio a e altezza h rispetto all'asse di simmetria.

192. Dimostrare che il momento d'inerzia di un triangolo rettangolo omogeneo di lati a e b rispetto all'asse ad esso ortogonale è

$$\frac{M}{18}(a^2 + b^2)$$

193. Dimostrare che il momento d'inerzia di un triangolo isoscele di lati a, a e b rispetto all'asse ad esso ortogonale è

$$\frac{M}{36}(2a^2 + b^2)$$

---

[1]Salvo diversamente specificato, i momenti d'inerzia richiesti s'intendono calcolati rispetto ad assi passanti per il centro di massa del sistema.

194. Dimostrare che il momento d'inerzia di un quadrato omogeneo di lato
     a rispetto a uno dei due assi di simmetria ad esso complanari è $Ma^2/12$.

195. Dimostrare che il momento d'inerzia di una piastra quadrata omogenea di lato a rispetto a una diagonale è $Ma^2/12$.

196. Dimostrare che il momento d'inerzia di una superficie cubica omogenea di lato a rispetto a un asse di simmetria è

$$\frac{5}{18}Ma^2$$

197. Dimostrare che il momento d'inerzia di una corona circolare omogenea, avente raggio medio R e spessore δ, rispetto all'asse di simmetria ad essa ortogonale è

$$M\left[R^2 + \left(\frac{\delta}{2}\right)^2\right]$$

198. Dimostrare che il momento d'inerzia della corona circolare di cui all'esercizio precedente rispetto a un diametro è la metà di quello relativo all'asse di simmetria.

199. In punto C di un palo verticale AB è avvolta una fune lunga 1 m che viene tirata con la forza F applicata nell'estremo E, come mostrato in figura.

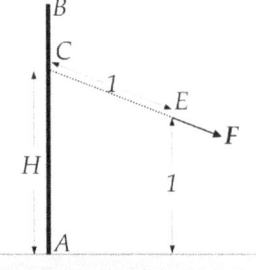

Sapendo che la quota di E è pari a 1 m, calcolare, a parità di F, la quota H del punto C affinché il momento applicato sul palo sia massimo.

200. Un'asta omogenea di lunghezza L è appoggiata sulla superficie di una semisfera perfettamente liscia di raggio R fissata a un piano orizzontale scabro, come mostrato nella figura.

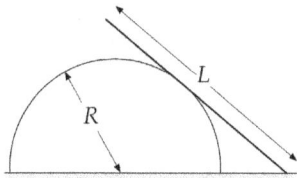

Se μ_s indica il coefficiente d'attrito statico tra l'asta e il pavimento, determinare le posizioni di equilibrio dell'asta.

201. Un'asta omogenea di lunghezza L è appoggiata in corrispondenza dello spigolo di un gradino di altezza H e di un piano orizzontale scabro, come mostrato nella figura.

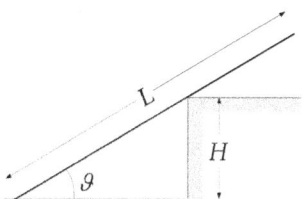

Se μ_s è il coefficiente d'attrito statico tra l'asta e il pavimento, determinare le posizioni di equilibrio dell'asta.

202. Determinare la posizione di equilibrio di un'asta rettilinea omogenea di lunghezza L poggiata su due piani inclinati perfettamente lisci, come mostrato in figura.

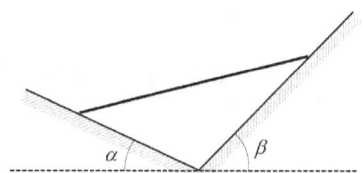

203. Una sfera omogenea è in equilibrio tra due piani inclinati privi di attrito, come mostrato in figura.

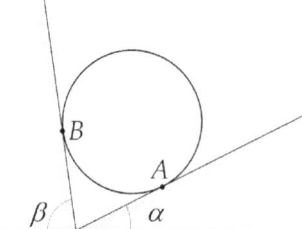

Dimostrare che il rapporto dei moduli delle reazioni vincolari in *A* e in *B* è

$$\frac{\sin \beta}{\sin \alpha}$$

204. Un'asta omogenea di massa *m* e lunghezza *L* è incernierata per l'estremo *O* e può ruotare in un piano verticale. All'estremo *A* è agganciata una corda perfettamente flessibile e inestensibile che si avvolge attorno a una carrucola posta nel punto *B* in corrispondenza della verticale per *O* a un'altezza *H* e recante all'altro capo una massa *M*, come mostrato in figura.

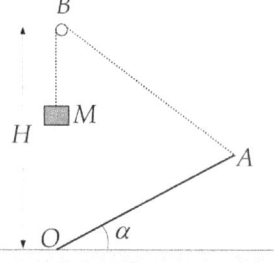

Dimostrare che l'angolo *α* corrispondente alla configurazione di equilibrio si ottiene dalla seguente relazione:

$$\sin \alpha = \frac{1+(H/L)^2}{2H/L} - \frac{2H}{L}\left(\frac{M}{m}\right)^2$$

205. Un'asta rettilinea rigida e omogenea è incernierata all'estremo O e può ruotare senz'attrito in un piano verticale. A distanza d da O è poggiata una massa m e tutto il sistema è mantenuto in equilibrio dalla forza F applicata nell'estremo libero, come mostrato in figura.

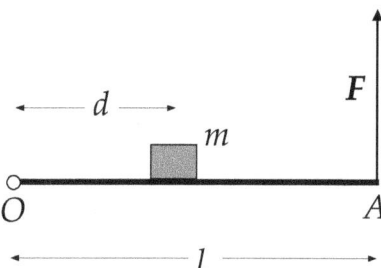

Sapendo che il materiale di cui è fatta l'asta ha una densità lineare di massa λ, calcolare la lunghezza dell'asta per cui F è minima.

206. Due aste omogenee identiche AC e BC sono incernierate in C e le due estremità libere A e B possono scivolare senz'attrito lungo due piani inclinati perfettamente lisci inclinati ciascuno di un angolo α rispetto all'orizzontale, come mostrato in figura.

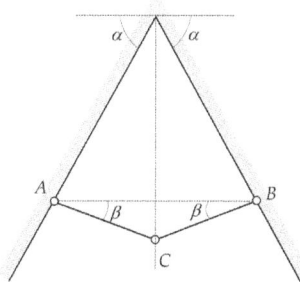

Dimostrare che, all'equilibrio, l'angolo β si ottiene dalla seguente espressione:

$$\tan \beta = \frac{1}{2 \tan \alpha}$$

207. Due aste omogenee identiche aventi lunghezza L sono incernierate a un estremo e poggiano su due supporti perfettamente lisci distanti $d <$ L, come mostrato in figura.

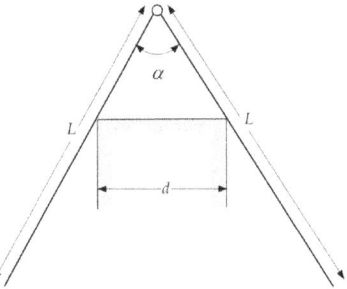

Dimostrare che l'angolo α corrispondente alla posizione di equilibrio soddisfa la seguente equazione:

$$\frac{d}{L} = \left(\sin\frac{\alpha}{2}\right)^3$$

208. Un'asta omogenea di massa M può ruotare senz'attrito in un piano orizzontale attorno a un'estremo, come mostrato in figura. Essa è mantenuta in equilibrio, in una posizione formante un angolo ϑ con la verticale, da un filo ideale agganciato all'altro estremo formante un angolo α con l'orizzontale.

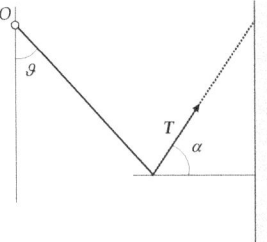

Esprimere il modulo della tensione del filo in funzione di α e calcolarne il valore minimo.

209. Dimostrare che la forza minima orizzontale F che occorre applicare all'asse di una ruota di raggio R e massa M affinché superi il gradino di altezza H mostrato in figura è pari a

$$Mg \, \frac{\sqrt{H(2R-H)}}{R-H}$$

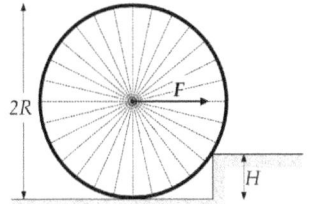

210. Due dischi circolari identici di raggio a poggiano su un piano orizzontale liscio in corrispondenza dell'angolo tra due pareti verticali ortogonali, come mostrato in figura.

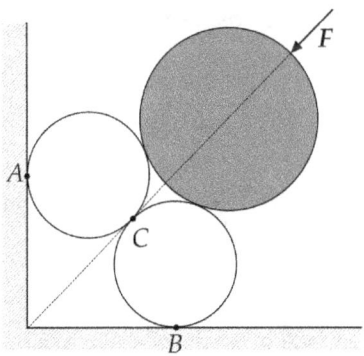

I punti A e B indicano rispettivamente i punti di contatto di ciascun disco con le pareti, mentre C è il punto di contatto tra i dischi, situato sulla bisettrice a 45°. Un terzo disco di raggio b, rappresentato nella figura in grigio, è premuto contro i due dischi da una forza F diretta lungo la diagonale. Dimostrare che il minimo valore di b per il quale, indipendentemente dalla pressione causata da F, i due dischi rimangono in contatto è pari a

$$\frac{a}{\sqrt{2}+1}$$

211. Nella figura è schematizzato uno schiaccianoci tramite due aste rigide incernierate nel punto O, che premono in A e in B contro un disco.

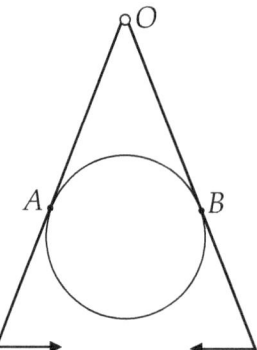

Dimostrare che l'equilibrio è possibile se l'angolo tra le aste è minore del doppio dell'angolo di attrito al contatto col disco.

212. Tre aste omogenee identiche sono incernierate formando un triangolo equilatero e il sistema è sospeso in equilibrio per il punto A, come mostrato in figura.

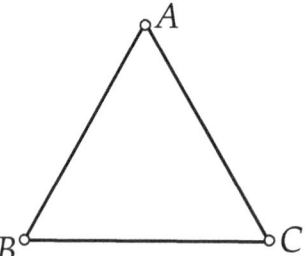

Trascurando ogni forma di attrito, calcolare le forze di reazione che si esercitano nelle cerniere in B e in C.

213. Due sfere identiche di raggio unitario e massa unitaria sono in equilibrio all'interno di una cassa avente larghezza pari a tre volte il raggio, come mostrato in figura.

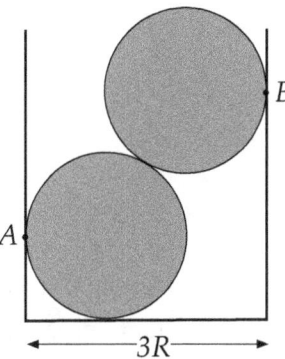

Calcolare le reazioni vincolari esercitate dalle pareti laterali della cassa sulle due sfere.

214. La figura mostra due sistemi posti in rotazione attorno a un asse verticale con la stessa velocità angolare.

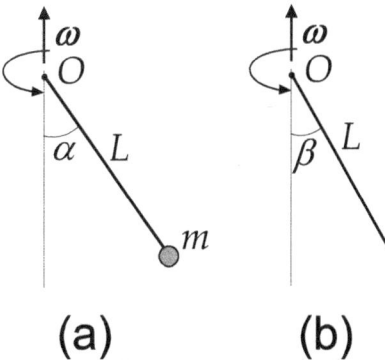

In entrambi i casi il sistema è costituito da un'asta rigida di lunghezza L. In quello della figura (a) la massa è concentrata nell'estremo libero, mentre in quello della figura (b) la massa è distribuita uniformemente sull'intera lunghezza dell'asta. Dimostrare che

$$\cos\beta = \frac{3}{2}\cos\alpha.$$

215. Due sfere omogenee sono collegate da un filo ideale passante per un punto fisso, come mostrato nella figura.

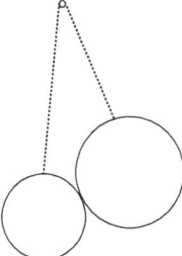

Trascurando ogni forma di attrito, dimostrare che all'equilibrio le distanze dei centri delle sfere dal punto di sospensione sono inversamente proporzionali alle rispettive masse.

216. Una bobina di massa M consiste di un cilindro centrale di raggio r e due dischi saldati alle estremità del cilindro aventi raggio R. La bobina si trova in equilibrio su un piano inclinato sotto l'azione di una massa m sospesa tramite un filo ideale avvolto intorno alla bobina stessa, come mostrato in figura.

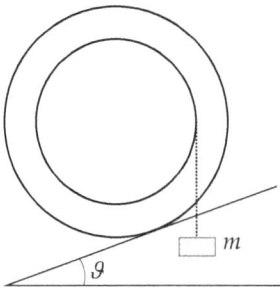

Dimostrare che l'inclinazione ϑ del piano soddisfa la seguente relazione:

$$\sin \vartheta = \frac{r/R}{1 + M/m}.$$

217. La figura mostra lo schema di un cosiddetto *paranco differenziale*.

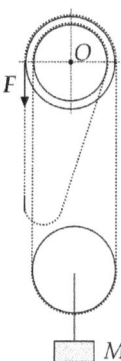

È costituito da una coppia di carrucole coassiali, aventi raggi R ed r, rigidamente connesse e vincolate a ruotare attorno all'asse orizzontale passante per il centro O. Una catena (assimilabile a un filo ideale) passa nella gola di queste carrucole e nella gola di una terza carrucola cui è appesa una massa M. Trascurando ogni forma di attrito, dimostrare che la forza F necessaria per mantenere in equilibrio il sistema ha modulo

$$F = \frac{Mg}{2}\left(1 - \frac{r}{R}\right).$$

218. Una lastra triangolare omogenea di lati a, b e c si trova in equilibrio sulla superficie interna di una sfera di raggio R, priva di attrito. Dimostrare che il centro di massa del triangolo deve trovarsi sulla verticale passante per il centro della sfera a una distanza da esso pari a

$$\sqrt{R^2 - \frac{1}{9}(a^2 + b^2 + c^2)}$$

219. Una semisfera omogenea è appoggiata su un piano inclinato scabro toccandolo con un punto della superficie sferica. Dimostrare che condizione necessaria per l'equilibrio della semisfera è che l'inclinazione del piano sull'orizzontale α sia inferiore all'angolo di attrito e inoltre che

$$\sin\alpha \le \frac{3}{8}$$

220. Un arco rigido omogeneo (densità lineare di massa λ) OA può ruotare senza attrito in un piano verticale attorno al punto O. Esso è mantenuto in equilibrio da una forza orizzontale F applicata nel punto A, come mostrato nella figura.

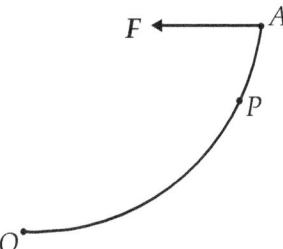

Dimostrare che, affinché sopprimendo un'arbitraria porzione AP dell'arco la parte residua possa essere mantenuta ancora in equilibrio applicando la stessa forza F in P, il profilo dell'arco deve essere circolare e calcolarne il raggio.

221. Un'asta omogenea poggia su un piano orizzontale privo di attrito e viene colpita ortogonalmente nel punto posto a 2/3 della sua lunghezza da uno dei suoi estremi. Dimostrare che la velocità iniziale di tale estremo in seguito all'urto è nulla.

222. Una palla da biliardo viene colpita nel piano mediano con la stecca orizzontale a una quota pari ai 4/5 del raggio oltre la quota del centro di massa (colpo "alto"). Dimostrare che alla fine della fase di strisciamento la velocità iniziale del centro di massa è aumentata di 2/7.

223. Un cilindro rotola giù per un piano inclinato senza strisciare. Dimostrare che l'accelerazione del centro di massa è pari a

$$\frac{2}{3}\,g\,\sin\vartheta$$

dove ϑ indica l'inclinazione del piano.

224. Ripetere l'esercizio sostituendo al posto del cilindro una sfera piena omogenea. Quale valore dell'accelerazione si ottiene?

225. La figura schematizza una macchina di Atwood modificata.

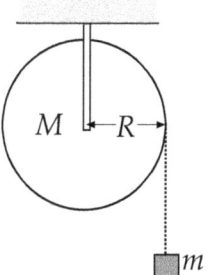

Sapendo che la carrucola è assimilabile a un disco omogeneo di raggio R e massa M, calcolare l'accelerazione della massa m e la forza necessaria per sostenere il sistema durante il moto nell'ipotesi in cui la corda non scivoli sulla superficie del disco.

226. Un disco di massa M e raggio R poggia in quiete su un piano orizzontale senza attrito, con il suo asse disposto verticalmente. Al tempo $t = 0$ viene applicata ad esso una forza costante orizzontale F in due modi diversi: la prima volta la forza è applicata all'asse del disco (figura a), mentre la seconda volta essa è applicata tangenzialmente (figura b), mediante un filo inestensibile, di massa trascurabile, avvolto intorno al disco.

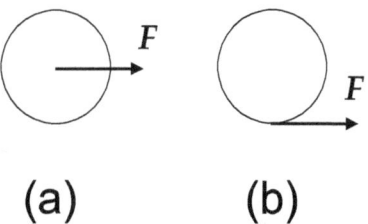

(a)   (b)

Si calcoli, in entrambi i casi, l'energia cinetica del disco in funzione del tempo nel riferimento inerziale solidale col piano.

227. Un filo verticale ideale si svolge (senza strisciare) da una bobina costituita da un disco omogoneo, come mostrato schematicamente nella figura.

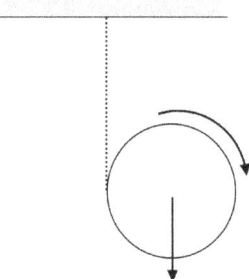

Dimostrare che il modulo dell'accelerazione del centro di massa della bobina è pari a $2g/3$ e che la tensione del filo è pari a un terzo del peso della bobina.

228. Un'asta rettilinea omogenea è ferma su un piano orizzontale privo di attrito quando viene colpita in corrispondenza di un estremo da un impulso diretto perpendicolarmente ad essa.

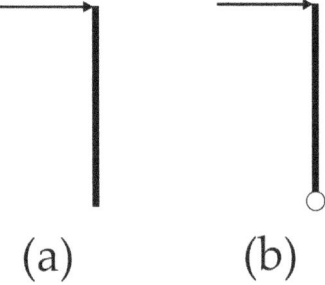

(a)   (b)

Dimostrare che il rapporto tra le energie cinetiche dell'asta quando essa è lasciata libera di muoversi (a) ovvero è vincolata a ruotare senza attrito per l'altro estremo (b) è pari a $4/3$.

229. Una sfera omogenea di raggio r viene lanciata con velocità iniziale V verso una guida cilindrica di raggio R. Sapendo che in ogni istante la sfera rotola senza strisciare sulla guida, calcolare il valore minimo di V necessario per eseguire un "giro della morte".

230. Un'asta rettilinea e omogenea poggia a un'estremità su un sostegno ed è mantenuta in equilibrio in posizione orizzontale tramite un filo verticale, come schematizzato nella figura.

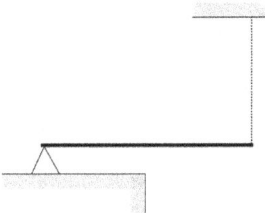

Il filo viene tagliato. Calcolare la reazione esercitata dal sostegno immediatamente dopo il taglio.

231. Due punti materiali con masse identiche poggiano su un piano privo d'attrito, collegati da un filo inestensibile di lunghezza L di massa trascurabile. A uno di essi viene comunicata una velocità v_0 diretta ortogonalmente al filo. Calcolare dopo quanto tempo il filo sarà disposto parallelamente alla direzione iniziale.

232. Due masse puntiformi m ed M, collegate tramite un'asta rettilinea avente massa trascurabile avente lunghezza L, sono ferme in posizione verticale su un piano orizzontale privo di attrito, come mostrato in figura.

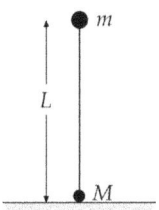

Se l'asta è leggermente spostata dalla sua posizione di equilibrio (instabile), dimostrare che la velocità angolare ω con cui essa raggiunge la posizione orizzontale è data da

$$\omega = \sqrt{\frac{2g}{L}}$$

233. Un'asta rettilinea omogenea è appoggiata a un pavimento orizzontale e a una parete verticale, entrambi perfettamente lisci, in posizione verticale. Data l'instabilità dell'equilibrio l'asta inizia a scivolare senz'attrito partendo praticamente da ferma. Determinare la posizione dell'asta nell'istante in cui si distacca dalla parete verticale.

234. Un'asta omogenea di massa M è appoggiata a un pavimento orizzontale e a una parete verticale perfettamente liscia, come mostrato in figura.

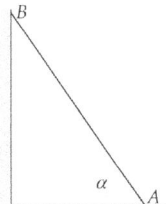

Se l'inclinazione iniziale è pari ad α e l'asta è lasciata andare da ferma, dimostrare che i moduli delle reazioni vincolari all'istante iniziale sono pari a

$$N_A = M g \left(1 - \frac{3}{4} \cos^2 \alpha \right)$$

$$N_B = \frac{3}{4} M g \, \sin \alpha \cos \alpha$$

235. Con riferimento all'esercizio precedente dimostrare che l'asta si distacca dalla parete verticale quando il punto B è sceso di un terzo della quota iniziale.

Parte II

Soluzioni dei problemi

1. Introduciamo i vettori $a = \overrightarrow{OA}$, $b = \overrightarrow{OB}$, $c = \overrightarrow{OC}$ e $d = \overrightarrow{OD}$, come mostrato nella Fig. 1.

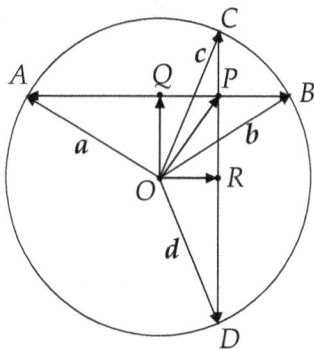

Figura 1: "Traduzione" vettoriale del problema.

Dalla figura si evince che $\overrightarrow{PA} = a - \overrightarrow{OP}$, $\overrightarrow{PB} = b - \overrightarrow{OP}$, $\overrightarrow{PC} = c - \overrightarrow{OP}$ e $\overrightarrow{PD} = d - \overrightarrow{OP}$. La risultante richiesta è dunque pari a

$$\overrightarrow{PA} + \overrightarrow{PB} + \overrightarrow{PC} + \overrightarrow{PD} = (a+b+c+d) - 4\overrightarrow{OP}. \tag{1}$$

Il vettore $\overrightarrow{OP}$ si può scrivere come la somma dei vettori $\overrightarrow{OQ}$ e $\overrightarrow{OR}$ dove, in virtù dell'ipotesi di perpendicolarità tra le corde, Q ed R sono rispettivamente i punti medi delle corde AB e BC. Scrivendo $\overrightarrow{OQ} = (a+b)/2$ e $\overrightarrow{OR} = (c+d)/2$, avremo $a+b+c+d = 2\overrightarrow{OP}$ che, sostituita nella (1), dà infine

$$\overrightarrow{PA} + \overrightarrow{PB} + \overrightarrow{PC} + \overrightarrow{PD} = 2\overrightarrow{PO}, \tag{2}$$

c.v.d.

2. Per dimostrare la tesi, rappresentiamo un segmento orientato in termini della differenza tra i vettori che definiscono le posizioni della "punta" e della "coda". La Fig. 1 illustra al costruzione grafica del testo. Associamo ai quattro vertici A, B, C e D rispettivamente i vettori a,

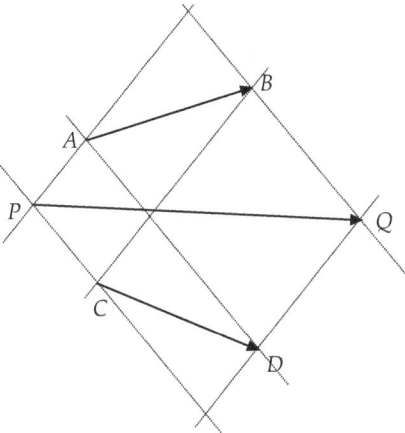

Figura 1: La costruzione grafica del testo del problema.

b, c e d, cosicché scriveremo formalmente $\overrightarrow{AB} = b - a$ e $\overrightarrow{CD} = d - c$; in termini di questi ultimi la somma vettoriale $\overrightarrow{AB} + \overrightarrow{CD}$ prende la forma seguente:

$$\overrightarrow{AB} + \overrightarrow{CD} = b - a + d - c, \tag{1}$$

ovvero, scambiando i vettori b e d e applicando la proprietà associativa della somma,

$$\overrightarrow{AB} + \overrightarrow{CD} = (d - a) + (b - c) = \overrightarrow{AD} + \overrightarrow{CB}, \tag{2}$$

La somma dei segmenti orientati $\overrightarrow{AD}$ e $\overrightarrow{CB}$ si calcola facilmente utilizzando la regola del parallelogramma, portando le code dei vettori a coincidere tramite semplici traslazioni parallele dei vettori stessi, dimostrando in tal modo la tesi.

3. La situazione è schematizzata nella Fig. 1.

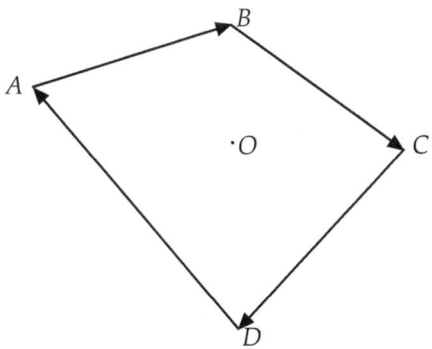

Figura 1: La "media" di un quadrilatero.

Possiamo risolvere l'esercizio per via algebrica, scrivendo ciascuno dei quatto vettori $\overrightarrow{OA}$, $\overrightarrow{OB}$, $\overrightarrow{OC}$ e $\overrightarrow{OD}$ tramite la "differenza punta-coda". Definiamo le posizioni dei vertici del quadrilatero tramite quattro vettori *a*, *b*, *c* e *d*. Definiamo inoltre la posizione del punto *O* tramite il vettore *R*. Abbiamo allora:

$$\overrightarrow{OA} = a - R,$$

$$\overrightarrow{OB} = b - R,$$

$$\overrightarrow{OC} = c - R,$$

$$\overrightarrow{OD} = d - R,$$

(1)

che, sostituita nell'equazione del testo dell'esercizio, dà

$$(a - R) + (b - R) + (c - R) + (d - R) = 0 \implies$$

(2)

$$\implies \boxed{R = \frac{1}{4}(a + b + c + d)}$$

c.v.d.

4. La dimostrazione può essere fatta sia per via geometrica che algebrica. Nel primo caso è sufficiente ricordare il significato geometrico di un vettore come segmento orientato e quelli di somma e differenza in termini delle diagonali principali del parallelogramma costruito sui vettori stessi. Poiché il modulo del vettore rappresenta la lunghezza del segmento orientato associato, la tesi dell'esercizio si "traduce" geometricamente come segue:

> *tra tutti i parallelogrammi, dimostrare che quelli le cui diagonali hanno la medesima lunghezza sono rettangoli*

la cui dimostrazione è un classico esercizio di geometria euclidea.

Vediamo la dimostrazione algebrica, che fa uso dello strumento legato al concetto di ortogonalità, il prodotto scalare. Partiamo dalla tesi, ossia dall'equazione

$$|u + w| = |u - w|, \tag{1}$$

che, prendendo il modulo quadro di ambo i membri, diviene

$$|u + w|^2 = |u - w|^2 \implies u^2 + w^2 + 2\, u \cdot w = u^2 + w^2 - 2\, u \cdot w, \tag{2}$$

da cui, semplificando, si ottiene

$$\boxed{u \cdot w = 0} \tag{3}$$

c.v.d.

5. Anche in questo caso si può procedere per via geometrica oppure algebrica. Nel primo caso è sufficiente ragionare come nell'esercizio precedente e tener conto che un parallelogramma le cui diagonali si intersecano ad angolo retto corrisponde a un rombo, da cui segue la tesi.

Procedendo per via algebrica imponiamo l'ortogonalità dei vettori somma e differenza utilizzando il prodotto scalare, ossia

$$(u + w) \cdot (u - w) = 0, \tag{1}$$

da cui, applicando la regola distributiva rispetto alla somma, abbiamo

$$u^2 - v^2 + \cancel{u \cdot w} - \cancel{u \cdot w} = 0 \implies \boxed{u = v} \tag{2}$$

c.v.d.

6. Al punto (a) abbiamo la cosiddetta *diseguaglianza triangolare*. Questa si dimostra facilmente con riferimento alla Fig. 1, tenendo presente che in un triangolo di forma qualsiasi la lunghezza di uno dei lati non può superare la somma delle lunghezze degli altri due. Algebricamente la

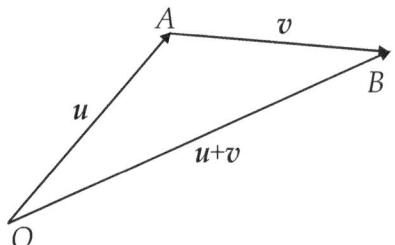

Figura 1: La diseguaglianza triangolare.

diseguaglianza in (a) si dimostra elevando al quadrato ambo i membri (per definizione positivi), così da ottenere

$$|u + v|^2 \leq (|u| + |v|)^2 \implies u^2 + v^2 + 2u \cdot v \leq u^2 + v^2 + 2uv, \quad (1)$$

ovvero, semplificando,

$$u \cdot v \leq uv, \tag{2}$$

che per definizione di prodotto scalare è sempre soddisfatta.

Per quanto riguarda la diseguaglianza in (b), essa è banalmente verificata se $u < v$. Nel caso opposto, è sufficiente riscrivere il vettore u come segue:

$$u = v + (u - v), \tag{3}$$

e applicare nuovamente la diseguaglianza triangolare in (a), ottenendo così

$$|u| \leq |v| + |u - v| \implies |u| - |v| \leq |u - v|, \tag{4}$$

c.v.d.

Veniamo finalmente alla diseguaglianza in (c), di cui la Fig. 2 ne dà una rappresentazione geometrica.

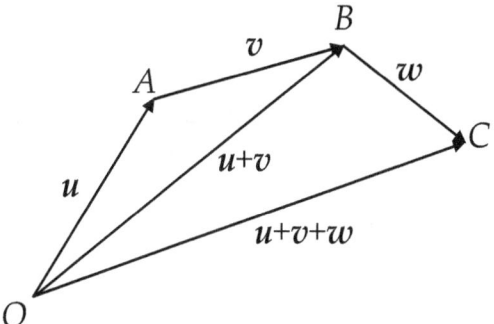

Figura 2: La diseguaglianza in (c).

Per dimostrarla è sufficiente applicare la diseguaglianza triangolare (a) due volte in successione, ottenendo così

$$|u + v + w| = |(u + v) + w| \leq |u + v| + |w| \leq |u| + |v| + |w|,$$

$$(5)$$

c.v.d.

7. La situazione è schematizzata nella Fig. 1.

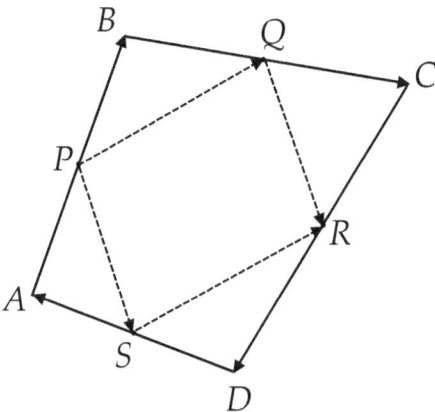

Figura 1: I punti medi di un quadrilatero.

In sostanza dobbiamo dimostrare che

$$\begin{cases} \overrightarrow{PS} = \overrightarrow{QR}, \\ \overrightarrow{PQ} = \overrightarrow{SR}. \end{cases} \tag{1}$$

A questo scopo possiamo utilizzare ancora una volta la rappresentazione algebrica dei segmenti orientati, associando alla posizione di ciascun vertice del quadrilatero un opportuno vettore. Siano a, b, c e d tali vettori posizione. Poiché il vettore posizione associato al punto medio di un segmento è pari alla media aritmetica dei vettori posizione associati agli estremi del segmento stesso, avremo

$$\begin{cases} \overrightarrow{PS} = \dfrac{a+b}{2} - \dfrac{a+d}{2} = \dfrac{b-d}{2}, \\ \overrightarrow{QR} = \dfrac{c+b}{2} - \dfrac{c+d}{2} = \dfrac{b-d}{2}, \end{cases} \tag{2}$$

da cui segue la prima eguaglianza della (1). In modo analogo si dimostra la seconda.

8. Questo esercizio è utile per comprendere alcune differenze tra equazioni numeriche ed equazioni vettoriali. Consideriamo per un attimo due numeri reali non nulli a e b e scriviamo l'equazione

$$a^2 = ab \implies a(a-b) = 0, \tag{1}$$

la cui unica soluzione è $a = b$.

Nel caso vettoriale le cose sono diverse, come è immediato verificare. Riscriviamo infatti l'equazione della tesi come segue:

$$\boldsymbol{u} \cdot (\boldsymbol{u} - \boldsymbol{w}) = 0, \tag{2}$$

avendo usato le proprietà del prodotto scalare. La (2) è verificata per ogni coppia di vettori $(\boldsymbol{u}, \boldsymbol{w})$ con $\boldsymbol{u}$ e $\boldsymbol{u} - \boldsymbol{w}$ ortogonali. Questa condizione ha un'immediata interpretazione geometrica, schematizzata nella Fig. 1: la proiezione ortogonale di $\boldsymbol{w}$ lungo la direzione di $\boldsymbol{u}$ deve coincidere con il modulo di quest'ultimo.

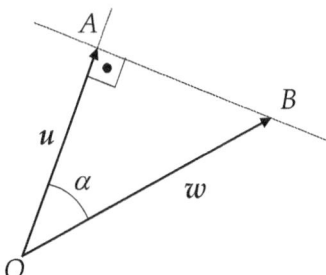

Figura 1: L'interpretazione geometrica della (2).

9. L'esercizio si risolve facilmente sia per via grafica che algebrica.

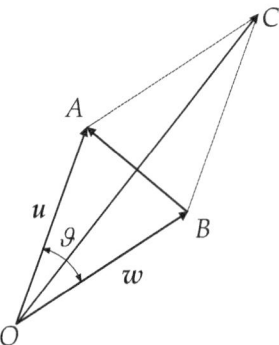

Figura 1: Somma e differenza di vettori.

Dalla Fig. 1 abbiamo che la somma $u + w$ è rappresentata dal segmento orientato $\overrightarrow{OC}$, mentre la differenza $u - w$ dal segmento orientato $\overrightarrow{BA}$. Poiché $\overline{OA} = \overline{OB} = V$, il quadrilatero $OACB$ è un rombo. La lunghezza della diagonale maggiore è dunque data da

$$\overline{OC} = 2\,\overline{OA}\,\cos\frac{\vartheta}{2} = 2V\cos\frac{\vartheta}{2}, \qquad (1)$$

mentre la lunghezza della diagonale minore è

$$\overline{AB} = 2\,\overline{OA}\,\sin\frac{\vartheta}{2} = 2V\sin\frac{\vartheta}{2}, \qquad (2)$$

c.v.d.

Procedendo invece per via algebrica avremo per la somma

$$|u + w|^2 = u^2 + v^2 + 2\,u \cdot w = 2V^2 + 2V^2\cos\vartheta =$$

$$2V^2(1 + \cos\vartheta) = 4V^2\cos^2\frac{\vartheta}{2}, \qquad (3)$$

e per la differenza

$$|\boldsymbol{u} - \boldsymbol{w}|^2 = u^2 + v^2 - 2\boldsymbol{u} \cdot \boldsymbol{w} = 2V^2 - 2V^2 \cos\vartheta =$$

$$2V^2(1 - \cos\vartheta) = 4V^2 \sin^2\frac{\vartheta}{2}, \tag{4}$$

da cui, estraendo le radici quadrate, segue la tesi.

10. Ipotizzando che la Terra sia una sfera di raggio R_T e indicando con D la distanza tra Alessandria e Assuan e con ϑ l'angolo misurato da Eratostene, possiamo scrivere l'evidente relazione

$$D = R_T\,\vartheta \implies R_T = \frac{D}{\vartheta} \simeq \frac{800}{\dfrac{1}{50} \times 2\pi}\ \text{km}, \tag{1}$$

da cui otteniamo una stima della circonferenza terrestre pari a circa 40000 km.

11. L'eccentricità dell'orbita ellittica è definita come il rapporto tra la distanza tra i due fuochi e la lunghezza dell'asse maggiore. Introducendo le lunghezze d e D, rispettivamente pari alle distanze del *perielio* e dell'*afelio* dal Sole e indicando con ε l'eccentricità abbiamo

$$\varepsilon = \frac{D-d}{D+d} = \frac{1-\dfrac{d}{D}}{1+\dfrac{d}{D}}. \tag{1}$$

Per calcolare il rapporto d/D utilizzeremo i dati relativi ai diametri angolari del Sole calcolati al perielio e all'afelio. Per "diametro angolare" intendiamo l'angolo sotto il quale il diametro solare è visto da un punto della superficie terrestre. Poiché la distanza Terra-Sole supera di diversi ordini di grandezza la misura del raggio terrestre, supporremo che il diametro angolare sia pari, con buona approssimazione, al rapporto tra il diametro del sole e la distanza media Terra-Sole.[2] Ciò implica che il rapporto d/D nella (1) sarà uguale al rapporto α_A/α_P (vedi figura del testo dell'esercizio), con $\alpha_A = 31 \times 60 + 29 = 1889''$ e $\alpha_A = 32 \times 60 + 33 = 1953''$, cosicché avremo

$$\varepsilon = \frac{1-\dfrac{\alpha_A}{\alpha_P}}{1+\dfrac{\alpha_A}{\alpha_P}} = \frac{1-\dfrac{1889}{1953}}{1+\dfrac{1889}{1953}} = \frac{32}{1921} \simeq \boxed{0.017} \tag{2}$$

---

[2]È interessante notare come il diametro angolare del Sole visto dalla Terra sia numericamente simile a quello della Luna, che va da un minimo di 29' 56 a un massimo di 33' 29. Questa coincidenza numerica rende le eclissi totali di Sole piuttosto suggestive.

12. Consideriamo dapprima la situazione della figura (a). Siano R_T il raggio della Terra ed ℓ la lunghezza della corda. Se h indica la quota della corda rispetto alla superficie terrestre, scriveremo

$$\ell = 2\pi(R_T + h), \tag{1}$$

e poiché sappiamo che la lunghezza della corda è pari a $\ell = 2\pi R_T + \Delta\ell$, con $\Delta\ell = 1$ m, dalla (1) si ottiene

$$h = \frac{\Delta\ell}{2\pi} = \frac{100}{2\pi}\,\text{cm} \simeq 16\,\text{cm}. \tag{2}$$

La situazione della figura (b) richiede l'uso di una geometria più complessa, descritta nella Fig. 1.

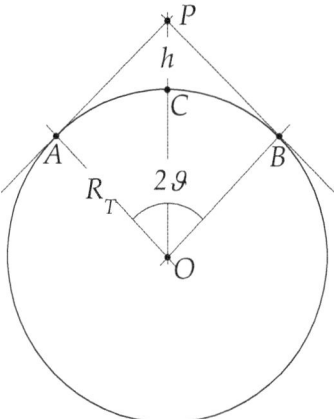

Figura 1: Geometria per la risoluzione del punto (b).

La differenza $\Delta\ell$ tra la lunghezza della corda e la circonferenza terrestre è pari a

$$\Delta\ell = 2\overline{AP} - \overparen{ACB}, \tag{3}$$

dove, indicando con 2ϑ l'angolo formato dai raggi OA e OB,

$$\overparen{ACB} = 2R_T\vartheta,$$
$$\overline{AP} = R_T \tan\vartheta, \tag{4}$$

e dunque

$$\Delta\ell = 2R_T(\tan\vartheta - \vartheta). \qquad (5)$$

Dalla medesima figura abbiamo inoltre che

$$h = \overline{PC} = \overline{OP} - \overline{OC} = R_T\frac{1-\cos\vartheta}{\cos\vartheta}. \qquad (6)$$

Per determinare h dovremmo, in linea di principio, ricavare l'angolo ϑ dalla (5) e sostituirlo nella (6). Illustreremo invece un metodo alternativo e più diretto, che fa uso di alcune utili approssimazioni. Poiché ci aspettiamo che l'angolo ϑ sia numericamente "piccolo", scriviamo le ben note formule di approssimazione delle funzioni trigonometriche,

$$\sin\vartheta \simeq \vartheta - \frac{1}{6}\vartheta^3,$$

$$\cos\vartheta \simeq 1 - \frac{1}{2}\vartheta^2, \qquad (7)$$

$$\tan\vartheta \simeq \vartheta + \frac{1}{3}\vartheta^3,$$

valide per $|\vartheta| \ll 1$. Dalla terza equazione possiamo allora riscrivere la (5) come

$$\Delta\ell \simeq \frac{2}{3}R_T\vartheta^3, \qquad (8)$$

mentre dalla seconda la (6) diviene

$$h \simeq R_T\frac{\dfrac{\vartheta^2}{2}}{1-\dfrac{\vartheta^2}{2}} \simeq \frac{1}{2}R_T\vartheta^2. \qquad (9)$$

Eliminando ϑ tra la (8) e la (9) otteniamo infine

$$h \simeq \frac{R_T}{2}\left(\frac{3}{2}\frac{\Delta\ell}{R_T}\right)^{2/3} = \left(\frac{9}{32}R_T\Delta\ell^2\right)^{1/3}, \qquad (10)$$

e utilizzando per il raggio terrestre l'approssimazione $R_T \simeq \dfrac{2}{\pi} \times 10^7$ m, otteniamo una stima di h dell'ordine del centinaio di metri se $\Delta \ell = 1$ m, mentre otteniamo una stima dell'ordine del metro per incrementi $\Delta \ell$ dell'ordine del mm.

13. L'esercizio si risolve facilmente utilizzando le rappresentazioni cartesiane dei vettori nello spazio tridimensionale in funzione delle coordinate sferiche e del loro prodotto scalare. Indicando con (x_1, y_1, z_1) le
componenti cartesiane di $\hat{r}_1$ e con (x_2, y_2, z_2) quelle di $\hat{r}_2$ abbiamo

$$\begin{cases} x_1 = \sin\vartheta_1 \cos\varphi_1, \\[2mm] y_1 = \sin\vartheta_1 \sin\varphi_1, \\[2mm] z_1 = \cos\vartheta_1, \end{cases} \tag{1}$$

e

$$\begin{cases} x_2 = \sin\vartheta_2 \cos\varphi_2, \\[2mm] y_2 = \sin\vartheta_2 \sin\varphi_2, \\[2mm] z_2 = \cos\vartheta_2, \end{cases} \tag{2}$$

cosicché il prodotto scalare $\hat{r}_1 \cdot \hat{r}_2$ diventa

$$\begin{aligned}
\hat{r}_1 \cdot \hat{r}_2 = x_1 x_2 + y_1 y_2 + z_1 z_2 &= \sin\vartheta_1 \cos\varphi_1 \sin\vartheta_2 \cos\varphi_2 \\
&+ \sin\vartheta_1 \sin\varphi_1 \sin\vartheta_2 \sin\varphi_2 + \cos\vartheta_1 \cos\vartheta_2 = \\
&= \sin\vartheta_1 \sin\vartheta_2 (\cos\varphi_1 \cos\varphi_2 + \sin\varphi_1 \sin\varphi_2) + \cos\vartheta_1 \cos\vartheta_2 = \\
&= \sin\vartheta_1 \sin\vartheta_2 \cos(\varphi_1 - \varphi_2) + \cos\vartheta_1 \cos\vartheta_2,
\end{aligned} \tag{3}$$

e dove nell'ultimo passaggio abbiamo utilizzato la formula di addizione del coseno. Utilizzando infine la definizione "geometrica" del
prodotto scalare tra vettori si ottiene

$$\hat{r}_1 \cdot \hat{r}_2 = \cos\alpha, \tag{4}$$

che, insieme alla (3), dimostra la tesi.

14. Come indicato nella figura del testo dell'esercizio, nell'istante in cui la Luna si trova in quadratura (il che significa che dalla Terra ne vediamo illuminata esattamente la metà), il triangolo SLT è rettangolo in L. Ciò implica che la tangente trigonometrica dell'angolo ϑ è pari al rapporto tra la distanza Terra-Luna e la distanza Sole-Luna, ossia

$$\boxed{\frac{\overline{TL}}{\overline{SL}} = \tan\vartheta} \tag{1}$$

Per un angolo di 87°, che corrisponde a circa 1.52 radianti, la (1) dà una stima del suddetto rapporto pari a 19. In realtà la distanza tra la Terra e la Luna è pari a circa 380000 km, mentre la distanza tra il Sole e la Luna è pari a circa 150 milioni di km (la cosiddetta *unità astronomica*). Il rapporto tra le distanze è in effetti circa 20 volte maggiore della stima di Aristarco.

La ragione di tale discrepanza sta nell'accuratezza con cui deve essere misurato l'angolo ϑ. Infatti, sostituendo il valore di 400 al posto del primo membro della (1) ed estraendo l'arcotangente otteniamo una stima dell'angolo ϑ alla quadratura pari a circa 89° 51′. Purtroppo Aristarco non possedeva ai suoi tempi i mezzi per misurare esattamente l'angolo formato fra il Sole e la Luna e inoltre era piuttosto difficile calcolare ed osservare l'istante esatto in cui la parte illuminata della Luna è del 50%.

È interessante esaminare il problema da un punto di vista matematico, studiando il comportamento della funzione $\tan\vartheta$ quando ϑ è "vicino" a $\pi/2$ e calcolandone la variazione percentuale in seguito a "piccole" variazioni dell'angolo, diciamo dell'ordine di qualche percento. A questo scopo è sufficiente valutare il differenziale della funzione $\tan\vartheta$,

$$d(\tan\vartheta) = \frac{1}{\cos^2\vartheta}\,d\vartheta \implies \frac{d(\tan\vartheta)}{\tan\vartheta} = \frac{d\vartheta}{\cos^2\vartheta\,\tan\vartheta} = \frac{2\,d\vartheta}{\sin 2\vartheta}, \tag{2}$$

da cui, dividendo e moltiplicando per ϑ, si ottiene

$$\frac{d(\tan\vartheta)}{\tan\vartheta} = \frac{2\vartheta}{\sin 2\vartheta}\frac{d\vartheta}{\vartheta}. \tag{3}$$

Considerando in luogo dei differenziali le variazioni finite (supposte sufficientemente piccole) delle relative quantità abbia che, per esempio, la stima dell'angolo ottenuta da Aristarco differisce da quella corretta per un 3% circa. Poiché il fattore moltiplicativo nella (3), valutato per l'angolo corretto, è pari a circa 600, abbiamo una stima della variazione percentuale (negativa) della tangente di circa 600 × 3 = 1800.

15. La geometria del problema è illustrata nella Fig. 1.

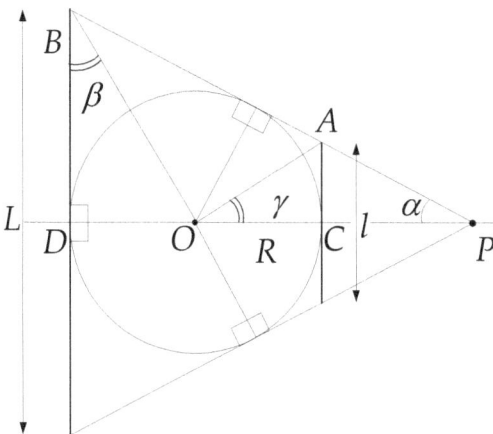

Figura 1: La geometria del problema.

Indichiamo con β l'angolo DBO e con γ l'angolo AOC. Dalla figura abbiamo che l'angolo DOB è pari a $\pi/2 - \beta$, e poiché la direzione PA è tangente al cerchio potremo scrivere

$$2\left(\frac{\pi}{2} - \beta\right) + 2\gamma = \pi \implies \boxed{\beta = \gamma} \tag{1}$$

il che implica che i triangoli rettangoli OBD e OAC sono simili. Abbiamo dunque

$$\frac{\overline{OD}}{\overline{BD}} = \frac{\overline{AC}}{\overline{OC}} \implies R^2 = \frac{L}{2} \times \frac{l}{2}, \tag{2}$$

c.v.d.

16. L'esercizio si risolve facilmente applicando il teorema della mediana.

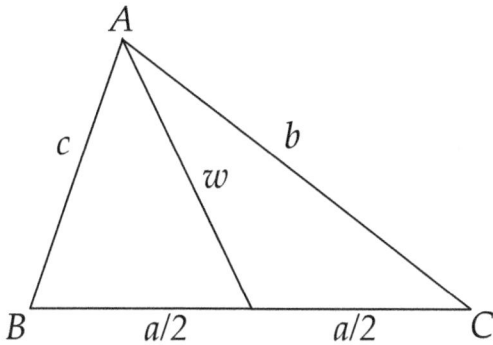

Figura 1: Il teorema della mediana.

Dalla Fig. 1 abbiamo

$$2w^2 + \frac{1}{2}a^2 = b^2 + c^2,$$ (1)

e analoghe relazioni possono essere scritte per le lunghezze delle altre due mediane, diciamo u e v, ossia

$$2u^2 + \frac{1}{2}b^2 = a^2 + c^2,$$

$$2v^2 + \frac{1}{2}c^2 = a^2 + b^2.$$ (2)

Sommando membro a membro la (1) e la (2) abbiamo

$$2(u^2 + v^2 + w^2) + \frac{1}{2}(a^2 + b^2 + c^2) = 2(a^2 + b^2 + c^2),$$ (3)

ovvero, semplificando,

$$\boxed{u^2 + v^2 + w^2 = \frac{3}{4}(a^2 + b^2 + c^2)}$$ (4)

c.v.d.

17. Nella Fig. 1 abbiamo schematizzato la geometria del problema.

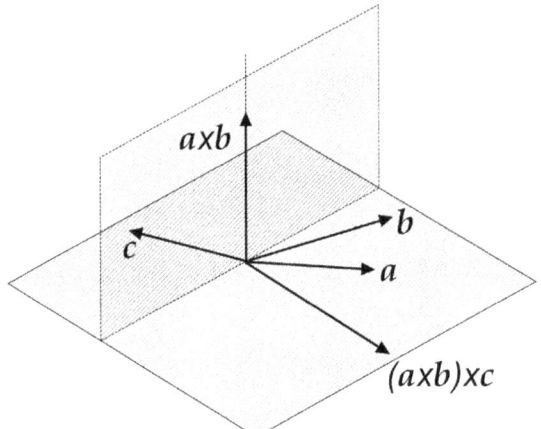

Figura 1: Identità vettoriali e geometria.

Consideriamo il piano formato dai vettori a e b (il piano orizzontale della figura) e quello, ad esso ortogonale, formato dai vettori $a \times b$ e c. È evidente che il vettore $(a \times b) \times c$ appartiene al primo piano e, per tale motivo, lo scriveremo come una combinazione lineare di a e b, ossia

$$(a \times b) \times c = A\,a + B\,b, \qquad (1)$$

dove i coefficienti A e B si possono determinare come segue.

Poiché $(a \times b) \times c$ e c sono ortogonali, il loro prodotto scalare è nullo. Dalla (1) abbiamo dunque

$$(a \times b) \times c \cdot c = 0 \implies A(a \cdot c) + B(b \cdot c) = 0, \qquad (2)$$

da cui

$$\begin{cases} A = -K(b \cdot c), \\[2mm] B = K(a \cdot c), \end{cases} \qquad (3)$$

e ciò che occorre dimostrare è che $K = 1$. A questo scopo introduciamo gli angoli α e β rispettivamente formati dalle direzioni dei vettori a e b con la direzione del vettore $(a \times b) \times c$, come mostrato nella

Fig. 2(a). Indichiamo inoltre con γ l'angolo formato dalla direzione del vettore c con quella del vettore $a \times b$, come mostrato nella Fig. 2(b). Utilizzando la definizione geometrica del prodotto vettoriale, dalla

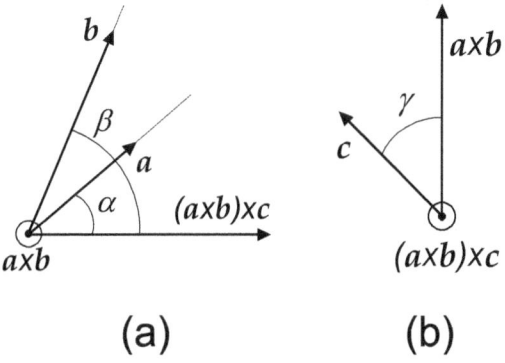

| (a) | (b) |

Figura 2: Geometria per il calcolo dei prodotti vettoriali $a \times b$ e $(a \times b) \times c$.

Fig. 2 abbiamo

$$|(a \times b) \times c| = abc \, \sin(\beta - \alpha) \sin \gamma . \qquad (4)$$

Se adesso teniamo conto della (1) e della (3), dalla Fig. 2(a) potremo scrivere

$$|(a \times b) \times c| = K \left[(a \cdot c) b \cos \beta - (b \cdot c) a \cos \alpha \right], \qquad (5)$$

dove i due prodotti scalari sono dati da

$$(a \cdot c) = ac \, \sin \gamma \cos(\alpha + \pi/2) = -ac \, \sin \gamma \sin \alpha ,$$
$$\qquad (6)$$
$$(b \cdot c) = bc \, \sin \gamma \cos(\beta + \pi/2) = -bc \, \sin \gamma \sin \beta ,$$

cosicché, sostituendo nella (5) e confrontando con la (4), otteniamo $K = 1$, c.v.d.

18. Partiamo dall'identità

$$a \times (b \times c) = (a \cdot c)b - (a \cdot b)c \,, \tag{1}$$

da cui, permutando gli indici, si ottiene

$$\begin{cases} c \times (a \times b) = (c \cdot b)a - (c \cdot a)b \,, \\[2mm] b \times (c \times a) = (b \cdot a)c - (b \cdot c)a \,. \end{cases} \tag{2}$$

Tenendo conto della (1) e della (2) abbiamo

$$a \times (b \times c) + c \times (a \times b) + b \times (c \times a) =$$

$$= (b \cdot a)c - (b \cdot c)a + (c \cdot b)a - (c \cdot a)b + (b \cdot a)c - (b \cdot c)a \,, \tag{3}$$

il cui secondo membro è nullo, c.v.d.

19. Per risolvere il problema è sufficiente orientare i lati del triangolo, introducendo i tre vettori *a*, *b* e *c*, come mostrato nella Fig. 1. In ter-

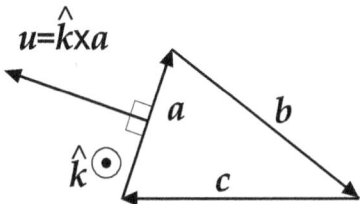

Figura 1: Orientare i lati del triangolo.

mini di tali vettori il triangolo è descritto dalla seguente equazione vettoriale:

$$a + b + c = 0. \tag{1}$$

Notiamo inoltre che i vettori *u*, *v* e *w* si ottengono tramite una semplice rotazione antioraria, rispetto a un asse ortogonale al piano del triangolo, dei corrispondenti vettori *a*, *b* e *c*. Possiamo rappresentare tali rotazioni utilizzando il prodotto vettoriale. Infatti, introducendo il versore $\hat{k}$ ortogonale al piano del triangolo, abbiamo

$$\begin{cases} u = \hat{k} \times a, \\[2mm] v = \hat{k} \times b, \\[2mm] w = \hat{k} \times c, \end{cases} \tag{2}$$

dalle quali si ottiene

$$u + v + w = \hat{k} \times (a + b + c) = 0, \tag{3}$$

avendo utilizzato la proprietà associativa del prodotto vettoriale e, nell'ultimo passaggio, l'equazione del triangolo (1).

20. Il tetraedro è mostrato nella Fig. 1. L'area della superficie totale è la

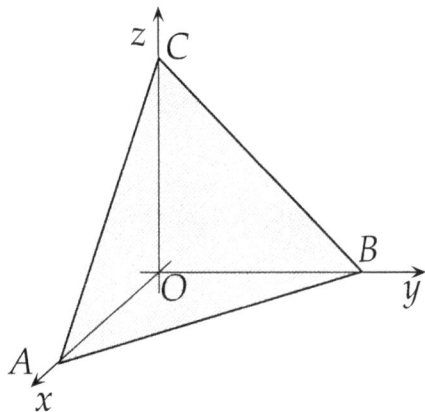

Figura 1: L'area del tetraedro.

somma delle aree dei quattro triangoli OAB, OAC, OBC e ABC. Le prime tre sono identiche e pari a $1/2$, mentre la quarta è pari alla metà del modulo del prodotto vettoriale $\vec{AB} \times \vec{AC}$, dove

$$\begin{cases} \vec{AB} = \hat{j} - \hat{i} \\ \vec{AC} = \hat{k} - \hat{i}. \end{cases} \tag{1}$$

Poiché

$$\vec{AB} \times \vec{AC} = (\hat{j} - \hat{i}) \times (\hat{k} - \hat{i}) = \hat{j} \times \hat{k} - \hat{j} \times \hat{i} - \hat{i} \times \hat{k} + \hat{i} \times \hat{i} =$$

$$= \hat{i} + \hat{k} + \hat{j}, \tag{2}$$

otteniamo per l'area del triangolo ABC il valore di $\sqrt{3}/2$ che sommato a $3/2$ dà il risultato cercato.

21. Per risolvere il problema occorre tener presente che i prodotti misti $b \cdot b \times c$ e $c \cdot b \times c$ sono entrambi nulli. Moltiplicando scalarmente il vettore v per il vettore $b \times c$ abbiamo

$$v \cdot b \times c = A a \cdot b \times c + B \underbrace{b \cdot b \times c}_{} + C \underbrace{c \cdot b \times c}_{}, \qquad (1)$$

da cui, risolvendo per A, si ritrova il risultato cercato. Per determinare i coefficienti B e C è sufficiente ripetere il ragionamento precedente moltiplicando scalarmente v rispettivamente per $a \times c$ e per $a \times b$.

22. Il problema si risolve facilmente per via geometrica. Nella Fig. 1 sono

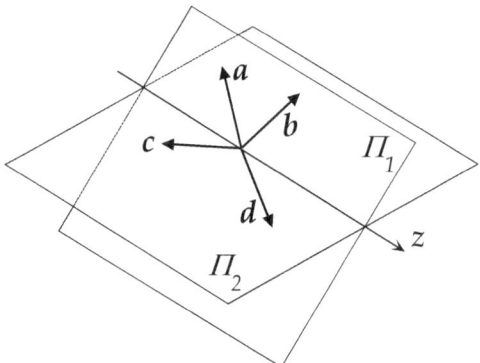

Figura 1: Il quadruplo prodotto vettoriale.

disegnati i piani Π_1 e Π_2 contenenti rispettivamente le coppie (a, b) e (c, d) e la loro intersezione (asse z). Per definizione, la direzione di $a \times b$ è ortogonale a Π_1 mentre quella di $c \times d$ è ortogonale a Π_2, come mostrato nella Fig. 2. Dalla medesima figura, vediamo dunque che la direzione del "quadruplo" prodotto vettoriale coincida proprio con l'asse z.

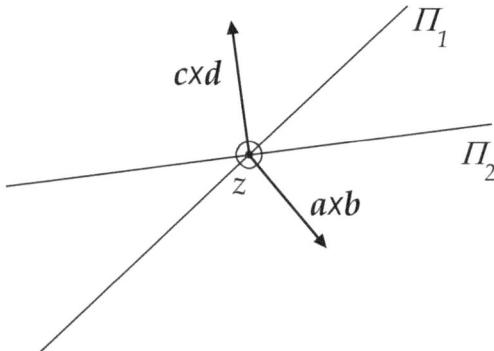

Figura 2: L'intersezione dei piani.

23. Scriviamo la generica matrice 2×2 come segue:

$$\begin{bmatrix} a_1 & a_2 \\ b_1 & b_2 \end{bmatrix}, \qquad (1)$$

dove le righe (a_1, a_2) e (b_1, b_2) rappresentano le componenti cartesiane rispettivamente dei vettori a e b, giacenti sul piano xy. Con questa interpretazione, il modulo del determinante della matrice (1) viene a coincidere col modulo del prodotto vettoriale $a \times b$, cosicché scriveremo

$$\begin{vmatrix} a_1 & a_2 \\ b_1 & b_2 \end{vmatrix}^2 = |a \times b|^2 = a^2 b^2 \sin^2 \gamma, \qquad (2)$$

dove γ è l'angolo formato dalle direzioni di a e b. Ricordando inoltre che $a^2 = a_1^2 + a_2^2$ e $b^2 = b_1^2 + b_2^2$, imponendo che $\sin^2 \gamma \leq 1$ ed estraendo la radice quadrata di ambo i membri della (2), la diseguaglianza è dimostrata.

Vediamo adesso il caso della matrice 3×3

$$\begin{bmatrix} a_1 & a_2 & a_3 \\ b_1 & b_2 & b_3 \\ c_1 & c_2 & c_3 \end{bmatrix}, \qquad (3)$$

il cui determinante non è facilmente identificabile da un punto di vista puramente algebrico. Al contrario, interpretando le tre righe come le componenti cartesiane (nello spazio tridimensionale) di tre vettori a, b e c, il modulo del determinante della matrice (3) coincide col modulo del prodotto misto $a \cdot b \times c$ il quale, a sua volta, rappresenta il volume del parallelepipedo costruito con i tre vettori. In particolare, indicando con γ l'angolo formato dalle direzioni di a e b e con δ

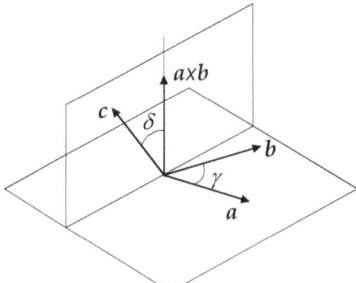

Figura 1: La diseguaglianza nel caso tridimensionale.

quello formato dalle direzioni di c e $a \times b$ (cfr. Fig. 1), abbiamo

$$\begin{vmatrix} a_1 & a_2 & a_3 \\ b_1 & b_2 & b_3 \\ c_1 & c_2 & c_3 \end{vmatrix}^2 = |a \cdot b \times c|^2 = a^2\, b^2\, c^2 \sin^2 \gamma \cos^2 \delta \leq a^2\, b^2\, c^2 , \quad (4)$$

che rappresenta la diseguaglianza per il caso tridimensionale, c.v.d.

24. Applicando il teorema di Carnot al triangolo ABP mostrato nella figura del testo abbiamo

$$\overrightarrow{AB}^2 = (\overrightarrow{PA} - \overrightarrow{PB})^2. \tag{1}$$

Poiché nell'istante in cui la distanza $\overrightarrow{AB}$ è minima si ha $\dot{\overrightarrow{AB}} = 0$, derivando ambo i membri della (1) rispetto al tempo segue

$$\frac{d}{dt}\overrightarrow{AB}^2 = 2(\overrightarrow{PA} - \overrightarrow{PB}) \cdot (\dot{\overrightarrow{PA}} - \dot{\overrightarrow{PB}}) = 0, \tag{2}$$

ovvero, tenendo conto che $\dot{\overrightarrow{PA}} = v_A$ e $\dot{\overrightarrow{PB}} = v_B$,

$$(\overrightarrow{PA} - \overrightarrow{PB}) \cdot (v_A - v_B) = 0. \tag{3}$$

Per determinare il rapporto $\overrightarrow{AP}/\overrightarrow{BP}$ è sufficiente sviluppare la (3) utilizzando le regole dell'algebra. Abbiamo

$$\overrightarrow{PA} \cdot v_A + \overrightarrow{PB} \cdot v_B = \overrightarrow{PA} \cdot v_B + \overrightarrow{PB} \cdot v_A, \tag{4}$$

da cui, tenendo conto della definizione del prodotto scalare, si ottiene facilmente

$$-\overline{AP}\, v_A + \overline{BP}\, v_B = -\overline{BP}\, v_A \cos\alpha + \overline{AP}\, v_B \cos\alpha, \tag{5}$$

ovvero, riarrangiando e semplificando,

$$\boxed{\frac{\overline{AP}}{\overline{BP}} = \frac{v_A \cos\alpha + v_B}{v_B \cos\alpha + v_A}} \tag{6}$$

25. La Fig. 1 mostra la geometria utilizzata per risolvere il problema.

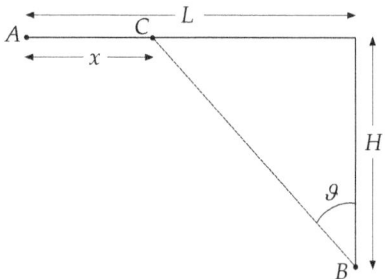

Figura 1: La geometria del problema.

Il tempo totale T necessario per andare dal punto A al punto B, passando per C, è pari alla somma del tempo impiegato per andare da A a C con velocità $V = 5$ m/s e del tempo necessario per andare da C a B con velocità $v = 3$ m/s. Con le notazioni indicate nella figura abbiamo

$$T = \frac{\overline{AC}}{V} + \frac{\overline{CB}}{v} = \frac{x}{V} + \frac{\sqrt{H^2 + (L-x)^2}}{v}, \qquad x \in [0, L], \quad (1)$$

dove $L = 140$ m e $H = 120$ m. La posizione ottimale di C si può determinare derivando il secondo membro della (1), pensato funzione di x, e imponendo che sia nulla. Con semplici passaggi algebrici otteniamo l'equazione

$$\frac{1}{V} - \frac{L-x}{v\sqrt{H^2 + (L-x)^2}} = 0 \implies \frac{L-x}{\sqrt{H^2 + (L-x)^2}} = \frac{v}{V}, \quad (2)$$

e che, facendo riferimento ancora una volta alla Fig. 1, si può riscrivere come

$$\sin\vartheta = \frac{v}{V}. \qquad (3)$$

Sostituendo i dati numerici abbiamo $\sin\vartheta = 3/5$, $\cos\vartheta = 4/5$, da cui si ottiene

$$L - x = H\tan\vartheta = \frac{3H}{4} = 90\,\text{m}, \qquad (4)$$

corrispondente ad $\overline{AC} = 50$ m.

Possiamo ritrovare la (3) utilizzando un approccio geometrico. Supponiamo che il percorso ACB sia quello corrispondente al tempo minimo.

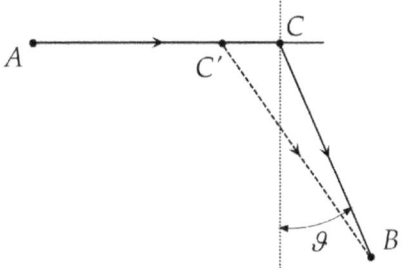

Figura 2: Soluzione geometrica del problema di minimizzazione.

Ciò implica che, muovendo C in una posizione C' ad esso vicina, come schematizzato nella Fig. 2, il tempo corrispondente al nuovo percorso $AC'B$ dovrà necessariamente aumentare. Supponendo che la distanza $\overline{CC'}$ sia molto minore della distanza $\overline{BC}$, possiamo stimare il ritardo associato al nuovo cammino, come illustrato nella Fig. 3, immaginando le direzioni $C'B$ e CB approssimativamente parallele.

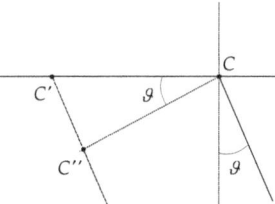

Figura 3: Approssimazione geometrica nel problema di minimizzazione.

In tal modo il ritardo corrispondente al nuovo cammino $AC'B$ consiste di due termini: il primo è pari a $\dfrac{\overline{C'C''}}{v}$, dove C'' è la proiezione di C lungo la direzione $C'B$; il secondo termine corrisponde a un anticipo pari a $\dfrac{\overline{CC'}}{V}$. Il ritardo totale accumulato è dunque

$$\frac{\overline{C'C''}}{v} - \frac{\overline{CC'}}{V} = \overline{CC'} \left(\frac{\sin\vartheta}{v} - \frac{1}{V} \right). \tag{5}$$

Poiché per ipotesi ACB è il cammino corrispondente al minimo tempo, tale ritardo deve essere necessariamente non negativo e, stante l'arbitrarietà di $\overline{CC'}$, avremo

$$\frac{\sin\vartheta}{v} - \frac{1}{V} \geq 0. \tag{6}$$

Svolgendo analoghi ragionamenti con il punto C' posizionato alla destra di C si ottiene facilmente

$$\frac{\sin\vartheta}{v} - \frac{1}{V} \leq 0, \tag{7}$$

che, insieme alla (6), dà nuovamente la (3).

26. Poiché la velocità scalare è costante, la posizione di P corrispondente al tempo minimo di viaggio equivale a quella che minimizza la somma $\overline{AP} + \overline{PB}$. Tale posizione si può facilmente determinare con un sem-

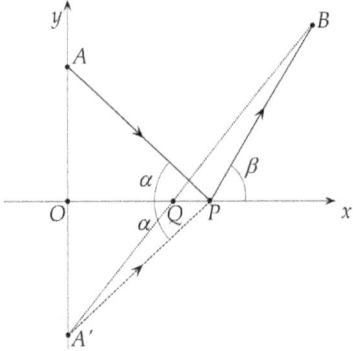

Figura 1: Soluzione geometrica del problema.

plice ragionamento geometrico, illustrato nella Fig. 1. È evidente che, considerato il punto A' posto simmetricamente ad A rispetto all'asse x, $\overline{AP} = \overline{A'P}$. Per risolvere il problema occorre minimizzare la somma $\overline{A'P} + \overline{PB}$. Ciò avviene quando il punto P coincide con Q, allineato ai punti A' e B, ossia quando $\alpha = \beta$.

Un identico risultato si trova utilizzando un approccio algebrico. Sempre con riferimento alla Fig. 1, indichiamo le coordinate cartesiane di A e B rispettivamente con $(0, h)$ e (D, H), mentre quelle di P con $(x, 0)$, cosicché

$$\overline{AP} + \overline{PB} = \sqrt{h^2 + x^2} + \sqrt{H^2 + (D - x)^2}. \tag{1}$$

Imponendo l'annullamento della derivata del secondo membro rispetto a x, con semplici passaggi algebrici otteniamo l'equazione

$$\frac{x}{\sqrt{h^2 + x^2}} = \frac{D - x}{\sqrt{H^2 + (D - x)^2}}, \tag{2}$$

ovvero $\sin \alpha = \sin \beta$.

27. Utilizziamo la geometria mostrata nella Fig. 1. Il tempo impiegato per

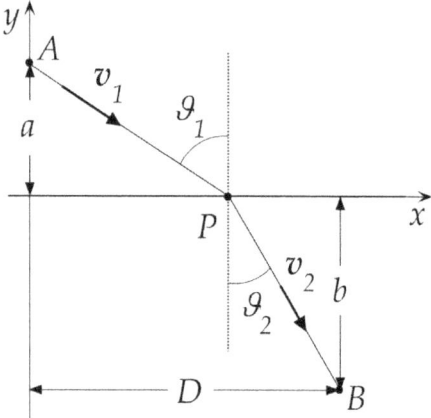

Figura 1: La geometria della rifrazione.

andare da A a B passando per P è

$$\frac{\overline{AP}}{v_1} + \frac{\overline{PB}}{v_2}, \tag{1}$$

ovvero, indicando con x l'ascissa di P,

$$\frac{\sqrt{a^2 + x^2}}{v_1} + \frac{\sqrt{b^2 + (D-x)^2}}{v_2}. \tag{2}$$

Derivando questa quantità rispetto a x ed eguagliando a zero otteniamo

$$\frac{x}{v_1\sqrt{a^2+x^2}} - \frac{D-x}{v_2\sqrt{b^2+(D-x)^2}} = 0 \implies \boxed{\frac{\sin\vartheta_1}{v_1} = \frac{\sin\vartheta_2}{v_2}} \tag{3}$$

c.v.d.

Anche in questo caso è possibile riottenere la (3) utilizzando un approccio puramente geometrico. Nella Fig. 2 è illustrato il percorso APB, corrispondente al tempo minimo, e un percorso alternativo AQB.

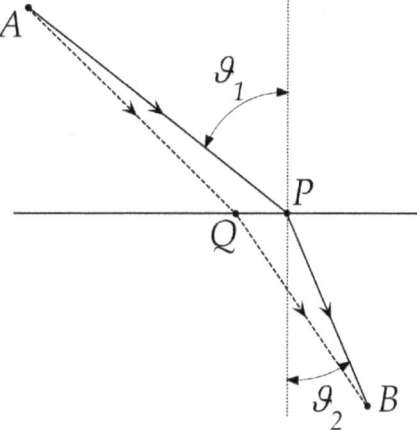

Figura 2: Un percorso alternativo a quello di minimo tempo.

Per ogni scelta di Q dobbiamo imporre che il ritardo accumulato rispetto al percorso ottimo APB sia non negativo. Scegliendo Q in modo che $\overline{PQ}$ sia molto minore delle distanze $\overline{AP}$ e $\overline{BP}$, possiamo considerare le direzioni QB e QA approssimativamente parallele rispettivamente alle direzioni PB e PA, come schematizzato nella Fig. 3.

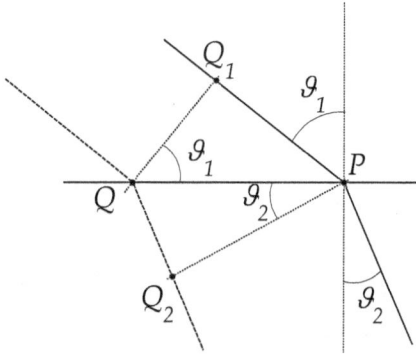

Figura 3: Approssimazioni geometriche nel calcolo del ritardo.

Il ritardo accumulato è dunque pari a circa

$$-\frac{\overline{QQ_1}}{v_1} + \frac{\overline{QQ_2}}{v_2} = \overline{QP}\left(\frac{\sin\vartheta_2}{v_2} - \frac{\sin\vartheta_1}{v_1}\right), \qquad (4)$$

e imponendo che sia non negativo per ogni scelta di $\overline{QP}$, si ottiene la condizione

$$\frac{\sin\vartheta_2}{v_2} - \frac{\sin\vartheta_1}{v_1} \geq 0. \qquad (5)$$

Posizionando Q alla destra di P e svolgendo analoghi ragionamenti si ottiene infine

$$\frac{\sin\vartheta_2}{v_2} - \frac{\sin\vartheta_1}{v_1} \leq 0, \qquad (6)$$

che, insieme alla (5), dà nuovamente la (3).

28. È sufficiente applicare la formula di Poisson, che dà

$$\frac{d\hat{u}}{dt} = \omega \times \hat{u},\qquad(1)$$

dove ω indica la velocità angolare istantanea. Utilizzando la definizione del prodotto vettoriale segue che i vettori $\hat{u}$ e $d\hat{u}/dt$ sono ortogonali, c.v.d.

Alternativamente possiamo ragionare come segue. Poiché $\hat{u}$ ha modulo unitario scriveremo

$$\hat{u} \cdot \hat{u} = 1,\qquad(2)$$

da cui, derivando membro a membro rispetto a t e applicando la regola di derivazione del prodotto (scalare) e la proprietà commutativa, si ottiene

$$\frac{d}{dt}(\hat{u} \cdot \hat{u}) = 0 \implies \frac{d\hat{u}}{dt} \cdot \hat{u} + \hat{u} \cdot \frac{d\hat{u}}{dt} = 0 \implies 2\,\hat{u} \cdot \frac{d\hat{u}}{dt} = 0,\qquad(3)$$

c.v.d.

29. Possiamo risolvere il problema utilizzando la formula di Poisson,

$$\frac{\mathrm{d}\hat{u}}{\mathrm{d}t} = \boldsymbol{\omega} \times \hat{u}, \tag{1}$$

utilizzando la rappresentazione cartesiana dei vettori $\hat{u}$, $\mathrm{d}\hat{u}/\mathrm{d}t$ e $\boldsymbol{\omega}$. In particolare, passando dalle coordinate sferiche a quelle cartesiane otteniamo per le componenti di $\hat{u}$ le seguenti espressioni:

$$\begin{cases} u_x = \sin\vartheta \cos\varphi, \\[2mm] u_y = \sin\vartheta \sin\varphi, \\[2mm] u_z = \cos\vartheta, \end{cases} \tag{2}$$

dalle quali, derivando rispetto a t, si ottengono le componenti cartesiane del vettore $\mathrm{d}\hat{u}/\mathrm{d}t$,

$$\begin{cases} \dfrac{\mathrm{d}u_x}{\mathrm{d}t} = \dot{\vartheta}\cos\vartheta\cos\varphi - \dot{\varphi}\sin\vartheta\sin\varphi, \\[3mm] \dfrac{\mathrm{d}u_y}{\mathrm{d}t} = \dot{\vartheta}\cos\vartheta\sin\varphi + \dot{\varphi}\sin\vartheta\cos\varphi, \\[3mm] \dfrac{\mathrm{d}u_z}{\mathrm{d}t} = -\dot{\vartheta}\sin\vartheta. \end{cases} \tag{3}$$

Indichiamo adesso con ω_x, ω_y e ω_z le componenti cartesiane della velocità angolare $\boldsymbol{\omega}$. Abbiamo

$$\frac{\mathrm{d}\hat{u}}{\mathrm{d}t} = \boldsymbol{\omega} \times \hat{u} = \begin{vmatrix} \hat{\imath} & \hat{\jmath} & \hat{k} \\ \omega_x & \omega_y & \omega_z \\ \sin\vartheta\cos\varphi & \sin\vartheta\sin\varphi & \cos\vartheta \end{vmatrix} = \tag{4}$$

$$(\omega_y \cos\vartheta - \omega_z \sin\vartheta \sin\varphi)\hat{\imath} +$$

$$(\omega_z \sin\vartheta \cos\varphi - \omega_x \cos\vartheta)\hat{\jmath} +$$

$$(\omega_x \sin\vartheta \sin\varphi - \omega_y \sin\vartheta \cos\varphi)\hat{k},$$

da cui, per confronto con la (3), si ottiene $\omega_x = -\dot{\vartheta}\sin\varphi$, $\omega_y = \dot{\vartheta}\cos\varphi$ e $\omega_z = \dot{\varphi}$, c.v.d.

Possiamo interpretare geometricamente il vettore $\boldsymbol{\omega}$ come la somma di due velocità angolari mutuamente ortogonali che misurano i tassi di variazione temporale rispettivamente degli angoli φ e ϑ. Come schematizzato nella Fig. 1(a), tali velocità angolari hanno modulo rispettivamente pari a $\dot{\varphi}$ e $\dot{\vartheta}$ e sono dirette ortogonalmente ai piani contenenti gli angoli φ e ϑ. Il primo coincide col piano xy, per cui la

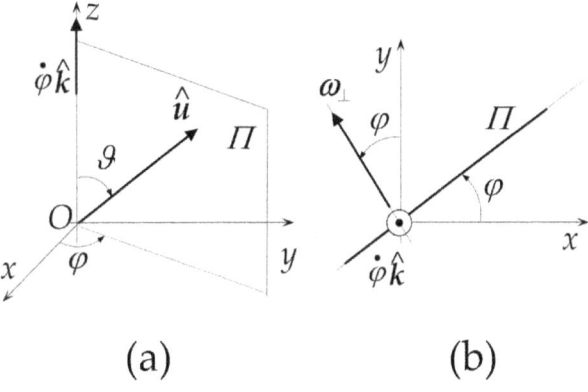

(a)   (b)

Figura 1: L'interpretazione geometrica della velocità angolare istantanea.

corrispondente velocità angolare è $\dot{\varphi}\,\hat{k}$. Il secondo piano, diciamo Π, contiene l'asse z e forma l'angolo φ col piano xz, come mostrato nella Fig. 1(b). Il corrispondente vettore velocità angolare, indicato nella figura col simbolo $\omega_\perp$, avrà dunque la rappresentazione cartesiana $-\dot{\vartheta}\sin\varphi\,\hat{\imath} + \dot{\vartheta}\cos\varphi\,\hat{\jmath}$, c.v.d.

30. Nella Fig. 1 è schematizzata la situazione: il punto P si muove lungo la traiettoria Γ secondo la legge oraria $r = r(t)$, dove $r = \overrightarrow{OP}$ indica la posizione rispetto al punto (fisso) O. La velocità vettoriale v, definita

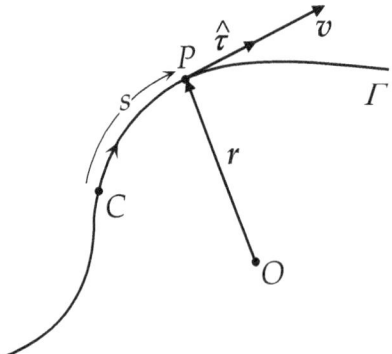

Figura 1: Rappresentazione intrinseca della velocità vettoriale.

come

$$v = \frac{\mathrm{d}r}{\mathrm{d}t}. \tag{1}$$

è sempre diretta lungo la direzione tangente, ossia

$$v = v\,\hat{\tau}, \tag{2}$$

dove la velocità scalare v è definita come

$$v = \frac{\mathrm{d}s}{\mathrm{d}t}, \tag{3}$$

ed s indica l'ascissa curvilinea, ossia lo spazio misurato sulla traiettoria Γ a partire da una posizione iniziale arbitrariamente scelta (indicata col punto C nella Fig. 1). Eguagliando formalmente la (1) e la (2), e tenendo conto della (3), abbiamo

$$\frac{\mathrm{d}r}{\mathrm{d}t} = \frac{\mathrm{d}s}{\mathrm{d}t}\hat{\tau} \implies \boxed{\hat{\tau} = \frac{\mathrm{d}r}{\mathrm{d}s}} \tag{4}$$

c.v.d.

Può essere utile illustrare l'applicazione della (4) al moto circolare. Supponiamo che il punto P si muova su una circonferenza di raggio R, come mostrato nella Fig. 2. Introducendo il sistema di riferimen-

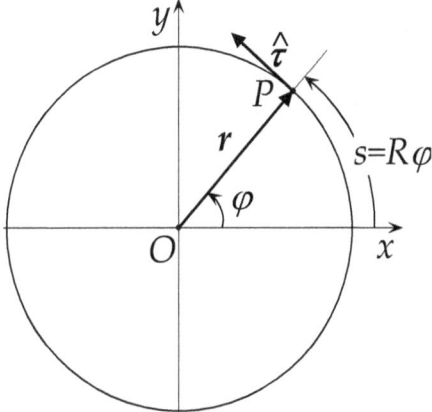

Figura 2: Applicazione della (4) al moto circolare.

to cartesiano ortogonale Oxy il vettore posizione r avrà la seguente rappresentazione:

$$r = R \cos \varphi \, \hat{\imath} + R \sin \varphi \, \hat{\jmath}, \tag{5}$$

dove φ è l'angolo formato dalla direzione di r con l'asse x. L'ascissa curvilinea s è legata a φ dalla relazione $s = R\varphi$. Derivando la (5) rispetto a s abbiamo

$$\frac{dr}{ds} = \frac{dr}{d(R\varphi)} = \frac{1}{R} \frac{dr}{d\varphi} = -\sin \varphi \, \hat{\imath} + \cos \varphi \, \hat{\jmath}, \tag{6}$$

che coincide con la rappresentazione cartesiana del versore $\hat{\tau}$, c.v.d.

31. Affinché il tempo di percorrenza tra le due stazioni sia minimo, occorre innanzitutto raggiungere la velocità limite nel minor tempo possibile. Questo si ottiene muovendo il treno con la massima accelerazione consentita. Una volta raggiunta la velocità limite, questa sarà mantenuta sino a quando, decelerando con la massima decelerazione consentita, il treno si fermerà nella stazione di arrivo. Nella Fig. 1 è mostrato l'andamento temporale della velocità scalare del treno corrispondente alla situazione appena descritta.

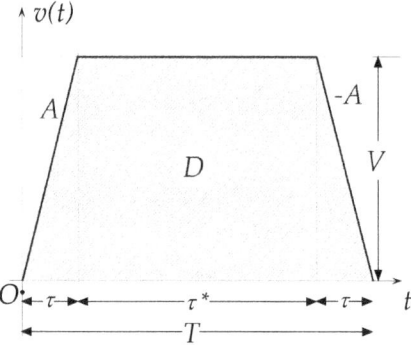

Figura 1: Il grafico temporale della velocità scalare del treno.

In particolare, l'area del trapezio rappresenta la distanza D tra le stazioni, l'altezza la velocità limite V e le pendenze dei lati obliqui sono pari rispettivamente ad A e $-A$, dove A indica il modulo della massima accelerazione (e decelerazione) del treno. Il tempo totale T è pari alla somma dei tempi corrispondenti alle tre fasi di moto precedentemente illustrate, ossia

$$T = 2\tau + \tau^*, \tag{1}$$

dove dalle leggi del moto rettilineo uniformemente accelerato abbiamo $\tau = V/A$. Ricavando τ^* dalla (1) ed esplicitando l'area del trapezio, abbiamo

$$D = \frac{1}{2}(T + \tau^*)V = \left(T - \frac{V}{A}\right)V \implies \boxed{T = \frac{D}{V} + \frac{V}{A}} \tag{2}$$

che dà, con i valori numerici indicati del testo, una stima di circa un'ora e 28 secondi.

32. Indicheremo con a_P e a_Q rispettivamente le accelerazioni dei due punti. È utile tracciare gli andamenti delle velocità in funzione del tempo, come illustrato nella Fig. 1.

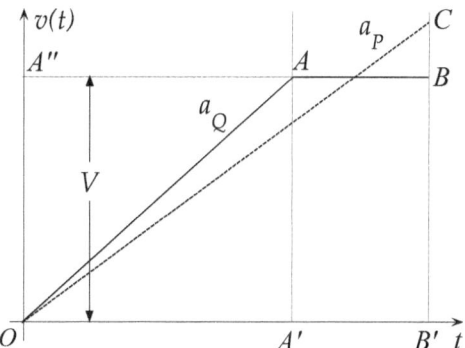

Figura 1: Il grafico temporale della velocità dei punti.

Il grafico della velocità di P corrisponde al triangolo rettangolo $OB'C$, mentre quello del punto Q corrisponde al trapezio $OABB'$. La "pendenza" del segmento OC rappresenta l'accelerazione di P, quella del segmento OA rappresenta l'accelerazione del punto Q e la quota del segmento AB la velocità raggiunta da Q dopo aver percorso metà della distanza totale. Poiché per ipotesi l'area del triangolo OAA' (che rappresenta la distanza percorsa da Q durante la fase di accelerazione) è pari alla metà dell'area del trapezio $OABB'$ (che rappresenta la distanza totale percorsa), l'area del rettangolo $OA''BB'$ è pari ai 3/2 della distanza totale e ciò implica che $\overline{OB'} = 3/2\,\overline{OA'}$. Imponendo infine che l'area del triangolo OAA' sia la metà dell'area del trapezio $OABB'$ e tenendo conto che $\overline{AA'} = a_Q\,\overline{OA'}$ e che $\overline{B'C} = a_P\,\overline{OB'}$ abbiamo

$$\frac{1}{2} \times \overline{OA'} \times \overline{AA'} = \frac{1}{2} \times \frac{1}{2} \times \overline{OB'} \times \overline{B'C} \implies \frac{a_P}{a_Q} = 2\left(\frac{\overline{OA'}}{\overline{OB'}}\right)^2 = \boxed{\frac{8}{9}}$$

$$(1)$$

33. Tracciamo l'andamento temporale della velocità, come mostrato schematicamente nella Fig. 1.

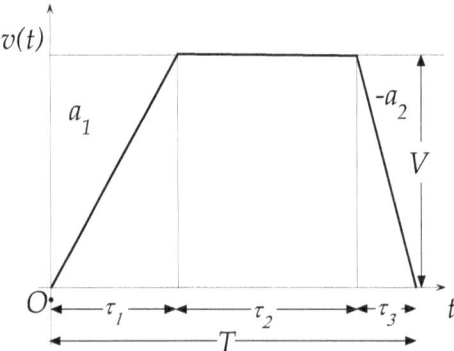

Figura 1: Il grafico temporale della velocità.

Il tempo di moto T sarà pari a $\tau_1 + \tau_2 + \tau_3$, dove $\tau_1 = V/a_1$ e $\tau_3 = V/a_2$. Invece di tentare il calcolo di τ_2, possiamo seguire una via geometrica, identificando il prodotto VT come l'area del rettangolo $OABC$ della Fig. 2, ottenuto unendo al trapezio i due triangoli OAA' e $BB'C$, le cui aree sono pari rispettivamente a $V^2/2a_1$ e $V^2/2a_2$, come è facilmente dimostrabile utilizzando le formule del moto rettilineo uniformemente accelerato.

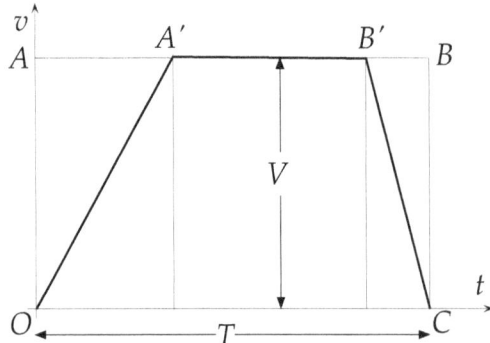

Figura 2: La soluzione geometrica del problema.

Avremo dunque

$$VT = D + \frac{V^2}{2a_1} + \frac{V^2}{2a_2} \implies \boxed{T = \frac{D}{V} + \frac{V}{2}\left(\frac{1}{a_1} + \frac{1}{a_2}\right)} \quad (1)$$

c.v.d.

Per rispondere alla seconda domanda occorre minimizzare la (1) rispetto alla velocità. Ciò si può fare imponendo l'annullamento della derivata dT/dV. Alternativamente, notiamo che la funzione $f(x) = x + \frac{A}{x}$ si può riscrivere come segue:

$$f(x) = \frac{x^2 + A}{x} = \frac{x^2 - 2x\sqrt{A} + A + 2x\sqrt{A}}{x} = 2\sqrt{A} + \frac{(x - \sqrt{A})^2}{x}, \quad (2)$$

da cui si deduce che il minimo valore di $f(x)$ è $2\sqrt{A}$, che si ottiene per $x = \sqrt{A}$. Applicando queste considerazioni alla (1) otteniamo un tempo minimo pari a

$$\sqrt{2D\frac{a_1 + a_2}{a_1 a_2}}, \quad (3)$$

in corrispondenza della velocità massima

$$\sqrt{2D\frac{a_1 a_2}{a_1 + a_2}}. \quad (4)$$

34. Conviene utilizzare un metodo algebrico, basato sulla definizione di velocità scalare v come derivata temporale dello spazio s percorso sulla traiettoria di moto,

$$v = \frac{ds}{dt}, \tag{1}$$

con le condizioni iniziali $v(0) = 0$ (il punto parte da fermo) ed $s(0) = 0$ (lo spazio percorso sarà misurato rispetto al punto di partenza). Dal testo del problema abbiamo

$$v = Ks, \tag{2}$$

dove K rappresenta la costante di proporzionalità tra spazio e velocità. L'accelerazione (tangenziale) del punto si ottiene derivando la (2) rispetto al tempo,

$$a = \frac{dv}{dt} = K\frac{ds}{dt} = Kv, \tag{3}$$

da cui, calcolando le grandezze all'istante iniziale $t = 0$, si ottiene $a = 0$. Procedendo analogamente si dimostra che tutte le derivate temporali della funzione $s = s(t)$ in $t = 0$ sono nulle, c.v.d.

Ci si potrebbe chiedere quale dipendenza funzionale dovrebbe avere la velocità rispetto allo spazio percorso affinché il punto si metta in moto. Per esempio, modifichiamo la (2) ipotizzando che la velocità dipenda da s come segue:

$$v = Ks^{\alpha}, \tag{4}$$

dove α rappresenta un esponente che deve essere determinato imponendo che, all'istante $t = 0$, l'accelerazione sia diversa da zero. Derivando la (4) rispetto a t abbiamo

$$a = K\frac{ds^{\alpha}}{dt} = K\alpha s^{\alpha-1}\frac{ds}{dt} = K\alpha s^{\alpha-1}v, \tag{5}$$

ovvero, ricordando ancora una volta la (4),

$$a = K^2\alpha s^{2\alpha-1}. \tag{6}$$

Affinché nel punto di partenza, ossia per $s = 0$, l'accelerazione sia diversa da zero l'unica possibilità è data da $2\alpha - 1 = 0$, ossia $\alpha = 1/2$, corrispondente a un moto uniformemente accelerato. In tal caso l'accelerazione (costante) sarà pari ad $a = K^2/2$ e la (4) diviene

$$v = \sqrt{2as}.\tag{7}$$

35. Introduciamo un sistema di riferimento cartesiano unidimensionale con origine in O e sia x l'ascissa di P. Dai dati del problema abbiamo che la componente della velocità v_x ha la rappresentazione

$$v_x = -Kx, \qquad (1)$$

dove K è un'opportuna costante di proporzionalità. Ricordando la definizione di velocità come derivata temporale della posizione, la (1) diviene

$$\frac{\mathrm{d}x}{\mathrm{d}t} = -Kx, \qquad (2)$$

ovvero, isolando la variabile temporale,

$$\mathrm{d}t = -\frac{1}{K}\frac{\mathrm{d}x}{x}. \qquad (3)$$

Supponendo che a un dato istante, che potremo considerare come l'istante iniziale, il punto P si trovi nella posizione x_0, integrando membro a membro la (3) si trova il tempo T necessario per raggiungere l'origine O,

$$T = -\frac{1}{K}\int_{x_0}^{0}\frac{\mathrm{d}x}{x} = \frac{1}{K}\int_{0}^{x_0}\frac{\mathrm{d}x}{x}, \qquad (4)$$

e poiché l'integrale è ovviamente divergente, la tesi è dimostrata.

36. Dai dati del problema scriviamo la velocità scalare v come

$$v = \frac{K}{t}, \tag{1}$$

con K costante di proporzionalità. Derivando ambo i membri rispetto al tempo abbiamo per l'accelerazione (tangenziale) la seguente espressione:

$$a = \frac{\mathrm{d}v}{\mathrm{d}t} = -\frac{K}{t^2} = -\frac{1}{K}\frac{K^2}{t^2} = -\frac{v^2}{K}, \tag{2}$$

c.v.d.

37. La situazione è descritta schematicamente nella Fig. 1.

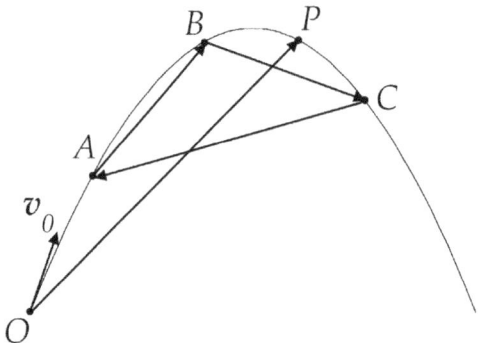

Figura 1: La geometria del problema.

Supponiamo che il punto parta dalla posizione individuata da O con velocità iniziale v_0. Indicando con a l'accelerazione (costante) del moto scriviamo la legge oraria tramite un'unica equazione vettoriale, esprimendo la posizione del punto all'istante generico t tramite il vettore posizione $\overrightarrow{OP}$ come segue:

$$\overrightarrow{OP} = v_0\,t + \frac{1}{2}\,a\,t^2. \tag{1}$$

Imponendo il passaggio di P per le posizioni A, B e C rispettivamente agli istanti t_A, t_B e t_C, si ottiene il seguente sistema:

$$\begin{cases} \overrightarrow{OA} = v_0\,t_A + \dfrac{1}{2}\,a\,t_A^2, \\[2mm] \overrightarrow{OB} = v_0\,t_B + \dfrac{1}{2}\,a\,t_B^2, \\[2mm] \overrightarrow{OC} = v_0\,t_C + \dfrac{1}{2}\,a\,t_C^2. \end{cases} \tag{2}$$

Utilizzando la (2) scriviamo le espressioni dei tre vettori $\vec{AB}$, $\vec{BC}$ e $\vec{CA}$,

$$
\begin{cases}
\vec{AB} = \vec{OB} - \vec{OA} = v_0(t_B - t_A) + \dfrac{1}{2}a(t_B^2 - t_A^2), \\[2mm]
\vec{BC} = \vec{OC} - \vec{OB} = v_0(t_C - t_B) + \dfrac{1}{2}a(t_C^2 - t_B^2), \\[2mm]
\vec{CA} = \vec{OA} - \vec{OC} = v_0(t_A - t_C) + \dfrac{1}{2}a(t_A^2 - t_C^2).
\end{cases}
\tag{3}
$$

Per eliminare la quantità (incognita) v_0 è sufficiente moltiplicare membro a membro la prima equazione per t_C, la seconda per t_A, la terza per t_B e sommare le equazioni risultanti, ottenendo in tal modo

$$
t_C\,\vec{AB} + t_A\,\vec{BC} + t_B\,\vec{CA} = \frac{1}{2}a\left[(t_B^2 - t_A^2)\,t_C + (t_C^2 - t_B^2)\,t_A + (t_A^2 - t_C^2)\,t_B\right],
\tag{4}
$$

da cui, risolvendo per a, con semplici passaggi algebrici segue la tesi.[3]

---

[3] È sufficiente notare che la quantità entro le parentesi quadre si annulla quando $t_A = t_B$, oppure quando $t_A = t_C$, oppure quando $t_B = t_C$.

38. La geometria del moto è illustrata schematicamente nella Fig. 1.

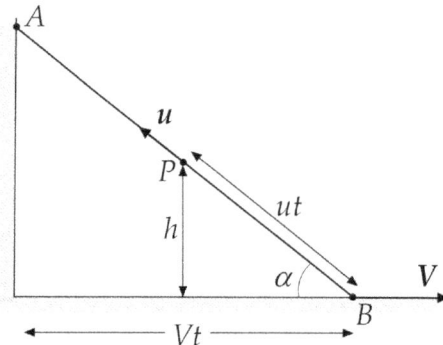

Figura 1: La formica che sale lungo l'asta.

Il punto P rappresenta la formica, il vettore u la sua velocità *rispetto all'asta*, il vettore V la velocità rispetto a terra dell'estremità B dell'asta. Detta L sua lunghezza, all'istante generico t possiamo scrivere la relazione

$$\cos \alpha = \frac{Vt}{L}. \tag{1}$$

D'altro canto, dalla stessa figura abbiamo

$$\sin \alpha = \frac{h}{ut}, \tag{2}$$

dove h rappresenta la quota della formica all'istante t. Eliminando il tempo t tra la (1) e la (2), con semplici passaggi algebrici otteniamo la seguente relazione tra la quota h e l'inclinazione α:

$$\cos \alpha \sin \alpha = \frac{V\cancel{t}}{L} \frac{h}{u\cancel{t}} \implies \boxed{h = \frac{uL}{2V} \sin 2\alpha} \tag{3}$$

da cui segue la tesi. Notiamo che questo risultato presuppone che la formica non si muova "troppo velocemente" rispetto all'asta. Per quantificare tale limitazione, notiamo che la quota massima predetta dalla (3), diciamo $h_{\max}$, deve soddisfare la diseguaglianza

$$h_{\max} = \frac{uL}{2V} \leq \frac{L}{\sqrt{2}} \implies u \leq V\sqrt{2}, \tag{4}$$

che corrisponde fisicamente al fatto che la formica non può superare l'estremo A dell'asta. Se la velocità della formica fosse superiore al limite imposto dalla (4), allora essa arriverebbe in A prima che l'asta abbia raggiunto l'inclinazione di 45°. Detto $\tau = L/u$ il tempo necessario alla formica per percorrere l'intera lunghezza dell'asta, la distanza orizzontale percorsa dall'estremo B sarà pari a $V\tau = VL/u$ e dunque, utilizzando il teorema di Pitagora, avremo per la quota massima $h_{\max}$ la seguente espressione:

$$h_{\max} = \sqrt{L^2 - \left(\frac{VL}{u}\right)^2} = L\sqrt{1 - \frac{V^2}{u^2}}. \qquad (5)$$

39. Per risolvere il problema è sufficiente determinare la rappresentazione parametrica del moto del punto P a partire dall'istante in cui esso è a contatto con la linea orizzontale. Introducendo il sistema di riferi-

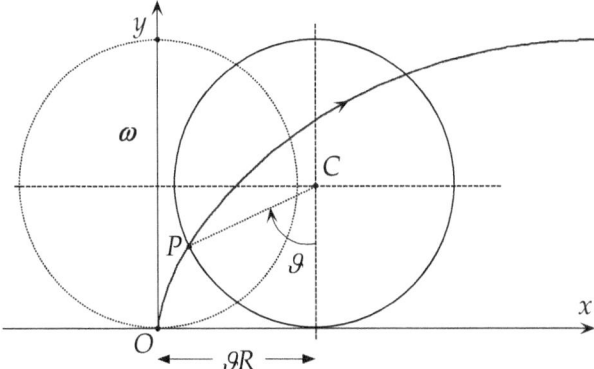

Figura 1: La rappresentazione parametrica del moto di P.

mento cartesiano mostrato nella Fig. 1 e utilizzando l'angolo ϑ come parametro, abbiamo

$$\begin{cases} x = \vartheta R - R \sin \vartheta\,, \\ y = R - R \cos \vartheta\,, \end{cases} \qquad (1)$$

da cui, derivando una volta rispetto a t e tenendo conto che $\dot{\vartheta} = \omega$, con semplici passaggi algebrici si ottiene la seguente rappresentazione cartesiana della velocità di P:

$$\begin{cases} v_x = \dot{x} = \omega R (1 - \cos \vartheta)\,, \\ v_y = \dot{y} = \omega R \sin \vartheta\,, \end{cases} \qquad (2)$$

che, derivata ulteriormente, dà la rappresentazione cartesiana dell'accelerazione:

$$\begin{cases} a_x = \dot{v}_x = \dot{\omega}R(1 - \cos\vartheta) + \omega^2 R \sin\vartheta\,, \\[2mm] a_y = \dot{v}_y = \dot{\omega}R\sin\vartheta + \omega^2 R\cos\vartheta\,. \end{cases} \tag{3}$$

In particolare, poichè il punto a contatto con la linea corrisponde a $\vartheta = 0$, sostituendo nella (3) si ottiene $a = \omega^2 R\,\hat{\jmath}$, c.v.d.

40. Calcoliamo dapprima le componenti cartesiane dell'accelerazione derivando entrambe le equazioni rispetto al tempo. Abbiamo

$$\begin{cases} a_x = \dot{v}_x = \dot{v}\cos\beta - \dot{\beta}\,v\sin\beta\,, \\[2mm] a_y = \dot{v}_y = \dot{v}\sin\beta + \dot{\beta}\,v\cos\beta\,, \end{cases} \tag{1}$$

da cui, introducendo i versori degli assi cartesiani $\hat{\imath}$ e $\hat{\jmath}$, si ottiene

$$\begin{aligned} a = a_x\,\hat{\imath} + a_y\,\hat{\jmath} = \\[2mm] = \dot{v}\,(\cos\beta\,\hat{\imath} + \sin\beta\,\hat{\jmath}) + \dot{\beta}\,v\,(-\sin\beta\,\hat{\imath} + \cos\beta\,\hat{\jmath})\,. \end{aligned} \tag{2}$$

In quest'ultima espressione l'accelerazione è scritta come la somma di due vettori: il primo è orientato lungo la tangente alla traiettoria (descritta dal versore $\hat{\tau} = \cos\beta\,\hat{\imath} + \sin\beta\,\hat{\jmath}$); il secondo, invece, è orientato secondo il versore ottenuto ruotando il primo in senso antiorario di un angolo retto, ossia $\hat{v} = -\sin\beta\,\hat{\imath} + \cos\beta\,\hat{\jmath}$, e rappresenta la componente normale dell'accelerazione, ovvero

$$a_v = v\,\dot{\beta}\,. \tag{3}$$

41. Possiamo schematizzare la situazione nella Fig. 1, dove è rappresentato il punto P durante il primo transito per la posizione di partenza. Il vettore V rappresenta la velocità di P, mentre a_τ e a_v rispettivamente la componente tangenziale e normale dell'accelerazione.

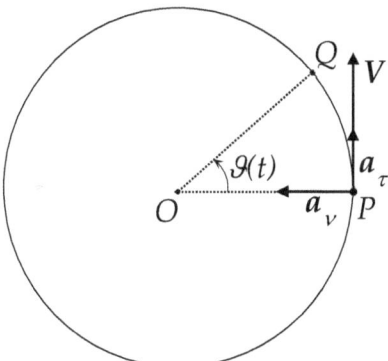

Figura 1: Accelerazione e velocità del punto dopo un giro.

L'angolo β che l'accelerazione forma con la direzione OP si ottiene dalla relazione

$$\tan\beta = \frac{a_\tau}{a_v}, \tag{1}$$

dove il modulo della componente tangenziale è pari ad $a_\tau = \ddot{s} = R\ddot{\vartheta}$, essendo R il raggio della circonferenza, mentre il modulo della componente normale è pari ad $a_v = V^2/R = (R\dot{\vartheta})^2/R = R\dot{\vartheta}^2$. Sostituendo nella (1) abbiamo infine

$$\tan\beta = \frac{R\ddot{\vartheta}}{R\dot{\vartheta}^2} = \frac{6\beta T^2}{9\beta^2 T^4} = \frac{2}{3\beta T^2}, \tag{2}$$

dove T è il tempo necessario per effettuare il primo giro, ossia tale che $\beta T^2 = 2\pi$. Sostituendo abbiamo infine

$$\tan\beta = \frac{1}{3\pi} \implies \beta \simeq 6°. \tag{3}$$

42. Con riferimento alla geometria mostrata nella Fig. 1 e tenendo conto che i triangoli OCQ e $PC'Q$ sono simili, abbiamo

$$\overline{OC}\,\overline{C'Q} = \overline{PC'}\,\overline{CQ}. \tag{1}$$

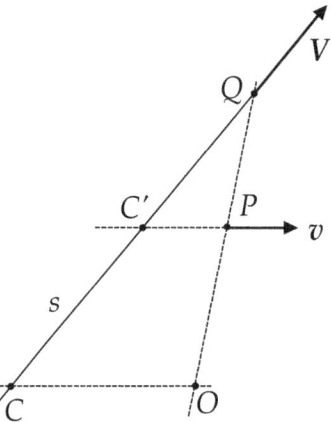

Figura 1: Geometria per la risoluzione del problema.

Derivando ambo i membri della (1) rispetto a t e tenendo conto che $\overline{OC}$ è costante, abbiamo

$$\overline{OC}\,\dot{\overline{C'Q}} = \dot{\overline{PC'}}\,\overline{CQ} + \overline{PC'}\,\dot{\overline{CQ}}, \tag{2}$$

ovvero, indicando con v e V rispettivamente le velocità scalari di P e Q,

$$V\,\overline{OC} = v\,\overline{CQ} + V\,\overline{PC'} \implies V\left(1 - \frac{\overline{PC'}}{\overline{OC}}\right) = v\,\frac{\overline{CQ}}{\overline{OC}}. \tag{3}$$

Il fattore tra parentesi a primo membro si può trasformare, sfruttando ancora una volta la relazione di similarità (1), come segue:

$$1 - \frac{\overline{PC'}}{\overline{OC}} = 1 - \frac{\overline{C'Q}}{\overline{CQ}} = \frac{\overline{CC'}}{\overline{CQ}}, \tag{4}$$

e sostituito nella (3) con semplici passaggi algebrici dà

$$V = K\,\overline{CQ}^2,\qquad(5)$$

dove $K = \dfrac{v}{\overline{CC'}\,\overline{OC}}$ è un fattore costante. La velocità scalare di Q è dunque proporzionale al quadrato di $\overline{CQ}$. Derivando ulteriormente ambo i membri della (5) e tenendo conto ancora una volta che $V = \overline{\dot{CQ}}$, segue infine la tesi.

43. Indichiamo con il simbolo T_{sid} la durata del giorno sidereo e con T_{sol} quella del giorno solare. Supponiamo che a un certo istante la Terra si trovi nella posizione individuata nella Fig. 1 dal punto P.

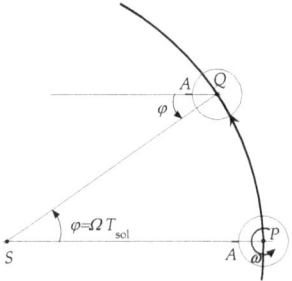

Figura 1: Giorno solare e giorno sidereo.

Sia A il punto sulla superficie terrestre allineato con lo Zenith. Dopo un giorno solare la Terra si troverà nella posizione Q della traiettoria orbitale attorno al Sole, con il punto A nuovamente allineato con lo Zenith. Se indichiamo con Ω e ω la velocità angolare della Terra rispettivamente lungo l'orbita solare e attorno al proprio asse, possiamo scrivere

$$\omega\, T_{sol} = 2\pi + \varphi = 2\pi + \Omega\, T_{sol}\,, \tag{1}$$

dove

$$\begin{cases} \Omega = \dfrac{2\pi}{365\, T_{sol}}\,, \\[2ex] \omega = \dfrac{2\pi}{T_{sid}}\,. \end{cases} \tag{2}$$

Sostituendo la (2) nella (1) si ottiene infine

$$2\pi\, \frac{T_{sol}}{T_{sid}} = 2\pi + \frac{2\pi}{365} \implies \boxed{\frac{T_{sol}}{T_{sid}} = \frac{366}{365}} \tag{3}$$

Poiché il giorno solare è pari a 24 ore, la durata del giorno sidereo è

$$T_{sid} = \frac{365 \times 24}{366} \simeq 23^h,9344\ldots \simeq 23^h\, 56^m\, 4^s\,. \tag{4}$$

44. Indichiamo con ω la velocità angolare della ruota dentata e con ϑ l'angolo sotteso al centro della ruota da un singolo dente (o solco), come schematizzato nella Fig. 1.

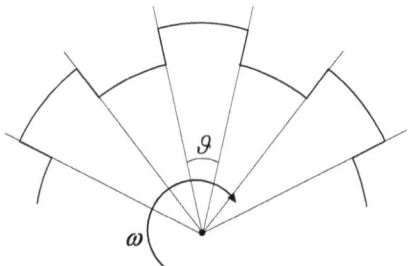

Figura 1: La ruota dentata rotante.

Il tempo T necessario perché un solco venga sostituito dal dente adiacente (e viceversa) è pari a

$$T = \frac{\vartheta}{\omega} = \frac{\pi}{\omega N}, \tag{1}$$

dove $N = 720$.

Questo tempo deve essere pari a quello necessario alla luce per completare un percorso di andata e ritorno, ossia

$$cT = 2D, \tag{2}$$

dove c indica la velocità della luce. Combinando la (1) e la (2) abbiamo infine

$$\frac{c\pi}{\omega N} = 2D \implies c = \frac{2D\omega N}{\pi} \simeq 2 \times 8633 \frac{2\pi \times 12.6}{\pi} \times 720 \, \text{m/s}, \tag{3}$$

pari a circa 313000 km/s.

45. La situazione è schematizzata nella Fig. 1. In particolare, nella figura (a) abbiamo la Luna L e il punto P della Terra, dove immaginiamo esserci il massimo della marea, allineati al tempo $t = 0$.

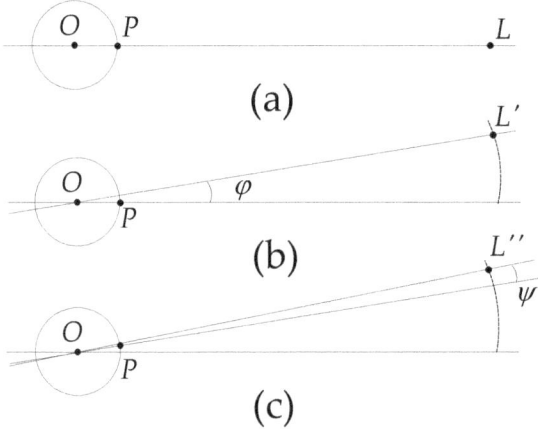

Figura 1: (a): situazione al tempo $t = 0$. (b): situazione al tempo $t = T_{\text{sid}}$ (c): situazione al tempo $t = T_{\text{sid}} + \dfrac{T_{\text{sid}}}{27.4}$.

Nella figura (b) abbiamo schematizzato la posizione angolare della Luna rispetto al centro della Terra all'istante $t = T_{\text{sid}}$, ossia esattamente dopo un giorno sidereo. Il periodo orbitale della Luna misurato in giorni siderei è pari a

$$27^{\text{g}}\, 7^{h}\, 43^{m} \simeq 27.3\, T_{\text{sol}} \simeq 27.3 \times \frac{366}{365}\, T_{\text{sid}} \simeq 27.4\, T_{\text{sid}}\,. \qquad (1)$$

Poiché dunque la velocità angolare della Luna è 27.4 volte inferiore a quella di rotazione della Terra attorno al proprio asse, i punti P ed L' (che schematizza la posizione della Luna) non saranno più allineati. Per riottenere l'allineamento dobbiamo aspettare che la Terra ruoti attorno al proprio asse dell'angolo φ che si ottiene tramite la semplice proporzione

$$\varphi = \frac{2\pi}{\rho}\,, \qquad (2)$$

dove $\rho = 27.4$. Il tempo necessario alla Terra per effettuare questa ulteriore rotazione è dunque pari a T_{sid}/ρ, che dà una prima stima del ritardo della marea. Tale stima, però, non tiene conto del fatto che durante questa ulteriore rotazione la Luna avrà continuato a muoversi sino ad arrivare nella posizione indicata dal punto L'' nella figura (c), cosicché per avere l'allineamento la Terra dovrà ruotare ancora per un angolo $\psi = \varphi/\rho$, il che, dalla (2), implica un ulteriore ritardo pari a T_{sid}/ρ^2, e così via. In un certo senso la situazione è simile a quanto succede nel paradosso di Achille e la tartaruga. In altri termini, il tempo totale di riallineamento, *misurato in giorni siderei*, è pari a

$$1 + \frac{1}{\rho} + \frac{1}{\rho^2} + \frac{1}{\rho^3} + \ldots = \frac{\rho}{\rho - 1} = \frac{27.4}{26.4} \simeq 1.038, \qquad (3)$$

che, moltiplicato per il fattore correttivo $365/366$, corrisponde a circa 1.035 giorni solari, con un ritardo pari a[4]

$$0.035 \times 1440 \simeq 50.4 \, \text{minuti}, \qquad (4)$$

c.v.d.

---

[4]Ricordiamo che il giorno solare è pari a $24 \times 60 = 1440$ minuti.

46. La geometria del problema è illustrata nella Fig. 1.

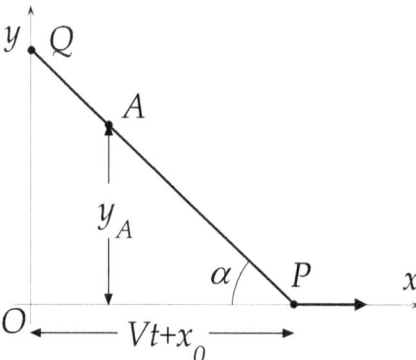

Figura 1: La geometria del problema.

Indichiamo con A il punto generico sulla sbarra e sia $l = \overline{AP}$ la sua distanza dall'estremo P. Poiché per ipotesi quest'ultimo si muove di moto rettilineo uniforme con velocità V, scriveremo

$$\overline{OP} = V t + x_0,\tag{1}$$

dove x_0 rappresenta l'ascissa del punto P all'istante iniziale. Come vedremo tra breve, non è necessario conoscerne il valore. Se α è l'angolo che la sbarra forma con l'asse delle x, le coordinate cartesiane (x_A, y_A) del punto A sono date da

$$\begin{cases} x_A = \overline{OP} - \overline{AP} \cos\alpha, \\[2mm] y_A = \overline{AP} \sin\alpha. \end{cases}\tag{2}$$

Per risolvere il problema occorre calcolare le derivate temporali seconde $\ddot{x}_A$ e $\ddot{y}_A$. A questo scopo possiamo utilizzare l'informazione sul moto uniforme di P. Detta L la lunghezza dell'asta, dalla Fig. 1, tenendo conto della (1), abbiamo

$$\cos\alpha = \frac{\overline{OP}}{\overline{PQ}} = \frac{V t + x_0}{L},\tag{3}$$

che, derivata una volta rispetto a t, dà

$$-\dot{\alpha}\sin\alpha = \frac{V}{L} \implies \dot{\alpha} = -\frac{V}{L\sin\alpha}. \tag{4}$$

Quest'ultima relazione mostra come la velocità angolare dell'asta rispetto all'estremo P aumenti (in modulo) man mano che l'asta si avvicina alla posizione orizzontale. Calcoliamo adesso velocità e accelerazione di A. Derivando una prima volta rispetto a t entrambe le equazioni nella (2) e tenendo conto della (4) avremo

$$\begin{cases} \dot{x}_A = V + l\,\dot{\alpha}\sin\alpha = V\left(1 - \dfrac{l}{L}\right), \\[4mm] \dot{y}_A = l\,\dot{\alpha}\cos\alpha = -\dfrac{Vl}{L}\dfrac{1}{\tan\alpha}, \end{cases} \tag{5}$$

da cui si evince come la componente orizzontale della velocità di A sia costante e, dunque, la corrispondente componente dell'accelerazione nulla. Il punto (a) è dunque dimostrato.

Per dimostrare anche il punto (b), calcoliamo la componente verticale dell'accelerazione di A. Derivando rispetto al tempo la seconda delle (5) e tenendo conto ancora una volta della (4) abbiamo

$$\ddot{y}_A = \frac{Vl}{L}\frac{1}{\tan^2\alpha}\frac{\dot{\alpha}}{\cos^2\alpha} = -\frac{V^2 l}{L^2}\frac{1}{\sin^3\alpha} = \boxed{-\frac{V^2 l^4}{L^2}\frac{1}{y_A^3}} \tag{6}$$

c.v.d.

47. Per risolvere il problema è sufficiente scrivere l'elemento infinitesimo di linea lungo la traiettoria della spirale logaritmica, espressa in coordinate polari, come segue:

$$ds = \sqrt{(dr)^2 + (r\,d\varphi)^2} = dr\sqrt{1 + \left(r\frac{d\varphi}{dr}\right)^2}, \qquad (1)$$

da cui, dividendo ambo i membri per dr, si ottiene

$$\frac{ds}{dr} = \sqrt{1 + \left(r\frac{d\varphi}{dr}\right)^2}. \qquad (2)$$

Per calcolare la quantità all'interno della radice quadrata, possiamo utilizzare la notazione di Leibniz nel seguente modo:

$$r\frac{d\varphi}{dr} = \left(\frac{1}{r}\frac{dr}{d\varphi}\right)^{-1}, \qquad (3)$$

e interpretare il rapporto $dr/d\varphi$ come la derivata prima della funzione $r(\varphi)$,

$$\frac{dr}{d\varphi} = -b\exp(-b\varphi) = -br \implies \boxed{r\frac{d\varphi}{dr} = -\frac{1}{b}} \qquad (4)$$

c.v.d.

48. È sufficiente partire dall'espressione dell'accelerazione, scritta come derivata prima della velocità, e utilizzare la notazione di Leibniz,

$$a = \frac{\mathrm{d}v}{\mathrm{d}t} = \frac{\mathrm{d}v}{\mathrm{d}s}\frac{\mathrm{d}s}{\mathrm{d}t} = v\,\frac{\mathrm{d}v}{\mathrm{d}s}. \tag{1}$$

Per calcolare la derivata rispetto ad s, esplicitiamo la velocità vettoriale come $v = v\,\hat{\tau}$. Dalla (1) abbiamo

$$a = v\,\frac{\mathrm{d}}{\mathrm{d}s}(v\,\hat{\tau}) = v\,\frac{\mathrm{d}v}{\mathrm{d}s}\,\hat{\tau} + v^2\,\frac{\mathrm{d}\hat{\tau}}{\mathrm{d}s}. \tag{2}$$

Il primo termine rappresenta l'accelerazione tangenziale e dal confronto con la rappresentazione intrinseca dell'accelerazione si ottiene infine la tesi.

Alternativamente possiamo utilizzare la formula di Poisson, scrivendo

$$\frac{\mathrm{d}\hat{\tau}}{\mathrm{d}s} = \Omega \times \hat{\tau}, \tag{3}$$

dove Ω è un vettore orientato come il prodotto vettoriale $\hat{\tau} \times \hat{\nu}$ e il cui modulo è pari a $\mathrm{d}\varphi/\mathrm{d}s$. In particolare, pensando di far muovere il punto sul cerchio osculatore, sarà $s = \varphi\,\rho$ e dunque $\Omega = \frac{1}{\rho}\,\hat{\tau} \times \hat{\nu}$, da cui abbiamo

$$\frac{\mathrm{d}\hat{\tau}}{\mathrm{d}s} = \frac{1}{\rho}(\hat{\tau} \times \hat{\nu}) \times \hat{\tau} = \frac{1}{\rho}\hat{\nu}, \tag{4}$$

c.v.d.

49. È sufficiente applicare nuovamente la formula di Poisson come nell'esercizio precedente. Abbiamo

$$\frac{d\hat{v}}{ds} = \frac{1}{\rho}(\hat{\tau} \times \hat{v}) \times \hat{v} = -\frac{\hat{\tau}}{\rho}, \qquad (1)$$

c.v.d.

50. Usiamo la rappresentazione cartesiana dell'ellisse mostrata nella Fig. 1, ossia

$$\begin{cases} x(\varphi) = a\cos\varphi, \\ \\ y(\varphi) = b\cos\varphi, \end{cases} \tag{1}$$

dove $\varphi \in [0, 2\pi]$.

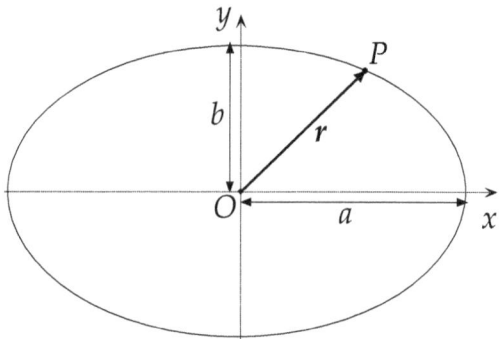

Figura 1: Geometria per la risoluzione del problema.

Poichè per ipotesi l'accelerazione *a* punta costantemente verso il centro O, la velocità areolare è costante,

$$\overrightarrow{OP} \times v = \text{cost.} \implies x\dot{y} - y\dot{x} = \text{cost.} \tag{2}$$

Sostituendo la (1) nella (2), dove la rappresentazione cartesiana della velocità si ottiene derivando la prima rispetto al tempo,

$$\begin{cases} v_x = \dot{x} = -a\dot{\varphi}\sin\varphi, \\ \\ v_y = \dot{y} = b\dot{\varphi}\cos\varphi, \end{cases} \tag{3}$$

con semplici passaggi algebrici si ottiene

$$ab\dot{\varphi}\cos^2\varphi + ab\dot{\varphi}\sin^2\varphi = ab\dot{\varphi} = \text{cost.} \implies \dot{\varphi} = \omega = \text{cost.} \tag{4}$$

Derivando ulteriormente la (3) rispetto al tempo e tenendo conto della (4), le componenti cartesiane dell'accelerazione diventano

$$\begin{cases} a_x = \dot{v}_x = -a\,\omega^2\cos\varphi = -\omega^2 x\,, \\[2mm] a_y = \dot{v}_y = b\,\omega^2\sin\varphi = -\omega^2 y\,, \end{cases} \tag{5}$$

da cui segue la tesi.

51. Conviene in questo caso utilizzare la rappresentazione polare dell'accelerazione tenendo conto che, per ipotesi, la componente azimutale dell'accelerazione è nulla, e dunque

$$r^2 \dot{\varphi} = C \implies \dot{\varphi} = \frac{C}{r^2}, \tag{1}$$

dove C è una costante. Poiché la componente radiale dell'accelerazione è pari ad $a_r = \ddot{r} - r\,\dot{\varphi}^2$, tenendo conto della (1) abbiamo

$$a_r = \ddot{r} - \frac{C^2}{r^3}. \tag{2}$$

Per il calcolo della derivata seconda $\ddot{r}$ utilizziamo l'equazione polare della traiettoria,

$$r(\varphi) = r_0 \exp(-b\,\varphi), \tag{3}$$

da cui si ottiene, tenendo ancora una volta conto della (1),

$$\dot{r} = -b\,\dot{\varphi}\,r_0 \exp(-b\,\varphi) = -b\,r\,\dot{\varphi} = -\frac{bC}{r}, \tag{4}$$

e, derivando ancora una volta rispetto a t,

$$\ddot{r} = \frac{bC}{r^2}\dot{r} = -\frac{b^2 C^2}{r^3}. \tag{5}$$

Sostituendo infine la (5) nella (2), abbiamo

$$a_r = -\frac{(1+b^2)C^2}{r^3}, \tag{6}$$

c.v.d.

52. La Fig. 1 mostra il diagramma orario del moto.

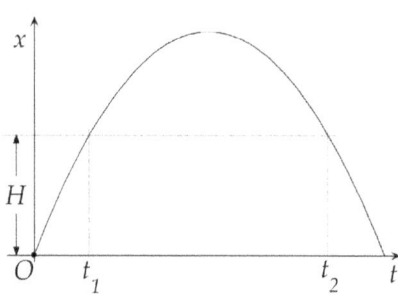

Figura 1: Il diagramma orario del moto.

L'asse x è orientato lungo la direzione verticale verso l'alto, con l'origine posta in corrispondenza del punto di lancio. Indicando con v_0 il modulo della velocità iniziale la legge oraria $x = x(t)$ è

$$x(t) = v_0 t - \frac{1}{2} g t^2. \tag{1}$$

Gli istanti t_1 e t_2 sono le soluzioni dell'equazione $x(t) = H$ dalla quale, tenendo conto della (1), si ottiene il sistema lineare

$$\begin{cases} v_0 t_1 - \dfrac{1}{2} g t_1^2 = H, \\[2mm] v_0 t_2 - \dfrac{1}{2} g t_2^2 = H, \end{cases} \tag{2}$$

nelle incognite v_0 e H. Sottraendo membro a membro le due equazioni abbiamo

$$v_0(t_2 - t_1) = \frac{1}{2} g(t_2^2 - t_1^2) \Longrightarrow \boxed{v_0 = \frac{g}{2}(t_1 + t_2)} \tag{3}$$

e per determinare H è sufficiente moltiplicare la prima delle (2) per t_2, la seconda per t_1 e sottrarre ancora membro a membro, ottenendo così

$$\boxed{H = \frac{g}{2} t_1 t_2} \tag{4}$$

53. Introduciamo un sistema di riferimento Ox orientato verticalmente verso l'alto con l'origine in corrispondenza della posizione iniziale dei corpi (rappresentati nel seguito dai punti P e Q), come mostrato in Fig. 1.

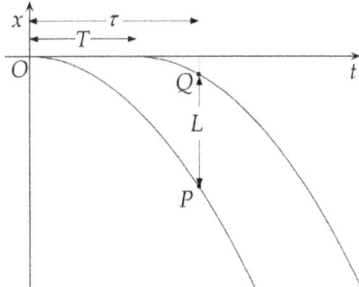

Figura 1: Il diagramma orario del moto.

Le quote dei punti all'istante τ sono

$$\begin{cases} x_P = -\dfrac{g}{2}\,\tau^2, \\[2mm] x_Q = -\dfrac{g}{2}\,(\tau - T)^2, \end{cases} \qquad (1)$$

da cui si ottiene per la separazione L la seguente espressione:

$$L = x_Q - x_P = -\frac{g}{2}\,(\tau - T)^2 + \frac{g}{2}\,\tau^2, \qquad (2)$$

e che, una volta semplificata e risolta rispetto a τ, dà il risultato cercato.

Per determinare il valore di T che corrisponde al minimo τ riscriviamo la sua espressione come segue:

$$\tau = \frac{1}{2T}\left(T^2 + \frac{2L}{g}\right), \qquad (3)$$

e completiamo il quadrato all'interno della parentesi, aggiungendo e sottraendo la quantità $2T\sqrt{2L/g}$,

$$\tau = \frac{1}{2T}\left(T^2 - 2T\sqrt{\frac{2L}{g}} + \frac{2L}{g} + 2T\sqrt{\frac{2L}{g}}\right) =$$

$$= \frac{1}{2T}\left(T - \sqrt{\frac{2L}{g}}\right)^2 + \sqrt{\frac{2L}{g}}\,. \tag{4}$$

Da quest'ultima equazione si evince quindi che $\tau \geq \sqrt{\frac{2L}{g}}$, dove l'estremo inferiore si ottiene quando $T = \sqrt{\frac{2L}{g}}$.

54. La geometria del problema è illustrata nella Fig. 1.

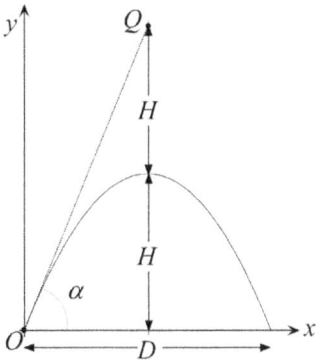

Figura 1: Geometria del problema.

Detto v_0 il modulo della velocità inziale, la gittata D è pari a

$$D = \frac{v_0^2}{g} \sin 2\alpha, \tag{1}$$

e poiché

$$\sin\left[2\left(\frac{\pi}{4} \pm \alpha\right)\right] = \sin\left(\frac{\pi}{2} \pm 2\alpha\right) = \cos 2\alpha, \tag{2}$$

la tesi di cui al punto (a) è dimostrata.

Per quanto riguarda il punto (b), sappiamo che il tempo di volo è dato da $t_V = 2v_{0y}/g$, cosicché la quota massima H si può scrivere come

$$H = v_{0y}\frac{t_V}{2} - \frac{g}{2}\left(\frac{t_V}{2}\right)^2 = \frac{v_{0y}^2}{2g}, \tag{3}$$

ovvero, riarrangiando,

$$H = v_{0y}\frac{t_V}{4} = \frac{1}{2}\left(v_{0y}\frac{t_V}{2}\right), \tag{4}$$

c.v.d.

55. Studiamo il moto nel sistema di riferimento cartesiano Oxy mostrato nella Fig. 1.

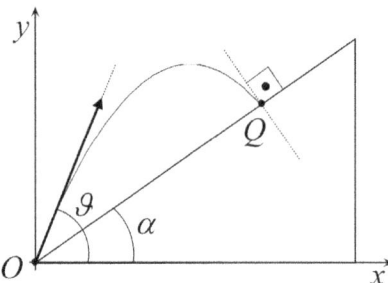

Figura 1: Geometria del problema.

Indichiamo con Q il punto dove il piano inclinato viene colpito e scriviamo l'equazione della traiettoria nella seguente forma:

$$y = x \tan \vartheta - \frac{x^2}{2\rho_{\min}}, \qquad (1)$$

dove $\rho_{\min}$ indica il raggio di curvatura minimo della traiettoria,

$$\rho_{\min} = \frac{v_0^2}{g} \cos^2 \vartheta. \qquad (2)$$

Nel sistema di riferimento scelto le coordinate del punto Q sono le soluzioni del sistema

$$\begin{cases} y = x \tan \vartheta - \dfrac{x^2}{2\rho_{\min}}, \\[2mm] y = x \tan \alpha, \end{cases} \qquad (3)$$

da cui si ottiene

$$\frac{x}{2\rho_{\min}} = \tan \vartheta - \tan \alpha. \qquad (4)$$

Poiché la direzione di moto in Q deve essere ortogonale al piano inclinato, abbiamo $y'(Q) = -1/\tan \alpha$, dove

$$y' = \tan \vartheta - \frac{x}{\rho_{\min}}, \qquad (5)$$

dà la pendenza della traiettoria in corrispondenza dell'ascissa x. Sostituendo si ha

$$\frac{x}{\rho_{min}} = \tan\vartheta + \frac{1}{\tan\alpha}, \tag{6}$$

che, insieme alla (4), con semplici passaggi algebrici dà

$$2(\tan\vartheta - \tan\alpha) = \frac{\tan\alpha \tan\vartheta + 1}{\tan\alpha}, \tag{7}$$

ovvero, riarrangiando e applicando le formule di addizione della tangente

$$\frac{1}{2} = \tan(\vartheta - \alpha)\tan\alpha, \tag{8}$$

c.v.d.

56. Dalla figura del testo abbiamo

$$\overline{OQ} = \overline{OP} \cos \vartheta_0, \tag{1}$$

e poiché il triangolo OAP è anch'esso rettangolo e simile al triangolo OPQ, scriveremo

$$\overline{OP} = \overline{OA} \sin \vartheta_0, \tag{2}$$

da cui, tenendo conto della (1), si ottiene

$$\overline{OQ} = \overline{OA} \sin \vartheta_0 \cos \vartheta_0 = \frac{v_0^2}{g} \sin 2\vartheta_0, \tag{3}$$

c.v.d.

57. Studieremo il moto nel sistema di riferimento cartesiano Oxy mostrato nella Fig. 1.

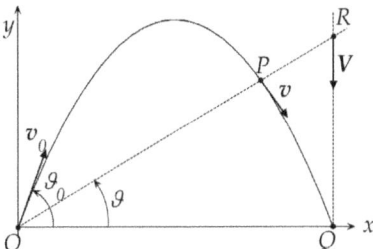

Figura 1: Geometria del problema.

Partiamo dall'ovvia relazione

$$\frac{\overline{RQ}}{\overline{OQ}} = \tan\vartheta = \frac{y}{x}, \qquad (1)$$

dove (x,y) sono le coordinate cartesiane di P, legate dall'equazione della traiettoria

$$y = x\tan\vartheta_0 - \frac{x^2}{2\rho}, \qquad (2)$$

con $\rho = v_{0x}^2/g$ raggio di curvatura minimo. Dalla (1) otteniamo, derivandone ambo i membri rispetto al tempo,

$$\frac{\dot{\overline{RQ}}}{\overline{OQ}} = \frac{x\dot{y} - \dot{x}y}{x^2} = \frac{xv_y - yv_x}{x^2}. \qquad (3)$$

Poiché $v_x = v_{0x}$ e

$$v_y = \dot{y} = \dot{x}\tan\vartheta_0 - \frac{x}{\rho}\dot{x} = v_{0y} - \frac{gx}{v_{0x}}, \qquad (4)$$

sostituendo nella (3) otteniamo

$$\frac{\dot{\overline{RQ}}}{\overline{OQ}} = \frac{1}{x^2}\left(xv_{0y} - \frac{gx^2}{v_{0x}} - xv_{0x}\tan\vartheta_0 + \frac{gx^2}{2v_{0x}}\right) = -\frac{g}{2v_{0x}}, \qquad (5)$$

da cui, ricordando che $\overline{OQ} = v_{0x}v_{0y}/g$, con semplici passaggi algebrici segue la tesi.

58. Indichiamo con v_{0x} e v_{0y} le componenti orizzontale e verticale della velocità iniziale. Sappiamo che gittata e quota massima si esprimono in termini della velocità iniziale come segue:

$$\begin{cases} D = 2\,\dfrac{v_{0x}\,v_{0y}}{g}\,, \\[4mm] H = \dfrac{v_{0y}^2}{2g}\,, \end{cases} \tag{1}$$

da cui, elevando ambo i membri della prima equazione e tenendo conto della seconda, si ottiene

$$\begin{cases} D^2 = 8\,\dfrac{v_{0x}^2\,v_{0y}^2}{2g}\,, \\[4mm] H = \dfrac{v_{0y}^2}{2g}\,, \end{cases} \implies \begin{cases} \dfrac{v_{0x}^2}{g} = \dfrac{D^2}{8H}\,, \\[4mm] \dfrac{v_{0y}^2}{g} = 2H\,. \end{cases} \tag{2}$$

Poiché la gittata massima è pari a v_0^2/g, sommando membro a membro le (2) segue facilmente la tesi.

59. La Fig. 1 mostra la geometria del problema.

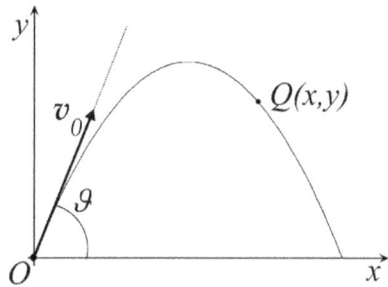

Figura 1: Geometria del problema.

Indicando con (x, y) le coordinate cartesiane del punto Q, queste devono soddisfare l'equazione della traiettoria,

$$y = x \tan \vartheta - \frac{g x^2}{2 v_0^2 \cos^2 \vartheta}, \tag{1}$$

ovvero, esprimendo il coseno tramite la tangente,

$$y = x \tan \vartheta - \frac{g x^2}{2 v_0^2}(1 + \tan^2 \vartheta). \tag{2}$$

Riarrangiando e semplificando abbiamo

$$\tan^2 \vartheta - 2 \frac{D}{x} \tan \vartheta + 1 + \frac{2 D y}{x^2} = 0, \tag{3}$$

dove $D = v_0^2 / g$ rappresenta la massima gittata. La (3) è un'equazione algebrica di secondo grado nell'incognita $\tan \vartheta$, le cui soluzioni sono

$$\tan \vartheta = \frac{D}{x} \pm \sqrt{\frac{D^2}{x^2} - \left(1 + \frac{2 D y}{x^2}\right)}. \tag{4}$$

Esse corrispondono ad angoli reali solamente se l'argomento della radice quadrata è non negativo, il che accade se

$$\frac{D^2}{x^2} \geq 1 + \frac{2 D y}{x^2} \implies \boxed{y \leq \frac{D}{2} - \frac{x^2}{2D}} \tag{5}$$

ovvero se il punto Q si trova al disotto della parabola illustrata nella Fig. 2.

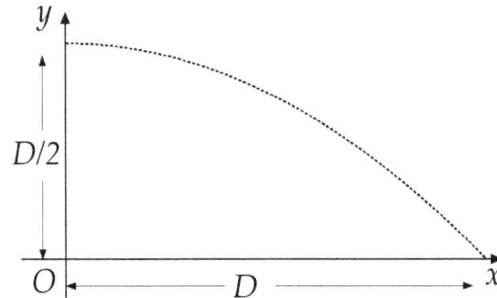

Figura 2: Il dominio di accessibilità per il punto Q.

60. La situazione è schematizzata nella Fig. 1.

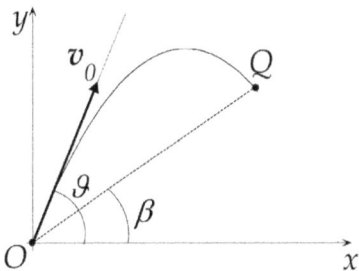

Figura 1: Colpire l'obbiettivo col minimo sforzo.

Dette (x, y) le coordinate cartesiane del punto Q, esse devono soddisfare il seguente sistema:

$$\begin{cases} y = x \tan \vartheta - \dfrac{g x^2}{2 v_0^2 \cos^2 \vartheta}, \\[2em] y = x \tan \beta, \end{cases} \tag{1}$$

da cui, con semplici passaggi algebrici, si ottiene l'equazione

$$\tan \beta = \tan \vartheta - \frac{g x}{2 v_0^2 \cos^2 \vartheta} \implies \boxed{\frac{g x}{2 v_0^2} = (\tan \vartheta - \tan \beta) \cos^2 \beta} \tag{2}$$

Per rendere minima l'energia cinetica iniziale occorre massimizzare rispetto a ϑ il secondo membro della (2) che, con semplici passaggi algebrici, si può riscrivere come segue:

$$(\tan \vartheta - \tan \beta) \cos^2 \beta = \frac{\sin 2\vartheta - \tan \beta \cos 2\vartheta}{2}, \tag{3}$$

e che risulta essere massimo quando $\tan 2\vartheta = -1/\tan \beta$. Applicando la formula di duplicazione della tangente, segue infine la tesi.

61. Calcoliamo innanzitutto l'alzo che occorre dare alla particella per farla passare attraverso la fenditura. A questo scopo è sufficiente imporre che la gittata della traiettoria coincida con la distanza D, ossia

$$D = \frac{v_0^2}{g} \sin 2\vartheta_0 \,. \tag{1}$$

Per determinare il valore di b scriviamo l'equazione della traiettoria a partire dalla fenditura come segue:

$$y = -x \tan \vartheta_0 - \frac{g x^2}{2 v_0^2 \cos^2 \vartheta_0} \,. \tag{2}$$

Imponendo il passaggio della traiettoria per il punto di coordinate $(D, -b)$ otteniamo

$$b = D \tan \vartheta_0 + \frac{g D^2}{2 v_0^2 \cos^2 \vartheta_0} \,. \tag{3}$$

Poichè ϑ_0 è un angolo "piccolo" possiamo utilizzare le seguenti approssimazioni:

$$\begin{cases} \tan \vartheta_0 \simeq \vartheta_0 \,, \\[2mm] \sin 2\vartheta_0 \simeq 2\vartheta_0 \,, \\[2mm] \cos \vartheta_0 \simeq 1 \,, \end{cases} \tag{4}$$

cosicché, tenendo conto della (1), la (3) diventa

$$b \simeq \frac{2 v_0^2}{g} \vartheta_0^2 + \frac{g D^2}{2 v_0^2} \simeq \frac{g D^2}{2 v_0^2} + \frac{g D^2}{2 v_0^2} = \frac{g D^2}{v_0^2} \,, \tag{5}$$

c.v.d.

62. Nella Fig. 1 è illustrata la geometria del problema.

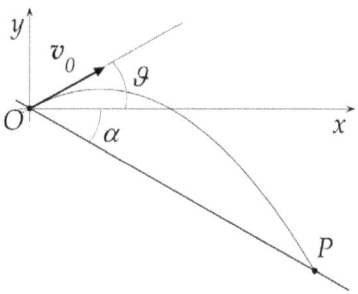

Figura 1: Geometria del problema.

Studieremo il moto nel sistema di riferimento cartesiano Oxy con l'origine nel punto di lancio. Le coordinate del punto P si ottengono risolvendo il seguente sistema:

$$\begin{cases} y = x \tan \vartheta - \dfrac{g\,x^2}{2v_0^2 \cos^2 \vartheta}\,, \\[3mm] y = -x \tan \alpha\,, \end{cases} \tag{1}$$

da cui si ricava facilmente l'ascissa di P, pari a

$$x = \frac{2v_0^2}{g}(\tan \alpha + \tan \vartheta)\cos^2 \vartheta\,. \tag{2}$$

Lo spazio s si ottiene dalla relazione

$$s = \frac{x}{\cos \alpha} = \frac{2v_0^2}{g}\frac{(\tan \alpha + \tan \vartheta)\cos^2 \vartheta}{\cos \alpha}\,, \tag{3}$$

e infine, esprimendo le tangenti in funzione di seni e coseni e semplificando, segue la tesi di cui al punto (a).

Per quanto concerne il punto (b) è sufficiente notare che

$$2\sin(\vartheta + \alpha)\cos \vartheta = 2\sin \vartheta \cos \vartheta \cos \alpha + 2\cos^2 \vartheta \sin \alpha =$$

$$= \sin 2\vartheta \cos \alpha + \cos 2\vartheta \sin \alpha + \sin \alpha = \sin(2\vartheta + \alpha) + \sin \alpha\,, \tag{4}$$

il cui valore massimo, al variare di ϑ, è pari a $1 + \sin \alpha$, c.v.d.

63. Utilizziamo la geometria mostrata nella Fig. 1, dove D indica la gittata. Rispetto al sistema di riferimento cartesiano Oxy la traiettoria del

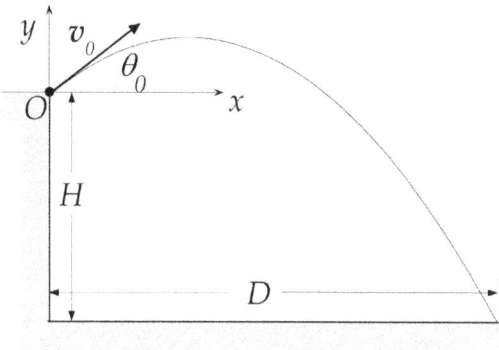

Figura 1: Geometria del problema.

corpo è descritta dall'equazione

$$y(x) = x \tan \vartheta_0 - \frac{g}{2v_0^2 \cos^2 \vartheta_0} x^2, \tag{1}$$

ovvero, esprimendo il coseno tramite la tangente,

$$y(x) = x \tau - \frac{x^2}{2\rho}(1 + \tau^2), \tag{2}$$

dove $\rho = v_0^2/g$ e $\tau = \tan \vartheta_0$. Imponendo il passaggio della traiettoria
per il punto di coordinate $(D, -H)$ dalla (2) otteniamo con semplici
passaggi algebrici l'equazione

$$D^2(1 + \tau^2) - 2D\rho\tau - 2\rho H = 0, \tag{3}$$

che contiene la relazione tra D e τ in una forma implicita. In linea di
principio, per determinare il massimo valore di D bisognerebbe risolvere la (3) pensandola come un'equazione di secondo grado nell'incognita D, scartare la soluzione priva di senso, derivare rispetto a τ la
soluzione fisicamente corretta e imporre l'annullamento. Il medesimo risultato si ottiene più semplicemente ed elegantemente derivando

direttamente la (3) rispetto a τ e imponendo che $dD/d\tau = 0$, ossia

$$2D\frac{dD}{d\tau}(1+\tau^2) + 2\tau D^2 - 2\frac{dD}{d\tau}\rho\tau - 2D\rho = 0 \implies \boxed{D\tau = \rho}$$
$$(4)$$

Sostituendo infine la (4) nella (3), con semplici passaggi algebrici abbiamo

$$D = \rho\sqrt{1 + \frac{2H}{\rho}} = \frac{v_0^2}{g}\sqrt{1 + \frac{2gH}{v_0^2}}, \qquad (5)$$

c.v.d.

64. Il problema si risolve facilmente scrivendo le equazioni della traiettoria dei due sassi e imponendo che passino per il punto di coordinate $(D, -H)$, come mostrato nella Fig. 1.

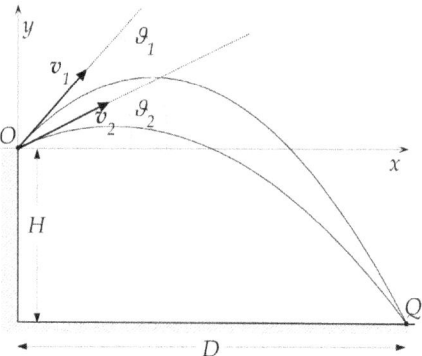

Figura 1: Geometria del problema.

Abbiamo

$$\begin{cases} -H = D \tan \vartheta_1 - \dfrac{gD^2}{2v^2 \cos^2 \vartheta_1}, \\[3mm] -H = D \tan \vartheta_2 - \dfrac{gD^2}{2v^2 \cos^2 \vartheta_2}, \end{cases} \tag{1}$$

dove v rappresenta il valore (identico) della velocità scalare iniziale dei due sassi. Eguagliando i secondi membri delle due equazioni ed esprimendo il coseno tramite la tangente, con semplici passaggi algebrici si ottiene

$$\frac{gD}{2v^2} = \frac{1}{\tan \vartheta_1 + \tan \vartheta_2} \implies D = \frac{2v^2}{g} \frac{1}{\tan \vartheta_1 + \tan \vartheta_2}. \tag{2}$$

Dalla prima delle (1) abbiamo inoltre

$$H = D \left[\frac{gD}{2v^2} (1 + \tan^2 \vartheta_1) - \tan \vartheta_1 \right], \tag{3}$$

ovvero, tenendo conto della (2),

$$H = D \left(\frac{1 + \tan^2 \vartheta_1}{\tan \vartheta_1 + \tan \vartheta_2} - \tan \vartheta_1 \right) = \frac{D}{\tan(\vartheta_1 + \vartheta_2)} . \qquad (4)$$

Sostituendo infine ancora una volta la (2) nella (4) otteniamo

$$H = \frac{2v^2}{g} \frac{\tan \vartheta_1 + \tan \vartheta_2}{\tan(\vartheta_1 + \vartheta_2)} . \qquad (5)$$

65. La Fig. 1 mostra la geometria del problema.

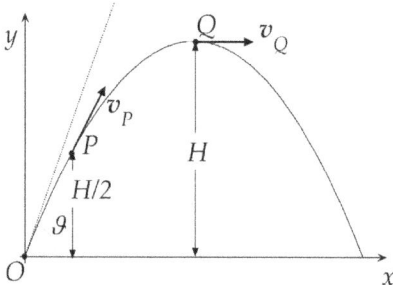

Figura 1: Geometria del problema.

Dalla legge del moto parabolico abbiamo le seguenti relazioni tra le velocità scalari nel punto di lancio v_0 e nei punti P e Q:

$$\begin{cases} v_P^2 = v_0^2 - gH \,, \\[2mm] v_Q^2 = v_0^2 - 2gH \,. \end{cases} \tag{1}$$

Dai dati del problema sappiamo che $v_P^2 = 3V^2/2$ e $v_Q^2 = V^2$. Inoltre, poiché la velocità nel punto Q coincide con la componente orizzontale della velocità iniziale, abbiamo

$$v_0 = \frac{V}{\cos\vartheta} \,, \tag{2}$$

che, sostituita nella (1), dà

$$\begin{cases} \dfrac{3}{2}V^2 = \dfrac{V^2}{\cos^2\vartheta} - gH \,, \\[4mm] V^2 = \dfrac{V^2}{\cos^2\vartheta} - 2gH \,. \end{cases} \tag{3}$$

Moltiplicando per 2 ambo i membri della prima equazione e sottraendola membro a membro alla seconda, si ottiene infine

$$2V^2 = \frac{V^2}{\cos^2\vartheta} \implies \boxed{\vartheta = \frac{\pi}{4}} \tag{4}$$

66. La geometria del problema è illustrata nella Fig. 1.

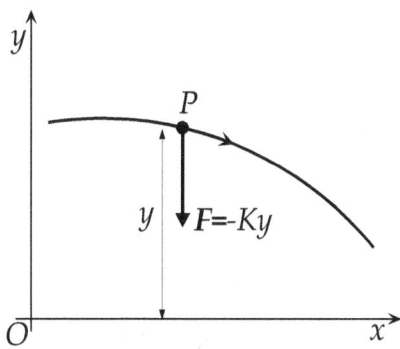

Figura 1: Geometria del problema.

Studieremo il moto del punto P in un sistema di riferimento cartesiano di cui l'asse x coincide con la retta verso la quale è diretta la forza $\boldsymbol{F}$, in modo che si possa scrivere

$$\boldsymbol{F} = -K y \,\hat{\jmath}, \tag{1}$$

dove K è un'opportuna costante. Applicando la seconda legge della dinamica e proiettando lungo gli assi coordinati avremo

$$\begin{cases} \dot{v}_x = 0, \\ \dot{v}_y = -ky, \end{cases} \tag{2}$$

dove $k = K/m$, con m massa del punto materiale. Dalla prima equazione ricaviamo che la componente x della velocità $\boldsymbol{v}$ rimane costante, e pari alla componente orizzontale della velocità iniziale $\boldsymbol{v}_0$, ossia

$$v_x = v_{0x}. \tag{3}$$

Per determinare l'equazione della traiettoria $y = y(x)$, partiamo dalla relazione

$$\frac{\mathrm{d}y}{\mathrm{d}x} = \frac{v_y}{v_x}, \tag{4}$$

che, derivata una volta rispetto a x e tenendo conto della (3), dà

$$\frac{d^2 y}{dx^2} = \frac{1}{v_{0x}} \frac{dv_y}{dx} \,. \tag{5}$$

Per calcolare la derivata di v_y rispetto a x, riscriviamo il primo membro della seconda equazione delle (2) come segue:

$$\dot{v}_y = \frac{dv_y}{dt} \frac{dx}{dx} = \frac{dx}{dt} \frac{dv_y}{dx} = v_{0x} \frac{dv_y}{dx} \,, \tag{6}$$

che, sostituita nella medesima equazione, dà

$$\frac{dv_y}{dx} = -\frac{k}{v_{0x}} y \,, \tag{7}$$

ovvero, tenendo conto della (5),

$$\frac{d^2 y}{dx^2} = -\frac{k}{v_{0x}^2} y \,, \tag{8}$$

da cui segue la tesi.

67. L'analisi delle forze è illustrata nella Fig. 1 dove, in virtù dell'idealità del filo, $T_A = T_B$.

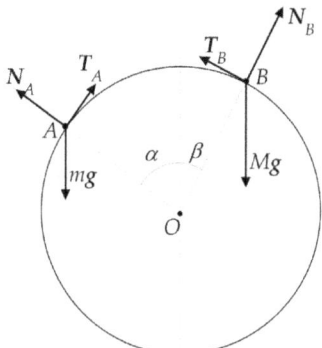

Figura 1: Analisi delle forze.

Imponendo l'equilibrio delle masse e tenendo conto che il filo è inestensibile, abbiamo il sistema

$$\begin{cases} mg \sin \alpha = Mg \sin \beta \implies \sin \alpha = \eta \sin \beta, \\ R(\alpha + \beta) = L \implies \alpha + \beta = \chi \implies \alpha = \beta - \chi, \end{cases} \quad (1)$$

dove $\eta = M/m$ e $\chi = L/R$ è l'angolo sotteso dal filo al centro della sfera. Dalla seconda equazione abbiamo, calcolando il seno di ambo i membri e ricordando la prima equazione,

$$\sin(\beta - \chi) = \sin \alpha = \eta \sin \beta \implies \sin \beta \cos \chi - \cos \beta \sin \chi = \eta \sin \beta, \quad (2)$$

da cui, dividendo ambo i membri per $\cos \beta$,

$$\tan \beta \cos \chi - \sin \chi = \eta \tan \beta \implies \tan \beta = \frac{\sin \chi}{\cos \chi + \eta}. \quad (3)$$

Con analoghi ragionamenti otteniamo per α la relazione

$$\tan \alpha = \frac{\sin \chi}{\cos \chi + \dfrac{1}{\eta}}. \quad (4)$$

68. La geometria del problema è illustrata nella Fig. 1.

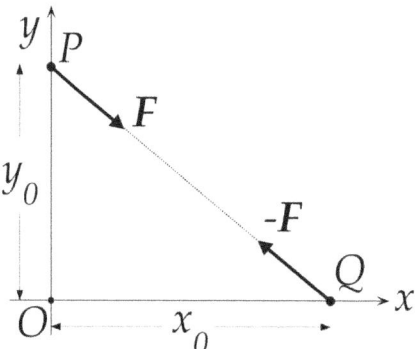

Figura 1: Geometria del problema.

Senza perdita di generalità assumiamo unitaria la massa dei due punti, le cui posizioni sono date rappresentate dalle coppie $(x(t),0)$ e $(0,y(t))$. Supponiamo unitaria anche l'intensità della forza attrattiva F. Applicando la seconda legge di Newton a entrambi i punti otteniamo il seguente sistema di equazioni differenziali:

$$\begin{cases} \ddot{x} = -\dfrac{x}{r}, \\[2mm] \ddot{y} = -\dfrac{y}{r}, \end{cases} \tag{1}$$

dove $r = \sqrt{x^2 + y^2}$ è la distanza tra i due punti. Il sistema (1) deve essere risolto insieme alle condizioni iniziali

$$\begin{cases} \dot{x}(0) = 0, \\[2mm] \dot{y}(0) = 0, \end{cases} \qquad \begin{cases} x(0) = x_0, \\[2mm] y(0) = y_0, \end{cases} \tag{2}$$

dove $(x_0,0)$ and $(0,y_0)$ indicano le posizioni iniziali dei punti. Possiamo risolvere il problema di Cauchy definito dalla (1) e dalla (2) notando che esso descrive matematicamente il moto di un singolo punto di massa unitaria avente coordinate cartesiane $(x(t), y(t))$ soggetto all'azione di una forza di modulo unitario diretta verso il punto fisso O. In virtù delle condizioni iniziali (2) il punto P farà un moto rettilineo uniformemente accelerato lungo la retta che passa per il punto di partenza (x_0, y_0) e per l'origine O, corrispondente a $r = 0$. La tesi del problema è così dimostrata.

69. Vista la simmetria del problema studiamo la dinamica di una sola delle tre particelle. In Fig. 1 è mostrata l'analisi delle forze.

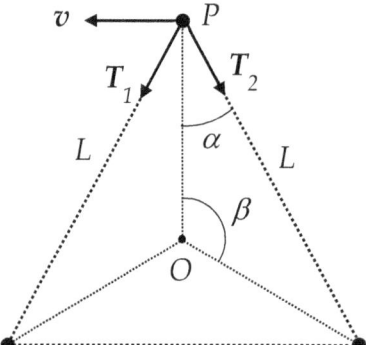

Figura 1: Analisi delle forze sul punto P.

Poiché P percorre una traiettoria circolare di centro O e raggio $\overline{OP}$, la sua accelerazione normale è pari a $v^2/\overline{OP}$; per ragioni di simmetria la somma delle tensioni T_1 e T_2 è diretta verso il centro O e vale in modulo $2T\cos\alpha$, dove T e il modulo (identico) delle tensioni e $\alpha = \beta/2$. Applicando la seconda legge della dinamica abbiamo dunque

$$2T\cos\alpha = m\frac{v^2}{\overline{OP}} \implies T = m\frac{v^2}{2\,\overline{OP}\cos\dfrac{\beta}{2}} = \frac{mv^2}{L}, \qquad (1)$$

c.v.d.

70. Applicando il secondo principio della dinamica, l'accelerazione del punto si scriverà come

$$a = g + \omega \times v, \qquad (1)$$

dove g è l'accelerazione di gravità e dove ω è un vettore diretto orizzontalmente avente modulo costante e dimensioni corrispondenti a una velocità angolare. Per determinare la traiettoria del moto ci riferiremo al sistema mostrato nella Fig. 1.

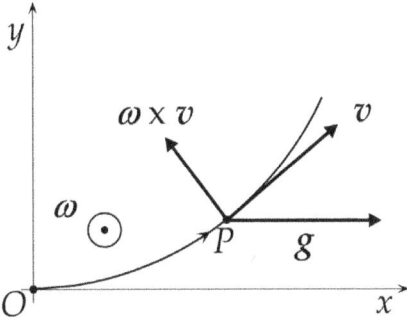

Figura 1: Geometria per la risoluzione del problema.

La forza peso è orientata secondo l'asse delle x e ω è diretto lungo l'asse z. Per semplicità porremo, in opportune unità di misura, $g = 1/2$ e $\omega = 1$. In tal modo la (1), proiettata lungo gli assi coordinati, dà il seguente sistema:

$$\begin{cases} \dot{v}_x = \dfrac{1}{2} - v_y, \\[2mm] \dot{v}_y = v_x. \end{cases} \qquad (2)$$

Per determinare l'equazione della traiettoria dobbiamo eliminare il tempo dalle (2). Dalla seconda equazione abbiamo

$$\frac{\mathrm{d}v_y}{\mathrm{d}t} = v_x \frac{\mathrm{d}v_y}{\mathrm{d}x} = v_x \implies \frac{\mathrm{d}v_y}{\mathrm{d}x} = 1 \implies \boxed{v_y = x} \qquad (3)$$

avendo sfruttato nell'ultimo passaggio la condizione iniziale sulla velocità. Per quanto riguarda la componente v_x, dalla prima equazione della (2), tenendo conto della (3), abbiamo

$$\frac{dv_x}{dt} = v_x \frac{dv_x}{dx} = \frac{1}{2} - v_y = \frac{1}{2} - x, \tag{4}$$

da cui, integrando rispetto a x e tenendo conto ancora una volta della condizione iniziale sulla velocità, si ottiene

$$v_x = x - x^2. \tag{5}$$

Infine, tenendo conto che la velocità vettoriale è in ogni punto tangente alla traiettoria, abbiamo

$$\frac{dy}{dx} = \frac{v_y}{v_x} = \sqrt{\frac{x}{1-x}}. \tag{6}$$

Quest'ultima rappresenta un'equazione differenziale che si può integrare con la condizione iniziale $y(0) = 0$,

$$y(x) = \int_0^x \sqrt{\frac{x'}{1-x'}}\, dx'. \tag{7}$$

L'integrale a secondo membro si calcola facilmente ponendo $x = \sin^2 \xi$, cosicché la y diventa

$$y = \int_0^\xi \sqrt{\frac{\sin^2 \xi'}{\cos^2 \xi'}}\, 2\sin \xi' \cos \xi' d\xi' = \int_0^\xi 2\sin^2 \xi' d\xi', \tag{8}$$

ovvero, utilizzando la formula di bisezione del coseno,

$$y = \int_0^\xi (1 - \cos 2\xi') d\xi' = \xi - \frac{1}{2}\sin 2\xi. \tag{9}$$

Vediamo dunque che la traiettoria del moto è descritta dalle seguenti equazioni parametriche:

$$\begin{cases} x = \dfrac{1 - \cos 2\xi}{2}, \\[2mm] y = \dfrac{2\xi - \sin 2\xi}{2}, \end{cases} \tag{10}$$

che corrispondono a un arco di cicloide per $x \leq 1$. Quando $x = 1$, il che avviene per $\xi = \pi/2$, abbiamo $y = \pi$. In tale punto la velocità è pari a $v = \dfrac{\hat{\jmath}}{2}$ e il moto diventa rettilineo uniforme lungo l'asse y.

71. Con riferimento alla Fig. 1 scriviamo l'equazione del moto per il punto di massa m che scivola sulla linea PQ inclinata di α rispetto alla verticale.

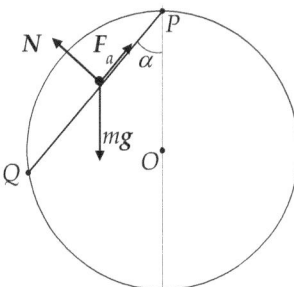

Figura 1: La geometria del problema e l'analisi delle forze.

Dalla seconda legge di Newton abbiamo

$$m\boldsymbol{a} = m\boldsymbol{g} + \boldsymbol{N} + \boldsymbol{F}_a, \tag{1}$$

dove $\boldsymbol{F}_a$ indica la forza di attrito viscoso. Proiettando la (1) lungo la direzione di moto abbiamo

$$ma = mg\cos\alpha - \beta v, \tag{2}$$

ovvero, ricordando che l'accelerazione è la derivata temporale della velocità,

$$\frac{\mathrm{d}v}{\mathrm{d}t} = g\cos\alpha - \frac{v}{\tau}, \tag{3}$$

dove $\tau = m/\beta$. Poiché il corpo parte da fermo, la (3) va risolta con la condizione iniziale $v(t = 0) = 0$. In realtà non è necessario risolvere l'equazione differenziale esplicitamente, ma è sufficiente mostrare che il tempo necessario per raggiungere il punto Q è indipendente dall'angolo α. Scrivendo la velocità come $v = \mathrm{d}x/\mathrm{d}t$ e pensandola in funzione di x, il tempo totale si esprime attraverso il seguente integrale:

$$T = \int_0^{\overline{PQ}} \frac{\mathrm{d}x}{v}. \tag{4}$$

La funzione $v(x)$ si può ottenere moltiplicando e dividendo il primo membro della (3) per dx, ottenendo in tal modo la seguente equazione differenziale:

$$v\frac{dv}{dx} = g\cos\alpha - \frac{v}{\tau}, \tag{5}$$

che deve essere risolta con la condizione iniziale $v(x = 0) = 0$. Possiamo ancora una volta evitare di risolvere l'equazione notando dalla Fig. 1 che, detto R il raggio della circonferenza,

$$\overline{PQ} = 2R\cos\alpha, \tag{6}$$

la quale, sostituita nella (4), attraverso la sostituzione di variabile $x = \xi\cos\alpha$ dà

$$T = \int_0^{2R} \frac{d\xi}{v/\cos\alpha}, \tag{7}$$

dove v è pensata come funzione di ξ. D'altra parte, dividendo ambo i membri della (5) per $\cos\alpha$ e operando la medesima sostituzione di variabile, con semplici passaggi algebrici otteniamo che la funzione $v/\cos\alpha$ soddisfa l'equazione differenziale

$$\frac{v}{\cos\alpha}\frac{d(v/\cos\alpha)}{d\xi} = g - \frac{v/\cos\alpha}{\tau}, \tag{8}$$

da cui segue la tesi.

72. Conviene studiare separatamente le fasi di salita e di discesa. Queste fasi sono schematizzate rispettivamente nella Fig. 1(a) e nella Fig. 1(b).

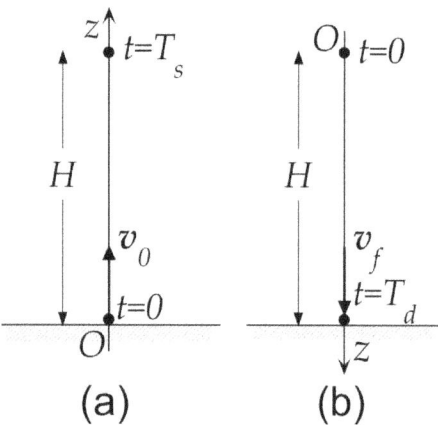

Figura 1: La fase di salita (a) e di discesa (b).

In entrambe le fasi l'equazione che regola il moto del corpo è la seguente:

$$a = g - \frac{v}{\tau}, \tag{1}$$

con la differenza che per la salita il sistema di riferimento unidimensionale è orientato verso l'alto con l'origine del punto di lancio, mentre per la discesa esso è orientato verso il basso con l'origine nel punto di quota massima, dove la velocità si inverte.

Vediamo la fase di salita. Proiettando la (1) lungo l'asse z della Fig. 1(a) abbiamo

$$\frac{\mathrm{d}v}{\mathrm{d}t} = -g - \frac{v}{\tau} \implies \frac{\mathrm{d}v}{g + \dfrac{v}{\tau}} = -\mathrm{d}t, \tag{2}$$

e, indicando il tempo di salita col simbolo T_s, integriamo ambo i membri della (2) con le condizioni $v(0) = v_0$ e $v(T_s) = 0$. Abbiamo

$$\int_{v_0}^{0} \frac{dv}{g + \dfrac{v}{\tau}} = -T_s \implies \boxed{T_s = \tau \log\left(1 + \frac{v_0}{g\tau}\right)} \qquad (3)$$

Possiamo calcolare la quota massima riscrivendo la (2) come segue:

$$\frac{dv}{dt} = v\frac{dv}{dz} = -g - \frac{v}{\tau} \implies \frac{v\,dv}{g + \dfrac{v}{\tau}} = -dz, \qquad (4)$$

da cui, pensando la velocità scalare del punto v funzione della quota z e imponendo le condizioni $v(0) = v_0$ e $v(H) = 0$, abbiamo

$$H = \int_0^{v_0} \frac{v\,dv}{g + \dfrac{v}{\tau}} = \boxed{v_0\tau - g\tau^2 \log\left(1 + \frac{v_0}{g\tau}\right)} \qquad (5)$$

Prima di proseguire, è interessante notare come, nel limite $\tau \gg 1$, corrispondente a un attrito trascurabile, $T_S \to 2v_0/g$ e $H \to v_0^2/2g$.[5]

Studiamo adesso la fase di discesa. Con riferimento alla Fig. 1(b), scriviamo l'equazione differenziale che regola l'andamento della velocità in funzione della posizione,

$$\frac{v\,dv}{dz} = g - \frac{v}{\tau} \implies \frac{v\,dv}{g - \dfrac{v}{\tau}} = dz, \qquad (6)$$

e integriamo ambo i membri imponendo le condizioni $v(0) = 0$ e $v(H) = v_f$, ottenendo così

$$H = \int_0^{v_f} \frac{dv}{g - \dfrac{v}{\tau}} = -v_f\tau - g\tau^2 \log\left(1 - \frac{v_f}{g\tau}\right), \qquad (7)$$

---

[5]È sufficiente applicare lo sviluppo in serie di Taylor la funzione $\log(1+x)$, che dà

$$\log(1+x) = x - \frac{x^2}{2} + \dots, \qquad x \to 0.$$

da cui, per confronto con la (5), dopo semplici passaggi algebrici si ottiene la seguente relazione implicita tra la velocità iniziale e quella finale:

$$\frac{v_0}{g\tau} + \frac{v_f}{g\tau} = \log\frac{1 + \dfrac{v_0}{g\tau}}{1 - \dfrac{v_f}{g\tau}} \tag{8}$$

La cui risoluzione, una volta dati v_0 e τ, richiede tecniche numeriche.

73. Il problema si risolve ripetendo gli stessi ragionamenti del problema precedente. In questo caso, però, il risultato si può trovare esattamente ottenendo un'espressione esplicita della velocità finale v_f in funzione di v_0 ed ℓ.

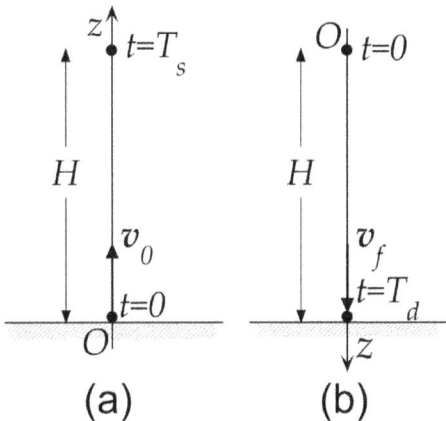

Figura 1: La fase di salita (a) e di discesa (b).

Riferiamoci alla Fig. 1 e scriviamo il secondo principio della dinamica come segue:

$$a = g - \frac{vv}{\ell}. \tag{1}$$

Ripetendo i medesimi ragionamenti svolti nel problema precedente, otteniamo

$$H = \ell \int_0^{v_0} \frac{v\,dv}{g\ell + v^2} = \boxed{\ell \log\left(1 + \frac{v_0^2}{g\ell}\right)} \tag{2}$$

per la fase di salita e

$$H = \ell \int_0^{v_f} \frac{v\,dv}{g\ell - v^2} = \boxed{-\ell \log\left(1 - \frac{v_f^2}{g\ell}\right)} \tag{3}$$

per la fase di discesa. Eguagliando i secondi membri delle ultime due equazioni si ha

$$1 + \frac{v_0^2}{g\ell} = \frac{1}{1 - \dfrac{v_f^2}{g\ell}} \implies \boxed{v_f = \frac{v_0}{\sqrt{1 + \dfrac{v_0^2}{g\ell}}}} \tag{4}$$

74. Scriviamo l'accelerazione nella forma

$$a = \beta v^2, \tag{1}$$

ovvero, ponendo $a = dv/dt$,

$$\frac{dv}{dt} = \beta v^2, \tag{2}$$

che si integra facilmente nell'intervallo $[t_1, t_2]$ separando le variabili,

$$\int_{v_1}^{v_2} \frac{dv}{v^2} = \beta \int_{t_1}^{t_2} dt \implies \frac{1}{v_1} - \frac{1}{v_2} = \beta(t_2 - t_1). \tag{3}$$

Riarrangiando l'ultima equazione e tenendo conto che l'accelerazione media nell'intervallo è per definizione pari a $\Delta v/\Delta t$, otteniamo

$$\frac{v_2 - v_1}{t_2 - t_1} = \beta v_1 v_2 = \sqrt{\beta v_1^2 \beta v_2^2}, \tag{4}$$

da cui, tenendo conto della (1), segue la tesi.

75. Scrivendo la seconda legge di Newton,

$$ma = mg - Kvv,\tag{1}$$

imponendo che, nel limite $t \to \infty$, $a \to 0$ e $v \to v_L$, si ha

$$mg - Kv_L v_L = 0,\tag{2}$$

da cui otteniamo che la velocità limite è diretta verticalmente verso il basso con modulo pari a

$$v_L = \left(\frac{mg}{K}\right)^{1/2}.\tag{3}$$

76. Studieremo il moto in un sistema di riferimento undimensionale Ox orientato verticalmente verso l'alto e avente l'origine nel punto di lancio. Scriviamo la seconda legge della dinamica,

$$ma = -mg - \frac{m}{\ell}\, v^2, \tag{1}$$

dove ℓ è una lunghezza legata alla velocità limite dalla relazione

$$v_L = \sqrt{g\ell}. \tag{2}$$

Sostituendo la (2) nella (1) abbiamo

$$a = -g\left(1 + \frac{v^2}{v_L^2}\right). \tag{3}$$

Per calcolare la quota massima esprimiamo l'accelerazione in funzione della velocità come segue:

$$a = \frac{\mathrm{d}v}{\mathrm{d}x}\frac{\mathrm{d}x}{\mathrm{d}t} = v\frac{\mathrm{d}v}{\mathrm{d}x}, \tag{4}$$

e sostituiamola nella (3),

$$v\frac{\mathrm{d}v}{\mathrm{d}x} = -g\left(1 + \frac{v^2}{v_L^2}\right) \implies \frac{v\,\mathrm{d}v}{\left(1 + \dfrac{v^2}{v_L^2}\right)} = -g\,\mathrm{d}x. \tag{5}$$

Integrando membro a membro con la condizione iniziale $v(x = 0) = v_0$ e indicando con H la quota massima, con semplici passaggi algebrici si ottiene

$$H = \frac{v_L^2}{2g}\log\left(1 + \frac{v_0^2}{v_L^2}\right). \tag{6}$$

Per stimare la velocità iniziale sfruttiamo il dato sulla quota massima raggiunta in assenza di attrito, pari ad $H_0 = v_0^2/(2g)$, in termini della quale possiamo riscrivere la (6) come segue:

$$H = \frac{v_L^2}{2g}\log\left(1 + \frac{2gH_0}{v_L^2}\right). \tag{7}$$

Sostituendo i dati numerici otteniamo infine $H \simeq 88$ m.

77. Utilizzeremo la geometria illustrata nella Fig. 1, con il sistema di riferimento unidimensionale Oz orientato verso il basso con l'origine O
posta nel punto di rilascio del corpo.

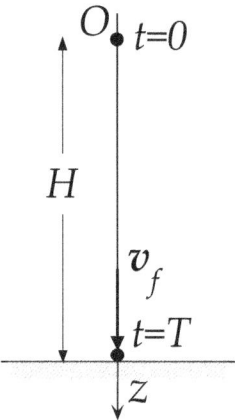

Figura 1: La geometria del problema.

Proiettando la seconda legge della dinamica lungo l'asse z e ponen-
do $\dfrac{dv}{dt} = v \dfrac{dv}{dz}$, con semplici passaggi algebrici otteniamo l'equazione
differenziale

$$\frac{v\,dv}{dz} = g - \frac{v^2}{\ell} \implies \frac{v\,dv}{g - \dfrac{v^2}{\ell}} = dz. \tag{1}$$

Integrando la (1) con la condizione iniziale $v(0) = 0$ si ottiene

$$z = -\frac{\ell}{2} \log\left(1 - \frac{v^2}{g\ell}\right), \tag{2}$$

che, risolta rispetto a v, dà la seguente dipendenza della velocità in
funzione dello spazio percorso:

$$v(z) = V_L \sqrt{1 - \exp\left(-\frac{2z}{\ell}\right)}, \tag{3}$$

dove $V_L = \sqrt{g\ell}$ indica la velocità limite. A questo punto possiamo calcolare il tempo di volo semplicemente riscrivendo la velocità come $\dfrac{\mathrm{d}z}{\mathrm{d}t}$ e risolvendo rispetto a t, ossia

$$
\mathrm{d}t = \frac{\mathrm{d}z}{v(z)} \implies T = \int_0^H \frac{\mathrm{d}z}{v(z)} = \frac{1}{V_L} \int_0^H \frac{\mathrm{d}z}{\sqrt{1 - \exp\left(-\dfrac{2z}{\ell}\right)}}.
\tag{4}
$$

Prima di calcolare l'integrale, verifichiamo che, in assenza di attrito, il tempo necessario al corpo per arrivare a terra coincida con quello previsto per un moto uniformemente accelerato, pari a $\sqrt{2H/g}$. A questo scopo dobbiamo stimare il secondo membro della (4) nel limite $\ell \gg 1$, approssimando l'esponenziale tramite il suo sviluppo di Taylor arrestato al prim'ordine, ossia $\exp(-x) \simeq 1 - x$, cosicché si ottiene

$$
T \simeq \frac{1}{\sqrt{g\ell}} \int_0^H \frac{\mathrm{d}z}{\sqrt{\dfrac{2z}{\ell}}} = \sqrt{\frac{2}{g}} \int_0^H \frac{\mathrm{d}z}{2\sqrt{z}} = \sqrt{\frac{2H}{g}},
\tag{5}
$$

c.v.d.

Calcoliamo adesso l'integrale senza approssimazioni. A questo scopo è sufficiente dimostrare che la funzione $1/\sqrt{1 - \exp(-2x)}$ è una derivata logaritmica. Abbiamo infatti

$$
\frac{1}{\sqrt{1 - \exp(-2x)}} = \frac{\exp(x)}{\sqrt{\exp(2x) - 1}} =
$$

$$
= \frac{\exp(x)}{\sqrt{\exp(2x) - 1}} \frac{\exp(x) + \sqrt{\exp(2x) - 1}}{\exp(x) + \sqrt{\exp(2x) - 1}} =
\tag{6}
$$

$$
= \frac{\dfrac{\exp(2x)}{\sqrt{\exp(2x) - 1}} + \exp(x)}{\exp(x) + \sqrt{\exp(2x) - 1}} = \frac{\left[\exp(x) + \sqrt{\exp(2x) - 1}\right]'}{\exp(x) + \sqrt{\exp(2x) - 1}},
$$

da cui otteniamo la primitiva

$$\int \frac{1}{\sqrt{1-\exp(-2x)}} = \log\left[\exp(x)+\sqrt{\exp(2x)-1}\right] + C, \quad (7)$$

che, sostituita nella (4), con semplici passaggi algebrici dà

$$T = \sqrt{\frac{\ell}{g}}\,\log\left[\exp\left(\frac{H}{\ell}\right)+\sqrt{\exp\left(\frac{2H}{\ell}\right)-1}\right], \quad (8)$$

c.v.d.

In assenza di attrito, ossia nel limite $\ell \to \infty$, è facile dimostrare che il secondo membro della (8) dà nuovamente la stima $\sqrt{2H/g}$.[6]

---

[6]A questo scopo è sufficiente notare come, per $x \to 0$, vale la seguente approssimazione:

$$\log\left[\exp(x)+\sqrt{\exp(2x)-1}\right]\frac{1}{2} \sim \log\left[1+x+\sqrt{1+2x-1}\right] = \log(1+\sqrt{2x}) \sim \sqrt{2x}.$$

78. Introduciamo un sistema di riferimento unidimensionale orientato nel verso del moto e con l'origine nel punto di lancio. Se v_0 indica il modulo della velocità iniziale, la seconda legge della dinamica si scrive come

$$m\frac{\mathrm{d}v}{\mathrm{d}t} = -Cv - Kv^2 ,\qquad(1)$$

ovvero, pensando la velocità in funzione dello spazio,

$$m\,v\frac{\mathrm{d}v}{\mathrm{d}x} = -Cv - Kv^2 \implies m\frac{\mathrm{d}v}{C+Kv} = -\mathrm{d}x .\qquad(2)$$

Integrando membro a membro con la condizione iniziale $v(x = 0) = v_0$ e indicando con D lo spazio totale percorso abbiamo

$$D = m\int_0^{v_0} \frac{\mathrm{d}v}{C+Kv} ,\qquad(3)$$

da cui, calcolando l'integrale, segue la tesi.

Soluzioni dei problemi

79. È sufficiente imporre che, una volta raggiunta la velocità limite V, la resistenza dell'aria compensi esattamente la forza peso mg, dove m rappresenta la massa della goccia. Indicando con ρ la densità dell'acqua, pari a circa 10^3 kg/m^3, avremo la seguente equazione algebrica di secondo grado nell'incognita V:

$$\alpha R V + \beta R^2 V^2 = \frac{4}{3} \pi g \rho R^3, \qquad (1)$$

che risolta dà

$$V = \frac{\alpha}{2\beta R} \left(\sqrt{1 + \frac{16\pi}{3\alpha^2} g \beta \rho R^3} - 1 \right), \qquad (2)$$

avendo scartato la soluzione negativa, priva di senso fisico. Sostituendo i dati numerici del problema si ottiene una velocità limite dell'ordine di 10 m/s.

80. Poichè trascuriamo la componente viscosa della resistenza esercitata dall'aria durante il moto delle sfere, scriveremo la forza di attrito come $F \simeq -\beta R^2 v\,v$. Il tempo di volo per un corpo lasciato cadere da una quota H con velocità iniziale nulla è quindi pari a

$$T = \sqrt{\frac{4\pi\rho R}{3g\beta}} \, \log\left[\exp\left(\frac{3H\beta}{4\pi\rho R}\right) + \sqrt{\exp\left(\frac{3H\beta}{2\pi\rho R}\right) - 1}\right] \simeq$$

$$\simeq 60\sqrt{R} \, \log\left[\exp\left(\frac{4.3 \times 10^{-4}}{R}\right) + \sqrt{\exp\left(\frac{8.6 \times 10^{-4}}{R}\right) - 1}\right],$$
(1)

dove il raggio della sfera R è numericamente espresso in metri. Sostituendo i dati numerici relativi alle due sfere del testo si trova un valore del ritardo temporale ΔT dell'ordine del centesimo di secondo.

81. Indichiamo con v_0 la velocità scalare del punto all'istante $t = 0$. Per definizione di accelerazione tangenziale abbiamo

$$a_\tau = \frac{dv}{dt} = -f(t). \tag{1}$$

La distanza totale percorsa è pari all'integrale della velocità scalare, pensata come funzione del tempo, nell'intervallo $t \in [0, T]$, ossia

$$D = \int_0^T v \, dt, \tag{2}$$

che, integrando per parti, diventa

$$D = [t \, v(t)]_0^T - \int_0^T t \, \dot{v} \, dt = \underbrace{[T \, v(T) - 0 \, v_0]_0^T} + \int_0^T t \, (-a_\tau) \, dt =$$

$$= \int_0^T t \, f(t) \, dt, \tag{3}$$

c.v.d.

82. Scriviamo la seconda legge della dinamica per il moto del proiettile soggetto alla forza peso $m\boldsymbol{g}$ e alla forza di attrito $\boldsymbol{F}_a = -m f(v)\boldsymbol{v}$, dove $f(v)$ è un'arbitraria funzione scalare della velocità scalare,

$$\boldsymbol{a} = \boldsymbol{g} - f(v)\boldsymbol{v}. \tag{1}$$

Introduciamo un sistema di riferimento cartesiano ortogonale con l'asse x orizzontale e l'asse y orientato verticalmente verso l'alto. Proiettando la (1) lungo gli assi coordinati e tenendo conto che $\boldsymbol{a} = \dot{\boldsymbol{v}}$, abbiamo

$$\begin{cases} \dot{v}_x = -f(v)v_x, \\ \dot{v}_y = -g - f(v)v_y. \end{cases} \tag{2}$$

L'equazione cartesiana della traiettoria $y = y(x)$ soddisfa la condizione

$$\frac{\mathrm{d}y}{\mathrm{d}x} = \frac{v_y}{v_x}, \tag{3}$$

che traduce il fatto che la velocità vettoriale $\boldsymbol{v}$ è sempre tangente alla traiettoria di moto. Derivando ambo i membri della (3) rispetto al tempo abbiamo

$$\frac{\mathrm{d}}{\mathrm{d}t}\frac{\mathrm{d}y}{\mathrm{d}x} = \frac{\mathrm{d}}{\mathrm{d}t}\left(\frac{v_y}{v_x}\right) = \frac{\dot{v}_y\, v_x - \dot{v}_x\, v_y}{v_x^2}. \tag{4}$$

Il primo membro di questa equazione si può riscrivere eliminando formalmente il tempo tramite la relazione $\dfrac{\mathrm{d}}{\mathrm{d}t} = v_x \dfrac{\mathrm{d}}{\mathrm{d}x}$. Sostituendo infine la (2) nella (4) si ottiene

$$v_x \frac{\mathrm{d}}{\mathrm{d}x}\frac{\mathrm{d}y}{\mathrm{d}x} = \frac{-g\, v_x - \cancel{f(v)v_x v_y} + \cancel{f(v)v_x v_y}}{v_x^2} \implies \boxed{\frac{\mathrm{d}^2 y}{\mathrm{d}x^2} = -\frac{g}{v_x^2}}$$

$$\tag{5}$$

c.v.d.

83. Studiamo il problema nel sistema di riferimento solidale con le automobili, in cui queste appaiono immobili e poste a una reciproca distanza $d = 50$ m. Sia P la posizione iniziale del pedone, coincidente con la coda di un'automobile appena passata, come mostrato nella Fig. 1.

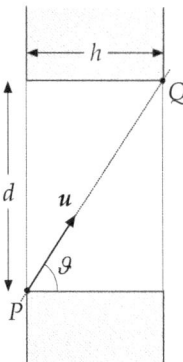

Figura 1: Studio del problema nel sistema di riferimento solidale con le automobili.

Dalla stessa figura è evidente come il pedone P, allo scopo di evitare di urtare l'automobile successiva, debba puntare "al disotto" del punto Q. Indicando con ϑ l'angolo che la direzione della sua velocità u forma con la direzione orizzontale, dobbiamo imporre la condizione

$$\tan \vartheta \leq \frac{d}{h}. \tag{1}$$

Calcoliamo adesso la velocità del pedone nel sistema di riferimento fisso. A questo scopo è sufficiente sommare al vettore u la velocità delle automobili, diciamo V, come illustrato nella Fig. 2, dalla quale con semplici passaggi trigonometrici abbiamo

$$v^2 = (V - u \sin \vartheta)^2 + u^2 \cos^2 \vartheta, \tag{2}$$

che può essere riscritta nel seguente modo:[7]

$$v^2 = (u - V \sin \vartheta)^2 + V^2 \cos^2 \vartheta. \tag{3}$$

---

[7] Per dimostrarlo sviluppiamo il secondo membro della (2),

$$v^2 = u^2 - 2uV \sin \vartheta + V^2,$$

Da questa equazione vediamo come, per un fissato valore di ϑ, il modulo v assuma il valore minimo, pari a $V\cos\vartheta$, quando $u = V\sin\vartheta$, il che implica che la direzione di v è ortogonale a quella di u, come mostrato nella Fig. 2.[8]

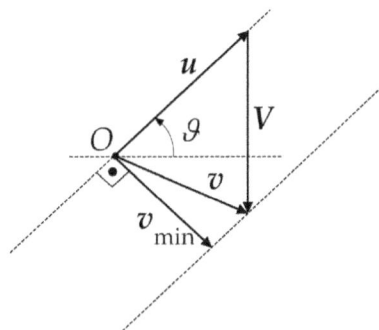

Figura 2: La soluzione geometrica del problema di minimizzazione.

Inoltre, poiché il minimo della velocità del pedone è proporzionale a $\cos\vartheta$, occorre scegliere il valore massimo per ϑ che, in virtù della limitazione (1), coincide con l'arcotangente del rapporto d/h, pari a circa 88°, con una velocità minima

$$v_{\min} = V\,\frac{h}{\sqrt{h^2+d^2}} \simeq 50 \times \frac{1.6}{\sqrt{1.6^2+50^2}} \simeq 1.7\,\text{km/h}. \qquad (4)$$

---

e "completiamo il quadrato" aggiungendo e togliendo la quantità $V^2\sin^2\vartheta$, ottenendo così

$$v^2 = (u - V\sin\vartheta)^2 + V^2\cos^2\vartheta\,.$$

[8]Un altro modo per risolvere il problema è partire dall'espressione di v^2 ottenuta applicando il teorema di Carnot,

$$v^2 = u^2 + V^2 - 2uV\sin\vartheta\,,$$

e derivare ambo i membri rispetto a u imponendo subito la condizione $\mathrm{d}v^2/\mathrm{d}u = 0$,

$$0 = \frac{\mathrm{d}v^2}{\mathrm{d}u} = 2u - 2V\sin\vartheta \implies u = V\sin\vartheta\,,$$

c.v.d.

84. La Fig. 1 mostra la geometria del problema.

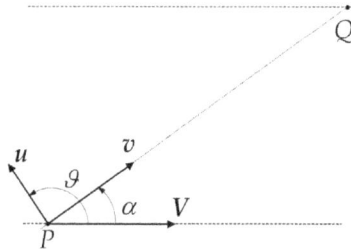

Figura 1: L'attraversamento del fiume.

Indichiamo con V la velocità della corrente del fiume e con u la velocità del nuotatore rispetto all'acqua. La sua velocità rispetto a terra è rappresentata dal vettore v definito come

$$v = u + V, \tag{1}$$

la cui direzione è parallela a quella del segmento che unisce il punto di partenza P e quello di approdo Q sulla sponda opposta. Ipotizzando che la larghezza del fiume sia approssimativamente costante, è evidente che per minimizzare la distanza $\overline{PQ}$ occorre massimizzare l'angolo α che v forma con la direzione della corrente.

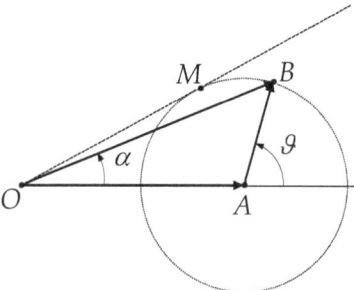

Figura 2: Soluzione geometrica del problema di massimizzazione di α.

Questo può essere fatto in diversi modi. Di seguito presentiamo una soluzione geometrica. Nella Fig. 2 la relazione vettoriale (1) è visualizzata utilizzando tre segmenti orientati: $\overrightarrow{OA}$ in luogo di V, $\overrightarrow{AB}$ in luogo di u e $\overrightarrow{OB}$ in luogo di v. Dalla medesima figura si evince come al variare dell'orientazione di u il punto B si muova sulla circonferenza di centro A e raggio u. La massima inclinazione sull'orizzontale del vettore v si avrà quando la direzione del vettore è tangente alla suddetta circonferenza, il che corrisponde alla condizione

$$\cos\vartheta = -\frac{\overline{AM}}{\overline{OA}} = -\frac{u}{V}, \tag{2}$$

ovvero, sostituendo i dati numerici, a $\vartheta = 120°$.

85. Lavoreremo nel sistema di riferimento solidale con la nave, dove la velocità u del motoscafo è pari a $v - V$, come mostrato nella Fig. 1.

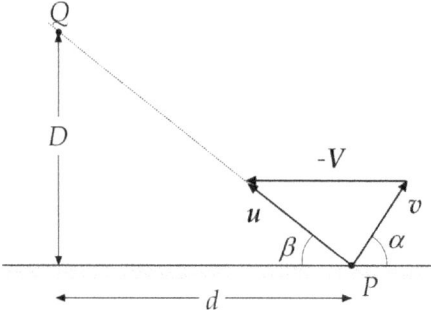

Figura 1: La geometria del problema nel sistema di riferimento solidale con la barca.

Indicando la posizione della nave col punto Q e quella iniziale del motoscafo col punto P, è chiaro che il moto di quest'ultimo sarà rettilineo uniforme con velocità u lungo il segmento PQ, che forma con l'asse orizzontale l'angolo $\beta = \arctan D/d$. La distanza minima orizzontale d richiesta per l'intercettazione corrisponde dunque al massimo valore possibile di β. Poiché l'unica variabile in gioco è la direzione di v, ossia l'angolo α, con semplici passaggi trigonometrici otteniamo

$$\tan \beta = \frac{v \sin \alpha}{V - v \cos \alpha} = \frac{\sin \alpha}{\eta - \cos \alpha}, \tag{1}$$

dove $\eta = V/v > 1$. Il massimo valore di β si ottiene massimizzando $\tan \beta$. Imponendo l'annullamento della derivata del secondo membro della (1) rispetto ad α abbiamo[9]

$$\frac{\cos \alpha (\eta - \cos \alpha) - \sin^2 \alpha}{(\eta - \cos \alpha)^2} = 0 \implies \boxed{\cos \alpha = \frac{v}{V}} \tag{2}$$

che, sostituito nella (1), con semplici passaggi algebrici dà $\tan \beta = v/\sqrt{V^2 - v^2}$, da cui segue la tesi.

---

[9] Si noti l'analogia col problema precedente.

86. Indicando con V la velocità vettoriale di P, scriviamo la sua velocità relativa rispetto a O come segue:

$$v = V - u. \tag{1}$$

Introduciamo adesso un sistema di riferimento polare con l'origine in O, come mostrato nella Fig. 1, in cui $\overline{OP} = r$. Proiettando la (1) lungo

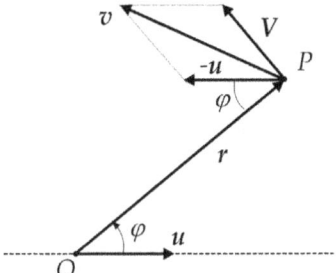

Figura 1: Il moto di P rispetto a O.

le direzioni radiale e azimutale, con semplici passaggi trigonometrici otteniamo il sistema

$$\begin{cases} v_r = \dfrac{\mathrm{d}r}{\mathrm{d}t} = -u\cos\varphi, \\[4mm] v_\varphi = r\dfrac{\mathrm{d}\varphi}{\mathrm{d}t} = V + u\sin\varphi, \end{cases} \tag{2}$$

da cui, dividendo membro a membro le due equazioni, si ha

$$\frac{1}{r}\frac{\mathrm{d}r}{\mathrm{d}\varphi} = \frac{-u\cos\varphi}{V + u\sin\varphi} = \frac{-\epsilon\cos\varphi}{1 + \epsilon\sin\varphi}, \tag{3}$$

dove $\epsilon = u/V$. Moltiplicando ambo i membri della (3) per $\mathrm{d}\varphi$ e semplificando abbiamo

$$\mathrm{d}(\log r) = -\mathrm{d}\left[\log(1 + \epsilon\sin\varphi)\right] \implies r(\varphi) = \frac{K}{1 + \epsilon\sin\varphi}, \tag{4}$$

dove K è una costante. La (4) rappresenta l'equazione polare di una conica avente eccentricità pari a u/V, c.v.d.

87. Studiamo il moto in un sistema di riferimento solidale con la riva e avente l'origine O nel punto di approdo, come schematizzato nella Fig. 1.

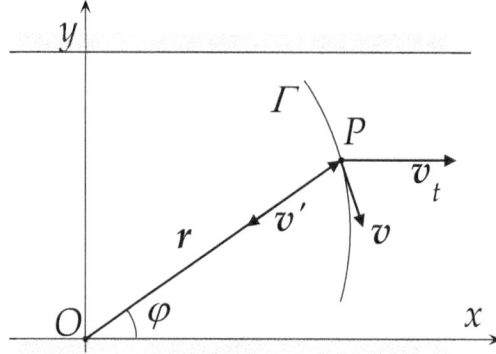

Figura 1: La geometria del problema.

Indichiamo con v la velocità della barca rispetto a riva, con v_t la velocità della corrente e con v' la velocità della barca rispetto all'acqua, così da poter scrivere la relazione

$$v = v' + v_t,\tag{1}$$

dove, per ipotesi, la velocità scalare relativa v' e quella di trascinamento v_t hanno lo stesso valore, diciamo V.

Proiettando la (1) lungo gli assi x e y indicati nella figura si ottiene il sistema

$$\begin{cases} v_x = V - V\cos\varphi = V\left(1 - \dfrac{x}{r}\right), \\[2mm] v_y = -V\sin\varphi = -V\dfrac{y}{r}, \end{cases}\tag{2}$$

dove $r = \sqrt{x^2 + y^2}$. Dividendo membro a membro le due equazioni abbiamo

$$\frac{\mathrm{d}x}{\mathrm{d}y} = \frac{x - r}{y} \implies y\,x' = x - r,\tag{3}$$

dove l'apice indica la derivazione rispetto alla variabile y. Derivando ambo i membri della (3) ancora una volta rispetto a y si ottiene

$$x' + yx'' = x' - r' = 2x' \implies yx'' = x', \qquad (4)$$

dove abbiamo tenuto conto della relazione $r' = -x'$.[10] Derivando ulteriormente rispetto a y si ha

$$x'' + yx''' = x'' \Rightarrow x''' = 0, \qquad (5)$$

da cui si evince che la funzione $x(y)$ deve necessariamente essere un polinomio quadratico in y. La traiettoria di P è dunque una parabola.

Per dimostrare che il punto O coincide col fuoco, possiamo seguire un semplice ragionamento geometrico. Notiamo che, per qualsiasi posizione del punto P, la direzione tangente alla traiettoria Γ, individuata dal vettore v, risulta essere sempre ortogonale alla bisettrice tra la direzione parallela all'asse x (individuata dal vettore v_t) e quella diretta verso il punto O (individuata dal vettore v'). Questo argomento è sufficiente a dimostrare la tesi e, inoltre, implica che l'asse x coincide con l'asse della traiettoria parabolica. Il vertice della parabola deve dunque coincidere col punto di approdo, c.v.d.

---

[10] Per dimostrarlo, è sufficiente ricordare la rappresentazione cartesiana di r,

$$r' = \frac{d}{dy}\sqrt{x^2 + y^2} = \frac{y + xx'}{r},$$

da cui, tenendo conto della (3), si ottiene

$$r' = \frac{y}{r} + x\frac{x-r}{y} = \frac{x^2 + y^2 - xr}{yr} = \frac{r-x}{y} = -x'.$$

88. L'analisi delle forze agenti sulla pallina nel sistema di riferimento soli-
    dale con il treno è mostrata nella Fig. 1.

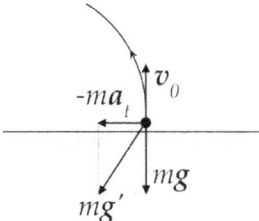

Figura 1: L'analisi delle forze nel riferimento solidale col treno.

Oltre alla forza peso mg è presente la forza d'inerzia $-ma_t$, dove a_t
indica l'accelerazione del treno rispetto alla Terra. Denotando con
a' l'accelerazione della pallina rispetto al treno, la seconda legge della
dinamica dà

$$ma' = mg + (-ma_t) \implies a' = g',$$ (1)

dove $g' = g - a_t$ è un vettore costante che può essere interpretato
come una sorta di accelerazione di gravità "modificata".

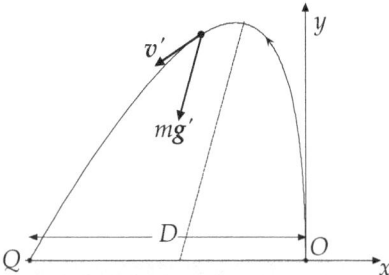

Figura 2: La traiettoria della pallina rispetto al treno.

In altri termini, il moto della pallina è ancora uniformemente accelerato, ma con un'accelerazione non più diretta verticalmente verso il basso, bensì "deviata" verso sinistra, come schematizzato nella Fig. 2, dove

è anche mostrata la traiettoria parabolica della pallina rispetto al treno. La distanza D si calcola facilmente tenendo conto che il tempo di volo t_V è pari ancora a $2v_0/g$ e durante questo tempo lo spostamento orizzontale della pallina è regolato dalle leggi del moto uniformemente accelerato, ossia

$$D = \frac{1}{2} a_t\, t_V^2 = \frac{2a_t v_0^2}{g^2}\,, \tag{2}$$

che, con i dati numerici del testo, è dell'ordine di 2 cm.

89. Studieremo il moto delle due masse nel sistema di riferimento non inerziale solidale con l'ascensore. In tale sistema di riferimento le forze agenti su M ed m sono mostrate nella Fig. 1, dove $g' = g - a$ rappresenta l'accelerazione di gravità sperimentata nell'ascensore e modificata a causa della forza d'inerzia.

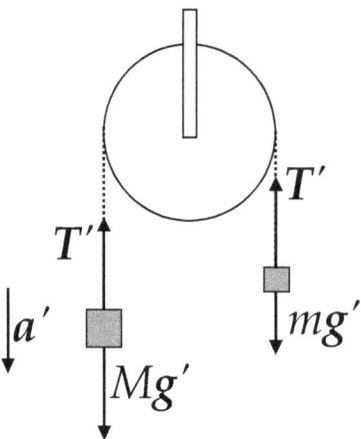

Figura 1: L'analisi delle forze.

Detto a' il modulo dell'accelerazione delle masse rispetto all'ascensore, abbiamo

$$a' = g' \frac{M - m}{M + m}, \tag{1}$$

mentre il modulo della tensione del filo T' sarà dato da

$$T' = 2g' \frac{Mm}{M + m}, \tag{2}$$

con una forza esercita sul soffitto pari in modulo a $2T'$.

90. La geometria del problema è schematizzata nella Fig. 1. Per un punto fermo sulla superficie terrestre alla colatitudine ϑ, la verticale locale è individuata dalla direzione del vettore $m\boldsymbol{g} + m\boldsymbol{a}_{\text{cf}}$, dove $a_{\text{cf}} = \omega_T R_T^2 \sin\vartheta$ indica il modulo dell'accelerazione centrifuga.

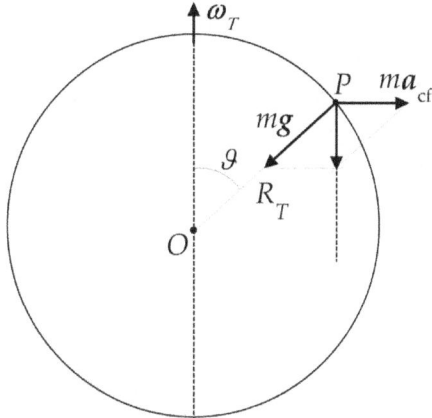

Figura 1: La direzione della verticale sui punti della superficie terrestre.

Affinché la direzione di questo vettore sia indipendente da ϑ, occorre che sia verificata la seguente condizione:

$$\sin\vartheta = \frac{a_{\text{cf}}}{g} = \frac{\omega_T^2 R_T \sin\vartheta}{g} \implies \boxed{\omega_T \sqrt{\frac{g}{R_T}}} \tag{1}$$

corrispondente a un periodo di rotazione pari a circa

$$2\pi \sqrt{\frac{R_T}{g}} \simeq 2\pi \sqrt{\frac{4 \times 10^7}{2\pi \times 10}} \simeq 5000\,\text{sec} \simeq 1^h\,23^m. \tag{2}$$

91. Indichiamo con a l'accelerazione del disco nel sistema di riferimento terrestre. Se ω_T indica la velocità angolare della Terra, abbiamo

$$a = -\cancel{g}_t - 2\omega_T \times v \simeq -2\omega \times v, \qquad (1)$$

dove nell'ultimo passaggio abbiamo trascurato l'accelerazione di trascinamento a_t rispetto all'accelerazione di Coriolis a causa della dipendenza quadratica dalla velocità angolare terrestre della prima rispetto a quella lineare della seconda. Nel prodotto vettoriale a secondo membro della (1) la velocità angolare di rotazione terrestre contribuisce con la sua componente ortogonale al piano in cui si svolge il moto, ossia $\Omega = \omega_T \sin \lambda$. Siamo dunque in presenza di un moto piano in cui l'accelerazione è ortogonale alla velocità e ha modulo $a_v = 2v\omega_T \sin \lambda$. Il moto è dunque circolare uniforme con raggio di curvatura R pari a

$$R = \frac{v^2}{a_v} = \frac{v}{2\omega_T \sin \lambda}. \qquad (2)$$

92. La Fig. 1 mostra le grandezze cinematiche (velocità e accelerazione) del satellite (punto P) viste "dall'alto".

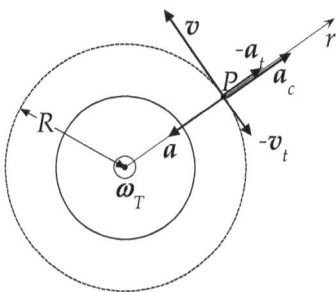

Figura 1: Cinematica del satellite nel sistema di riferimento solidale con la Terra.

Supponiamo, per fissare le idee, che la velocità angolare del satellite Ω sia maggiore della velocità angolare di rotazione terrestre, il che avviene se il satellite si muove all'interno dell'orbita geostazionaria, corrispondente a $R \simeq 36000$ km. Per risolvere il problema possiamo studiare il moto del satellite rispetto a un sistema di riferimento solidale con la Terra, ossia rotante attorno all'asse z con velocità angolare ω_T. Indicando con P la generica posizione del satellite, la sua velocità relativa alla Terra, pari a $v' = v - v_t$, è diretta tangenzialmente alla traiettoria circolare di raggio R che, dunque, coincide con la traiettoria del satellite vista nel sistema di riferimento rotante. Poiché il moto "assoluto" del satellite è circolare uniforme con velocità angolare Ω, dalla Fig. 1 otteniamo per il modulo della velocità relativa la seguente espressione:

$$v' = v - v_t = (\Omega - \omega_T)R. \tag{1}$$

Calcoliamo adesso le varie componenti dell'accelerazione relativa a',

$$a' = a - a_t + a_c, \tag{2}$$

le cui direzioni sono mostrate nella Fig. 1. Per i moduli delle varie componenti abbiamo

$$\begin{cases} a = \Omega^2 R, \\[2mm] a_t = \omega_T^2 R, \\[2mm] a_c = 2\,\omega_T\, v' = 2\,\omega_T\,(\Omega - \omega_T)R, \end{cases} \tag{3}$$

dove nell'ultimo passaggio dell'ultima equazione abbiamo utilizzato la (1). Sostituendo la (3) nella (2) e tenendo conto ancora una volta della Fig. 1, otteniamo per il modulo dell'accelerazione relativa la seguente espressione:

$$a' = a - a_t - a_c = (\Omega^2 - \omega_T^2 - 2\,\omega_T\,\Omega + 2\,\omega_T^2)R = (\Omega - \omega_T)^2 R, \tag{4}$$

che corrisponde a un moto circolare uniforme di raggio R e velocità scalare pari a v', come ci si doveva aspettare.

93. Rispetto al problema precedente la situazione è considerabilmente più complessa. Nella Fig. 1 è schematizzata la geometria che andremo a utilizzare.

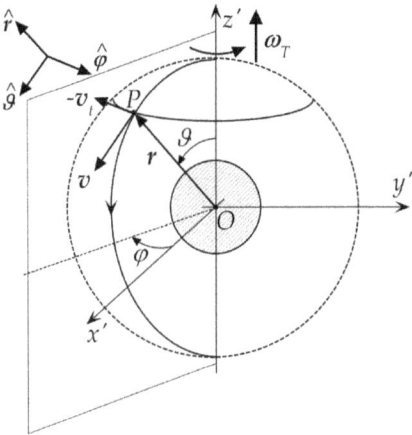

Figura 1: Le componenti della velocità nel sistema di riferimento solidale con la Terra.

Indichiamo con $Ox'y'z'$ la terna ortogonale destra solidale con la Terra, rotante con velocità angolare ω_T diretta lungo l'asse di rotazione terrestre (asse z'). Il satellite (rappresentato dal punto P) descrive al variare del tempo una traiettoria sulla superficie sferica di raggio R e centro O. Indichiamo con ϑ e φ le coordinate sferiche di P e con $\{\hat{r}, \hat{\vartheta}, \hat{\varphi}\}$ la terna destra di versori ad esse associata. Nel sistema rotante la velocità di P, diciamo v', ha due componenti ortogonali: quella diretta lungo la direzione $\hat{\vartheta}$ coincide in modulo con la velocità scalare orbitale del satellite, pari a ΩR; quella diretta lungo la direzione $\hat{\varphi}$ tiene conto della velocità di trascinamento v_t. In formule

$$v' = v + (-v_t) = \Omega R \, \hat{\vartheta} - \omega_T R \sin \vartheta \, \hat{\varphi}. \tag{1}$$

Passando all'accelerazione relativa a' abbiamo

$$a' = a - a_t + a_c, \tag{2}$$

dove a (accelerazione "assoluta") e $-a_t$ (accelerazione centrifuga) sono rappresentati schematicamente nella Fig. 2, essendo i rispettivi moduli pari a

$$\begin{cases} a = \Omega^2 R\,, \\[2mm] a_t = \omega_T^2 R \sin\vartheta\,. \end{cases} \qquad (3)$$

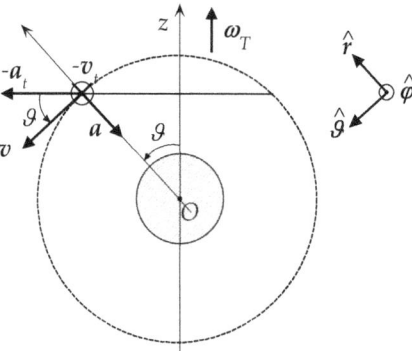

Figura 2: Le componenti dell'accelerazione assoluta e di trascinamento nel sistema di riferimento solidale con la Terra.

Proiettando i due vettori lungo la terna ortogonale $\{\hat{r}, \hat{\vartheta}, \hat{\varphi}\}$ otteniamo infine le seguenti rappresentazioni:

$$\begin{cases} a = -\Omega^2 R\,\hat{r}\,, \\[2mm] -a_t = \omega_T^2 R \sin^2\vartheta\,\hat{r} + \omega_T^2 R \sin\vartheta \cos\vartheta\,\hat{\vartheta}\,. \end{cases} \qquad (4)$$

Per il calcolo dell'accelerazione di Coriolis utilizzeremo direttamente la definizione,

$$a_c = -2\,\omega_T \times v' = -2\,\omega_T \times v + 2\,\omega_T \times v_t\,, \qquad (5)$$

dove il primo termine è pari a

$$-2\,\omega_T \times v = -2\omega_T\,v\,\hat{\varphi} = -2\omega_T\,\Omega R \cos\vartheta\,\hat{\varphi} = -2\omega_T\,\Omega z\,\hat{\varphi}\,, \qquad (6)$$

e dunque cambia verso passando dall'emisfero boreale a quello australe (e viceversa), come mostrato scehmaticamente nella Fig. 3(a).

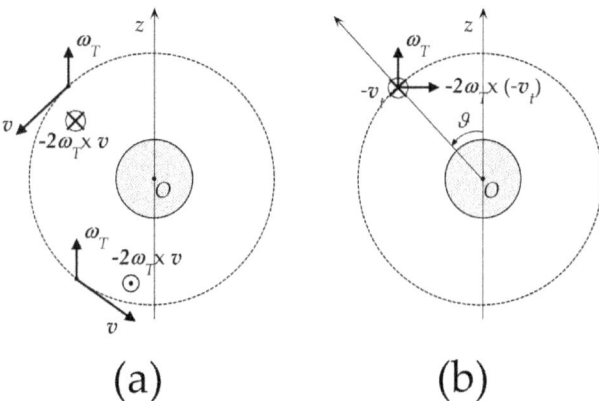

(a)   (b)

Figura 3: Le componenti dell'accelerazione di Coriolis nel sistema di riferimento solidale con la Terra.

Per quanto riguarda il secondo termine nella (5), dalla Fig. 3(b) si evince che esso è pari a $2a_t$, ovvero, utilizzando la (4)

$$2\omega_T \times v_t = -2\omega_T^2 R \sin^2 \vartheta \, \hat{r} - 2\omega_T^2 R \sin\vartheta \cos\vartheta \, \hat{\vartheta}. \qquad (7)$$

Combinando la (4), la (5), la (6) e la (7) con la (2), con semplici passaggi algebrici otteniamo la seguente rappresentazione in coordinate sferiche dell'accelerazione del satellite "vista" dalla Terra:

$$a' = -(\Omega^2 + \omega_T^2 \sin^2 \vartheta) R \, \hat{r} - \omega_T^2 R \sin\vartheta \, \cos\vartheta \, \hat{\vartheta} - 2\omega_T \Omega R \cos\vartheta \, \hat{\varphi}. \qquad (8)$$

94. Introduciamo un sistema di riferimento cartesiano Oxy con l'origine nel punto di sospensione del pendolo, orientato come nella Fig. 1.

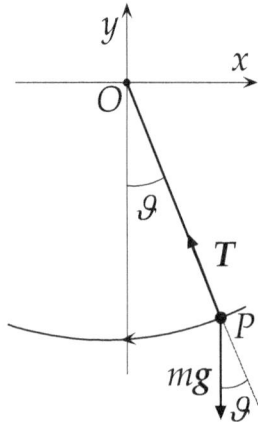

Figura 1: L'analisi delle forze del pendolo nel sistema di riferimento cartesiano.

Il secondo principio della dinamica dà

$$ma = mg + T,\tag{1}$$

che, proiettando lungo gli assi coordinati, diventa

$$
\begin{cases}
m\,\ddot{x} = -T\sin\vartheta = -T\,\dfrac{x}{l}, \\[2mm]
m\,\ddot{y} = -mg + T\cos\vartheta,
\end{cases}
\tag{2}
$$

dove l indica la lunghezza del pendolo. Per piccole oscillazioni intorno alla posizione di equilibrio del pendolo ($|\vartheta| \ll 1$) possiamo sostituire al moto del punto sulla traiettoria circolare quello lungo la tangente orizzontale descritta dall'equazione cartesiana $y = -l$; sostituendo nella (2) avremo $T \simeq mg$ e dunque $\ddot{x} \simeq -x\,\dfrac{g}{l}$, che coincide con l'equazione differenziale del moto armonico semplice.

95. L'analisi delle forze è schematizzata nella Fig. 1, dove abbiamo scelto un sistema di riferimento non inerziale in rotazione attorno all'asse verticale con la velocità angolare della massa m.

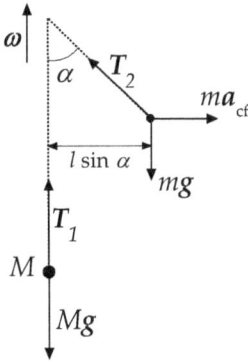

Figura 1: L'analisi delle forze.

In tale sistema di riferimento entrambe le masse sono in quiete. Ciò implica che le seguenti equazioni devono essere necessariamente soddisfatte:

$$\begin{cases} M\mathbf{g} + \mathbf{T}_1 = 0, \\ m\mathbf{g} + \mathbf{T}_2 + m\mathbf{a}_{\text{cf}} = 0, \end{cases} \qquad (1)$$

dove, in virtù dell'idealità del filo, $T_1 = T_2$, mentre $a_{\text{cf}} = \omega^2 l \sin\alpha$ indica il modulo della forza centrifuga sperimentata da m. Per risolvere il problema dobbiamo determinare il valore di ω corrispondente alla situazione di equilibrio descritta nella figura. In particolare, proiettando la seconda equazione del sistema (1) lungo la direzione orizzontale avremo

$$\frac{ma_{\text{cf}}}{T_2} = \sin\alpha \implies T_2 = m\omega^2 l, \qquad (2)$$

mentre l'equilibrio di M implica che $T_1 = T_2 = Mg$, da cui si ottiene

$$m\omega^2 l = Mg \implies \omega = \sqrt{\frac{M}{m}\frac{g}{l}}, \qquad (3)$$

e, ricordando che il periodo orbitale è pari a $2\pi/\omega$, segue la tesi.

96. Il problema si risolve facilmente tenendo conto che la forza di richiamo del pendolo coincide in questo caso con la componente tangenziale (alla traiettoria) della *componente* della forza peso parallela al piano inclinato. Poiché quest'ultima è in modulo pari a $mg\sin\alpha$, il periodo delle piccole oscillazioni è pari a

$$2\pi\sqrt{\frac{g}{l}\sin\alpha}\,. \tag{1}$$

97. Per risolvere il problema conviene scegliere il sistema di riferimento non inerziale solidale col vagone.

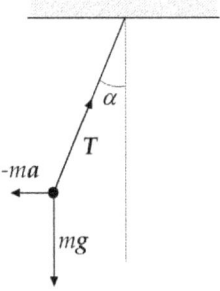

Figura 1: L'analisi delle forze.

Le forze che agiscono sulla massa m sono schematizzate nella Fig. 1, cosicché la seconda legge di Newton dà

$$ma' = mg - ma + T = mg' + T,\tag{1}$$

dove a' indica l'accelerazione di m misurata rispetto al vagone e il vettore g' è definito come

$$g' = g - a.\tag{2}$$

Dalla figura si evince come la nuova posizione di equilibrio formi con la verticale l'angolo α definito tramite la seguente relazione:

$$\tan\alpha = \frac{a}{g},\tag{3}$$

mentre il periodo delle piccole oscillazioni è

$$T' = 2\pi\sqrt{\frac{g'}{l}},\tag{4}$$

dove

$$g' = \sqrt{a^2 + g^2} = g\sqrt{1 + \frac{a^2}{g^2}} = \frac{g}{\cos\alpha},\tag{5}$$

da cui si ottiene

$$T' = \frac{T}{\sqrt{\cos \alpha}},$$ (6)

con $T = 2\pi\sqrt{g/l}$ periodo delle piccole oscillazioni del pendolo con il vagone in moto rettilineo uniforme.

98. Studieremo il moto nel sistema di riferimento non inerziale solidale con il disco, dove l'analisi delle forze è schematizzata nella Fig. 1.

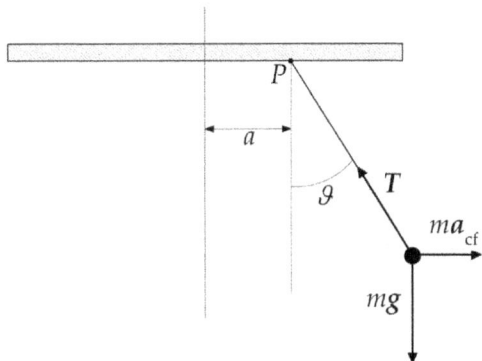

Figura 1: L'analisi delle forze.

Per l'equilibrio della massa m occorre che sia soddisfatta la seguente equazione vettoriale:

$$mg + T + ma_{cf} = 0, \tag{1}$$

dove a_{cf} indica l'accelerazione centrifuga e T la tensione del filo. Dalla figura vediamo che la (1) implica

$$\tan\vartheta = \frac{a_{cf}}{g} = \frac{\omega^2}{g}(a + l\sin\vartheta), \tag{2}$$

ovvero, riarrangiando,

$$\frac{g}{\omega^2}\tan\vartheta = a + l\sin\vartheta \implies \frac{g}{\omega^2 l} = \cos\vartheta + \frac{a}{l}\frac{1}{\tan\vartheta}, \tag{3}$$

c.v.d.

99. Utilizzeremo il modello cinematico della cicloide mostrato in Fig. 1, pensando a un punto P solidale a una circonferenza di raggio R che rotoli, senza strisciare, sulla retta orizzontale a quota $2R$ con velocità angolare ω. Poiché non vi è strisciamento, il modulo della velocità

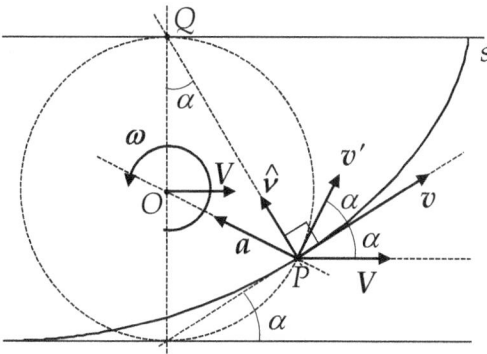

Figura 1: Il modello cinematico della cicloide.

orizzontale V del centro della circonferenza O è legato a quello della velocità angolare ω dalla relazione

$$V = \omega R, \tag{1}$$

che coincide con il modulo della velocità v' di P rispetto al centro O, data da

$$v' = \omega \times \overrightarrow{OP}. \tag{2}$$

In altri termini, possiamo pensare alla velocità v di P sulla cicloide come la somma dei vettori v' e V, come mostrato nella figura. Dalla medesima figura abbiamo inoltre che l'angolo α che v forma con l'orizzontale è uguale all'angolo che la direzione normale PQ forma con la verticale passante per Q. Inoltre, poichè l'accelerazione di P è solamente quella legata al moto circolare uniforme attorno a O e tenendo conto che il triangolo OPQ è isoscele con gli angoli alla base pari ad α, possiamo scrivere per la componente normale dell'accelerazione in P l'espressione

$$a_v = a \cos \alpha = \frac{v^2}{\overline{PC}}, \tag{3}$$

dove $a = v'^2/R$ e dove la relazione tra i moduli di v' e v si ottiene direttamente dalla figura come

$$v = 2\,v'\cos\alpha\,,\tag{4}$$

cosicché, con semplici passaggi algebrici, otteniamo finalmente

$$\frac{v'^2}{R}\cos\alpha = \frac{4v'^2\cos^2\alpha}{\overline{PC}} \implies \overline{PC} = 4R\cos\alpha = 2\,\overline{PQ}\,,\tag{5}$$

c.v.d.

100. Indichiamo con k_1 e k_2 le costanti elastiche delle due molle. Nella configurazione (a) la frequenza di oscillazione del sistema è pari a

$$\omega_a = \sqrt{\frac{k_1 + k_2}{m}}, \qquad (1)$$

mentre quella corrispondente alla configurazione (b) è

$$\omega_b = \sqrt{\frac{k_1 k_2}{k_1 + k_2} \frac{1}{m}}. \qquad (2)$$

Dividendo membro a membro la (1) e la (2) ed elevando al quadrato abbiamo

$$\frac{\omega_a^2}{\omega_b^2} = \frac{(k_1 + k_2)^2}{k_1 k_2}, \qquad (3)$$

cosicché dimostrare la tesi del problema equivale a dimostrare che

$$\frac{(k_1 + k_2)^2}{k_1 k_2} \geq 4, \qquad (4)$$

per *qualsiasi* scelta della coppia (k_1, k_2). Per dimostrare la (4) è sufficiente riscriverla come segue:

$$(k_1 + k_2)^2 \geq 4 k_1 k_2 \implies k_1^2 + k_2^2 + 2k_1 k_2 = 4k_1 k_2 \implies (k_1 - k_2)^2 \geq 0, \qquad (5)$$

che è ovviamente sempre verificata. La tesi è dunque dimostrata.

101. Chiameremo ω_1 e ω_2 rispettivamente la pulsazione nella prima (massa m) e nella seconda (massa $2m$) configurazione. Abbiamo

$$\omega_1 = \sqrt{\frac{k}{m}}, \quad \omega_2 = \sqrt{\frac{k}{2m}} = \frac{\omega_1}{\sqrt{2}}. \tag{1}$$

Sappiamo inoltre che gli allungamenti della molla all'equilibrio nelle succitate condizioni sono pari a

$$x_1 = \frac{mg}{k} = \frac{g}{\omega_1^2}, \quad x_2 = \frac{2mg}{k} = 2x_1 = \frac{2g}{\omega_1^2}. \tag{2}$$

Poiché $x_2 - x_1 = h$, dalla (2) abbiamo

$$h = \frac{g}{\omega_1^2} \implies \omega_1 = \sqrt{\frac{g}{h}} \simeq 10\,\text{rad/s}, \tag{3}$$

e $\omega_2 = \omega_1/\sqrt{2} \simeq 7.1$ rad/s.

102. Per risolvere il problema è sufficiente sviluppare i secondi membri delle due equazioni utilizzando la formula di addizione del coseno, così da avere

$$\begin{cases} x = a \cos \omega t \cos \alpha - a \sin \omega t \sin \alpha, \\ y = b \cos \omega t \cos \beta - b \sin \omega t \sin \beta, \end{cases} \quad (1)$$

e risolvere formalmente il sistema rispetto alle "incognite" $\cos \omega t$ e $\sin \omega t$. Con semplici passaggi algebrici otteniamo

$$\begin{cases} ab \sin(\beta - \alpha) \sin \omega t = xb \cos \beta - ya \cos \alpha, \\ ab \sin(\beta - \alpha) \cos \omega t = xb \sin \beta - ya \sin \alpha, \end{cases} \quad (2)$$

da cui, elevando al quadrato ambo i membri delle due equazioni e sommando membro a membro, con semplici passaggi trigonometrici segue la tesi.

103. La situazione è schematizzata nella Fig. 1, dove il punto P rappresenta il corpo, $m\mathbf{g}$ la forza peso, $\mathbf{F}$ la forza orizzontale applicata ed $\mathbf{R}$ la reazione vincolare del piano scabro, la cui inclinazione sull'orizzontale è descritta dall'angolo α.

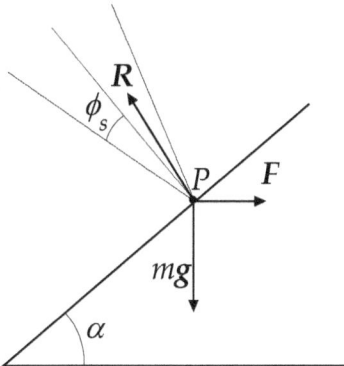

Figura 1: La geometria del problema e l'analisi delle forze.

Nella medesima figura abbiamo anche disegnato la sezione verticale del cono d'attrito, avente semiapertura ϕ_s, passante per il punto P. Poiché, dai dati del problema, abbiamo $\alpha > \phi_s$, il punto materiale P non potrà mantenersi in equilibrio senza l'aiuto della forza $\mathbf{F}$, in quanto la reazione vincolare $\mathbf{R}$ dovrebbe essere necessariamente diretta verticalmente e, dunque, esternamente al cono di attrito. In presenza della forza orizzontale $\mathbf{F}$, invece, la direzione della reazione vincolare $\mathbf{R}$, che si ottiene imponendo l'annullamento della somma di tutte le forze applicate in P,

$$m\mathbf{g} + \mathbf{R} + \mathbf{F} = 0 \implies \mathbf{R} = -\mathbf{F} - m\mathbf{g}, \tag{1}$$

è in grado di deviare dalla direzione verticale in modo da entrare nel cono di attrito, garantendo in tal modo l'equilibrio di P. La condizione limite si ha quando la reazione $\mathbf{R}$ giace sulla superficie laterale del cono. Nel caso del nostro problema ciò accade per due valori del modulo di $\mathbf{F}$, diciamo F_{min} ed F_{max}, corrispondenti alle situazioni limite schematizzate rispettivamente nella Fig. 2(a) e Fig. 2(b).

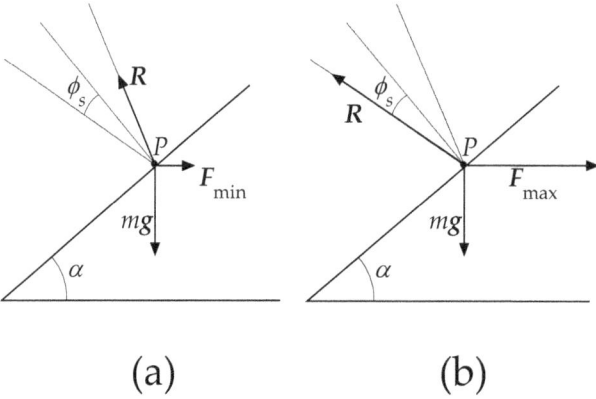

Figura 2: Le situazioni limite per l'equilibrio del punto P.

In particolare, dalle medesime figure è immediato verificare che

$$F_{\min} = m g \, \tan(\alpha - \phi_s),$$

$$F_{\max} = m g \, \tan(\alpha + \phi_s), \tag{2}$$

da cui, utilizzando la formula di addizione della tangente, tenendo conto che $\tan\phi_s = \mu_s$ e sostituendo i dati numerici del problema otteniamo infine

$$F_{\min} = m g \, \frac{\tan\alpha - \mu_s}{1 + \mu_s \tan\alpha} \simeq 10 \, \frac{1 - 1/2}{1 + 1/2} = \frac{10}{3}\,\text{N},$$

$$F_{\max} = m g \, \frac{\tan\alpha + \mu_s}{1 - \mu_s \tan\alpha} \simeq 10 \, \frac{1 + 1/2}{1 - 1/2} = 30\,\text{N}. \tag{3}$$

104. Poiché dai dati del problema abbiamo $\alpha < \phi_s$, è chiaro che, in assenza della massa M, m rimarrà in quiete. La presenza di M sarà schematizzata tramite una forza agente su m diretta tangenzialmente al piano e inclinata verso il basso. Andiamo a studiare l'equilibrio dei due corpi, schematizzati tramite i punti materiali P e Q, tenendo conto della mutua interazione. Nella Fig. 1 è mostrata l'analisi delle forze.

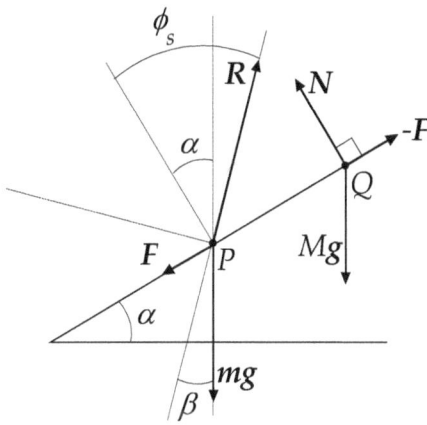

Figura 1: L'analisi delle forze del sistema.

Le forze agenti su P sono la forza peso mg, la reazione vincolare del piano R e la spinta F dovuta al corpo di massa M. Su quest'ultimo invece agiscono la forza peso Mg, la reazione vincolare N e la reazione dovuta alla presenza di P, che per il terzo principio della dinamica è rappresentata dalla forza $-F$.

Imponendo l'annullamento della risultante delle forze su entrambi i punti materiali otteniamo le seguenti equazioni vettoriali:

$$\begin{cases} F + R + mg = 0, \\ N - F + Mg = 0, \end{cases} \tag{1}$$

dove, a differenza della reazione vincolare N, sempre ortogonale al piano inclinato, la direzione della reazione vincolare R può deviare dalla normale al piano, grazie alla presenza dell'attrito statico, purché rimanga contenuta all'interno del cono d'attrito centrato in P e avente semiapertura ϕ_s. Proiettando la seconda delle (1) lungo la direzione tangenziale otteniamo facilmente il modulo di F,

$$F = Mg \sin\alpha, \tag{2}$$

da cui si deduce che il valore massimo di M corrisponderà al valore massimo possibile per F. Quest'ultimo si può determinare osservando ancora la Fig. 1, dove la corrispondente reazione vincolare R ha la direzione limite giacente sulla superficie del cono d'attrito, che forma con la verticale l'angolo $\beta = \phi_s - \alpha > 0$. A questo punto non resta che applicare la prima delle (1), come mostrato nella Fig. 2.

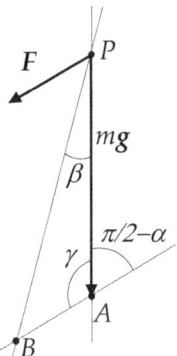

Figura 2: Geometria per il calcolo del modulo di F.

In particolare, tenendo conto che $\gamma = \pi/2 + \alpha$, applicando il teorema dei seni al triangolo PAB abbiamo per $F_{\max} = \overline{AB}$ la seguente espressione:

$$\frac{F_{\max}}{\sin\beta} = \frac{mg}{\sin(\beta+\gamma)} \implies$$

$$\implies F_{\max} = mg\,\frac{\sin(\phi_s - \alpha)}{\sin\left(\dfrac{\pi}{2} - \phi_s\right)} = mg\,\frac{\sin(\phi_s - \alpha)}{\cos\phi_s}, \tag{3}$$

ovvero, tenendo conto che $\tan\phi_s = \mu_s$,

$$F_{\max} = mg\,(\mu_s \cos\alpha - \sin\alpha). \tag{4}$$

Confrontando infine quest'ultima equazione con la (2), con semplici passaggi algebrici otteniamo infine

$$M \leq m \frac{\mu_s - \tan \alpha}{\tan \alpha}, \tag{5}$$

da cui, sostituendo i dati numerici,

$$\frac{M}{m} \leq \frac{\sqrt{3} - 1}{\sqrt{3}} \simeq 0.42. \tag{6}$$

105. Poiché l'angolo di attrito è superiore all'angolo d'inclinazione del piano, in assenza di **F** il corpo rimarrà in quiete sotto l'azione della forza peso e della reazione del piano stesso. Aumentando progressivamente il modulo di **F** il corpo permarrà nello stato di quiete fintantoché la reazione rimane all'interno del cono d'attrito.

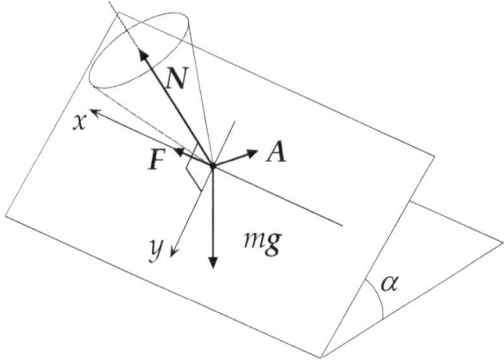

Figura 1: L'analisi delle forze.

Con riferimento alla Fig. 1, scriviamo l'equazione di equilibrio,

$$m\mathbf{g} + \mathbf{F} + \mathbf{N} + \mathbf{A} = 0, \tag{1}$$

che, proiettata lungo la direzione ortogonale al piano, dà

$$m g \cos\alpha = N. \tag{2}$$

La componente tangenziale della forza peso è diretta lungo l'asse y del sistema di riferimento cartesiano illustrato nella Fig. 1, ed è in modulo pari a $m g \sin\alpha$. Proiettando la (1) lungo le direzioni x e y, otteniamo facilmente il modulo della forza d'attrito necessaria per mantenere il corpo in equilibrio,

$$A = \sqrt{F^2 + m^2 g^2 \sin^2\alpha}. \tag{3}$$

Affinché la reazione $\mathbf{R} = \mathbf{N} + \mathbf{A}$ sia contenuta all'interno del cono di attrito occorre imporre la condizione

$$\frac{A}{N} \leq \tan\phi_s, \tag{4}$$

da cui, tenendo conto della (2) e della (3), con semplici passaggi algebrici otteniamo

$$F^2 + m^2 g^2 \sin^2 \alpha \leq \tan^2 \phi_s \, m^2 g^2 \cos^2 \alpha, \tag{5}$$

ovvero, riarrangiando,

$$F \leq m g \sqrt{\tan^2 \phi_s \cos^2 \alpha - \sin^2 \alpha} =$$

$$= m g \frac{\sqrt{\sin^2 \phi_s \cos^2 \alpha - \cos^2 \phi_s \sin^2 \alpha}}{\cos \phi_s}. \tag{6}$$

Utilizzando l'identità algebrica $A^2 - B^2 = (A - B)(A + B)$ insieme alla formula di addizione del seno segue infine la tesi.

106. L'analisi delle forze è schematizzata nella Fig. 1.

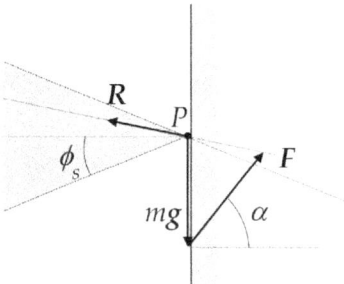

Figura 1: Analisi delle forze.

Oltre a F e al peso mg è mostrata la reazione vincolare R nel punto di contatto. Per l'equilibrio è necessario che la direzione di R sia all'interno del cono d'attrito. La situazione limite si ha quando la direzione di R giace sulla superficie esterna del cono, come schematizzato in Fig. 2.

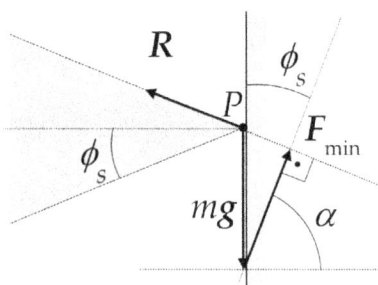

Figura 2: La condizione limite.

Da essa si evince come, fra tutti i vettori F che soddisfano tale condizione, quello di lunghezza minima sia quello ortogonale alla direzione della superficie del cono, avente modulo $F_{\min} = mg \cos \phi_s$, c.v.d.

107. Le forze agenti sulla massa sono: il peso mg, la reazione vincolare del piano scabro e la forza elastica esercitata dalla molla. Per determinare le posizioni di equilibrio statico di m è sufficiente imporre che la reazione del piano sia contenuta all'interno del cono d'attrito.

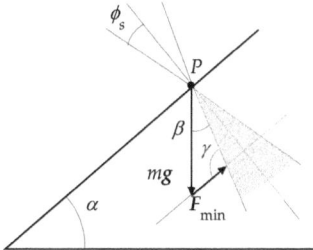

Figura 1: La condizione limite per il valore minimo della forza elastica.

La situazione è schematizzata nella Fig. 1, corrispondente al valore minimo della forza elastica necessario per portare la direzione della reazione del piano esattamente sulla superficie del cono d'attrito. In particolare, poiché $\beta = \alpha - \phi_s$, applicando il teorema dei seni abbiamo

$$\frac{F_{\min}}{\sin(\alpha - \phi_s)} = \frac{mg}{\sin\gamma}, \tag{1}$$

dove l'angolo γ è pari a $\phi_s + \pi/2$, cosicché dalla (1) si ottiene

$$F_{\min} = mg\,\frac{\sin(\alpha - \phi_s)}{\cos\phi_s}. \tag{2}$$

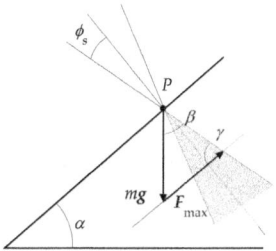

Figura 2: La condizione limite per il valore massimo della forza elastica.

Valori di F minori di $F_{\min}$ non sono in grado di impedire lo scivolamento della massa verso il basso. Aumentando F la massa rimarrà in equilibrio finché non si raggiunge la situazione schematizzata nella Fig. 2, dove la direzione di **R** giace nuovamente sulla superficie del cono d'attrito, ma dalla parte opposta. Applicando nuovamente il teorema dei seni con $\beta = \alpha + \phi_s$ e $\gamma = \pi/2 - \phi_s$ otteniamo facilmente

$$F_{\max} = m g \, \frac{\sin(\alpha + \phi_s)}{\cos \phi_s} . \tag{3}$$

108. Il problema si risolve utilizzando la stessa linea di ragionamento impiegata per il precedente. Le situazioni limite sono illustrate rispettivamente nella Fig. 1 e nella Fig. 2.

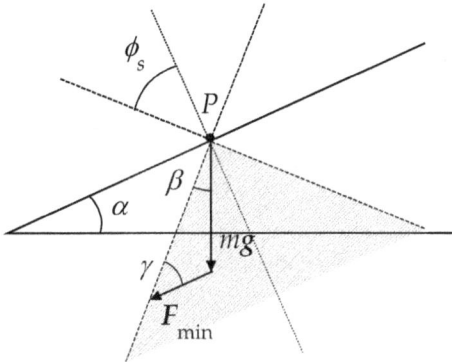

Figura 1: Situazione limite per il calcolo della forza elastica minima. Si noti che la molla è compressa.

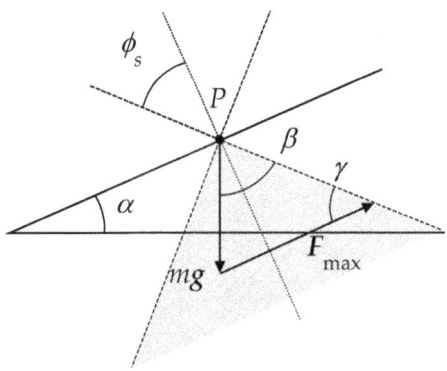

Figura 2: Situazione limite per il calcolo della forza elastica massima.

Vediamo, in particolare, come nella prima situazione la molla è compressa, in quanto se fosse a riposo il corpo sarebbe in equilibrio in virtù del fatto che $\alpha < \phi_s$. Per determinare il modulo della forza limite, $F_{\min}$, teniamo conto che $\beta = \phi_s - \alpha$ e $\gamma = \pi/2 - \phi_s$, cosicché applicando ancora una volta il teorema dei seni abbiamo

$$F_{\text{min}} = m\,g\,\frac{\sin(\phi_s - \alpha)}{\cos\phi_s}\,, \tag{1}$$

mentre per ciò che concerne la situazione schematizzata nella Fig. 2, non è difficile dimostrare che

$$F_{\text{max}} = m\,g\,\frac{\sin(\phi_s + \alpha)}{\cos\phi_s}\,. \tag{2}$$

109. Una tipica posizione di equilibrio P è illustrata nella Fig. 1, dove la reazione R, pari a $-mg$, è contenuta all'interno del cono d'attrito centrato in P.

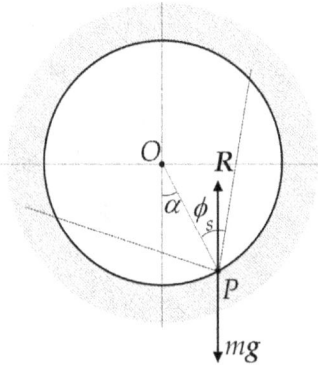

Figura 1: Analisi delle forze in una tipica configurazione di equilibrio.

Poiché la direzione di R è verticale, tale condizione sarà verificata solamente se l'angolo α, che la direzione OP forma con la verticale è minore dell'angolo di attrito ϕ_s.

110. Studieremo il problema nel sistema non inerziale rotante solidale col braccio, nel quale il manicotto è in equilibrio statico sotto l'azione delle forze schematizzate nella Fig. 1: la forza peso mg, la reazione R della guida e la forza centrifuga ma_{cf}.

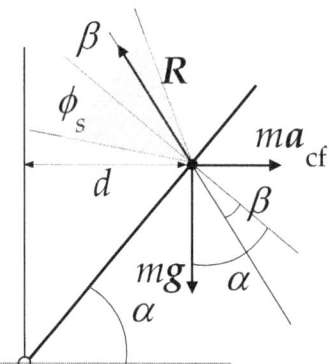

Figura 1: Analisi delle forze nel sistema di riferimento solidale col manicotto.

Dalla medesima figura vediamo che il manicotto sarà in equilibrio statico se l'angolo β tra la direzione di R e quella normale all'asta è minore dell'angolo di attrito ϕ_s, ovvero

$$\tan\beta \leq \tan\phi_s = \mu_s, \tag{1}$$

dove μ_s indica il coefficiente d'attrito statico. Se indichiamo con γ l'angolo compreso tra la direzione di R e la verticale, abbiamo $\gamma = \alpha - \beta$ da cui, ricordando la (1),

$$\alpha - \gamma \leq \phi_s \implies \gamma \geq \alpha - \phi_s \implies \tan\gamma \geq \tan(\alpha - \phi_s). \tag{2}$$

Poiché $R + mg + ma_{cf} = 0$, dalla Fig. 1 abbiamo

$$\tan\gamma = \tan(\alpha - \beta) = \frac{\cancel{m}a_{cf}}{\cancel{m}g} = \frac{\omega^2 d}{g}, \tag{3}$$

che, sostituita nella (2), con semplici passaggi trigonometrici dà

$$d \geq \frac{g}{\omega^2}\tan(\alpha - \phi_s). \tag{4}$$

Tuttavia, aumentando troppo il valore di d, la forza centrifuga tenderà a far muovere il manicotto verso l'alto. Ciò accade quando la direzione di R esce nuovamente dal cono d'attrito. In tal caso la situazione limite

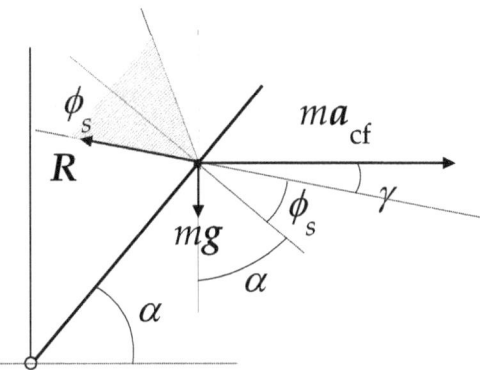

Figura 2: La seconda posizione limite del manicotto.

è quella illustrata nella Fig. 2, dove $\gamma = \pi/2 - (\alpha + \phi_s)$ e, dunque,

$$\frac{g}{\omega^2 d} = \tan\gamma = \frac{1}{\tan(\alpha + \phi_s)} \implies d = \frac{g}{\omega^2}\tan(\alpha + \phi_s), \qquad (5)$$

e dunque le posizioni di equilibrio del manicotto dovranno soddisfare la seguente diseguaglianza:

$$\frac{g}{\omega^2}\tan(\alpha - \phi_s) \le d \le \frac{g}{\omega^2}\tan(\alpha + \phi_s). \qquad (6)$$

111. L'analisi delle forze è illustrata nella Fig. 1.

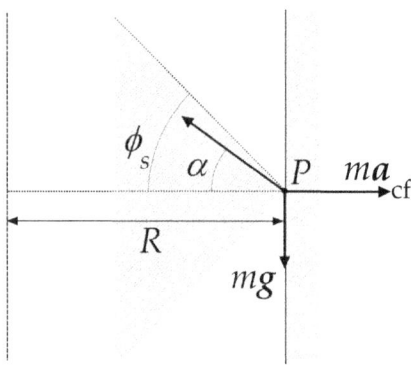

Figura 1: Analisi delle forze.

Affinché la motocicletta rimanga a contatto con la parete, è sufficiente che la reazione vincolare esercitata dalla parete sia all'interno del cono di attrito, il che avviene se $\alpha < \phi_s$, ovvero

$$\tan\alpha \le \tan\phi_s = \mu_s, \tag{1}$$

dove $\tan\alpha = g/a_{cf} = gR/v^2$, da cui si ottiene

$$\frac{gR}{v^2} \le \mu_s \implies v \ge v_{min} = \sqrt{\frac{gr}{\mu_s}}, \tag{2}$$

e la corrispondente inclinazione sull'orizzontale coincide con l'angolo d'attrito.

112. Poiché $m_1 > m_2$ e $\mu_1 < \mu_2$, il primo corpo trascinerà con sè il secondo. L'analisi delle forze è illustrata nella Fig. 1.

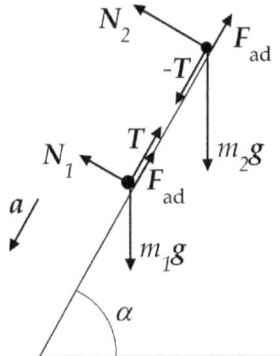

Figura 1: L'analisi delle forze.

Detta T la tensione del filo e a l'accelerazione (identica) dei corpi, dalla seconda legge della dinamica si ottiene il seguente sistema lineare:

$$\begin{cases} m_1 a = m_1 g \sin\alpha - T - \mu_1 m_1 g \cos\alpha, \\ m_2 a = m_2 g \sin\alpha + T - \mu_2 m_2 g \cos\alpha, \end{cases} \qquad (1)$$

che, risolto rispetto alle incognite a e T, dà

$$\begin{cases} a = g \sin\alpha - \dfrac{\mu_1 m_1 + \mu_2 m_2}{m_1 + m_2} g \cos\alpha, \\ T = (\mu_2 - \mu_1) \dfrac{m_1 m_2}{m_1 + m_2} g \cos\alpha. \end{cases} \qquad (2)$$

Sostituendo i valori numerici abbiamo $a \simeq 8 \ \mathrm{m/s^2}$ e $T \simeq 0.7 \ \mathrm{N}$.

113. Studieremo il problema nel sistema non inerziale solidale con il cilindro. Finché il corpo si muove solidalmente con esso sarà in quiete in tale sistema di riferimento sotto l'azione della forza peso $m\boldsymbol{g}$, della forza centrifuga $m\boldsymbol{a}_{cf}$ e della reazione vincolare $\boldsymbol{R}$. Questo moto di trascinamento continuerà fintantoché la reazione rimane all'interno del cono d'attrito centrato in P.

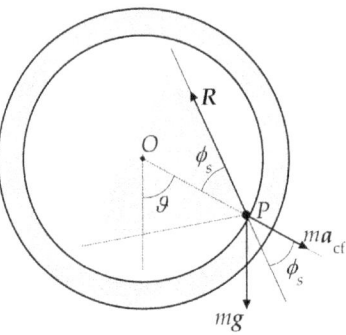

Figura 1: Analisi delle forze.

La situazione limite è schematizzata nella Fig. 1 che, con i dati numerici a disposizione, corrisponde a $\vartheta = \pi/4$. Per risolvere il problema dobbiamo calcolare il modulo della forza centrifuga $m a_{cf} = m\Omega^2 r$, con r raggio interno del cilindro, ed estrarre il valore della velocità angolare Ω. A tale scopo consideriamo il grafico delle forze schematizzato nella Fig. 2, dove $\beta = \vartheta - \phi_s$. Applicando il teorema dei seni al

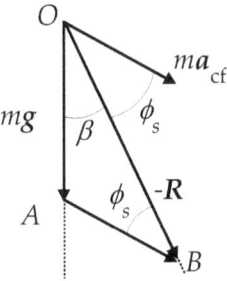

Figura 2: Analisi delle forze nella situazione limite.

triangolo OAB abbiamo

$$\frac{\cancel{m}\,a_{\mathrm{cf}}}{\sin\beta} = \frac{\cancel{m}\,g}{\sin\phi_s} \implies \Omega^2 r = g\,\frac{\sin(\vartheta - \phi_s)}{\sin\phi_s}, \tag{1}$$

da cui, sviluppando il numeratore e semplificando, si ottiene

$$\Omega^2 = \frac{r}{g\sqrt{2}}\left(\frac{1}{\tan\phi_s} - 1\right) = \boxed{\frac{r}{g\sqrt{2}}\,\frac{1 - \mu_s}{\mu_s}} \tag{2}$$

114. Studieremo il moto della massa in un sistema di riferimento cartesiano xy con l'origine nel punto di lancio e l'asse x orizzontale, come mostrato nella figura. Orientiamo infine l'asse y lungo la direzione di massima pendenza verso il basso. Scriviamo dunque la seconda legge di Newton,

$$m\boldsymbol{a} = m\boldsymbol{g}_{\parallel} - \mu\,m g_{\perp}\,\hat{\boldsymbol{v}}\,, \tag{1}$$

dove $\boldsymbol{g}_{\parallel}$ rappresenta la componente dell'accelerazione di gravità lungo l'asse y, ossia $g_{\parallel} = g\sin\vartheta$, mentre $g_{\perp} = g\cos\vartheta$. Poiché $\mu = \tan\vartheta$, abbiamo $\mu\,g_{\perp} = g_{\parallel}$ e la (1) diventa

$$\boldsymbol{a} = g_{\parallel}(\hat{\boldsymbol{\jmath}} - \hat{\boldsymbol{v}})\,. \tag{2}$$

Nel seguito, per semplicità, porremo $g_{\parallel} = 1$, in modo che la (2) diventi

$$\boldsymbol{a} = \hat{\boldsymbol{\jmath}} - \hat{\boldsymbol{v}}\,, \tag{3}$$

come mostrato schematicamente in Fig. 1.

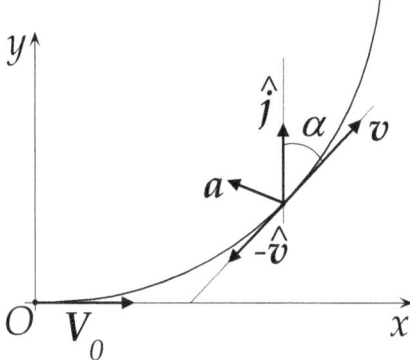

Figura 1: La rappresentazione intrinseca dell'accelerazione.

Proiettiamo adesso la (3) lungo le direzioni tangente e normale alla traiettoria. Sempre dalla Fig. 1, con evidente significato dei simboli, abbiamo

$$\begin{cases} a_{\tau} = \cos\alpha - 1\,, \\[2mm] a_{\nu} = \sin\alpha\,, \end{cases} \tag{4}$$

dove α indica l'angolo che la direzione della velocità forma con l'asse y. Nel sistema di riferimento cartesiano scelto per la risoluzione del problema la componente normale dell'accelerazione a_y è data dal prodotto $-v\dot\alpha$, mentre $a_\tau = \dot v$, cosicché il sistema (4) diviene

$$\begin{cases} \dfrac{\mathrm{d}v}{\mathrm{d}t} = -(1 - \cos\alpha), \\[2mm] v\,\dfrac{\mathrm{d}\alpha}{\mathrm{d}t} = -\sin\alpha, \end{cases} \tag{5}$$

con le condizioni iniziali $v(0) = V_0$ ed $\alpha(0) = \pi/2$. Per determinare l'equazione della traiettoria eliminiamo dapprima il tempo t tra le due equazioni nella (5) dividendole membro a membro,

$$\frac{1}{v}\frac{\mathrm{d}v}{\mathrm{d}\alpha} = \frac{1 - \cos\alpha}{\sin\alpha} = \tan\frac{\alpha}{2}, \tag{6}$$

e notiamo che entrambi i membri sono derivate logaritmiche,[11] così da ottenere

$$v(\alpha) = \frac{C}{\cos^2\dfrac{\alpha}{2}}. \tag{8}$$

La costante C si determina imponendo la condizione iniziale, ossia che per $\alpha = \pi/2$ il modulo della velocità sia $v = V_0$, da cui si ottiene facilmente $C = V_0/2$ e, dunque,

$$v(\alpha) = \frac{V_0}{2\cos^2\dfrac{\alpha}{2}} = \frac{V_0}{1 + \cos\alpha}. \tag{9}$$

Per calcolare la velocità limite è sufficiente porre nella (5) $\dot v = 0$, corrispondente ad $\alpha = 0$. Ricordando la (9) otteniamo infine

$$\lim_{t \to \infty} v = \frac{V_0}{2}\hat{\jmath}. \tag{10}$$

---

[11]Per dimostrare che il secondo membro della (6) è una derivata logaritmica è sufficiente scriverlo nella forma

$$\tan\frac{\alpha}{2} = -2\frac{(\cos\alpha/2)'}{\cos\alpha/2}, \tag{7}$$

dove l'apice indica la derivazione rispetto ad α.

115. Indichiamo con M_T ed M_L rispettivamente la massa della Terra e quella della Luna, e con R_T ed R_L i rispettivi raggi. Ponendo l'accelerazione di gravità g sulla superficie terrestre pari a $g = \dfrac{GM_T}{R_T^2}$ e imponendo che sia pari a sei volte quella lunare,

$$\frac{GM_T}{R_T^2} = 6\frac{GM_L}{R_L^2}, \tag{1}$$

semplificando otteniamo

$$\frac{M_T}{M_L} = 6\left(\frac{R_T}{R_L}\right)^2. \tag{2}$$

Ipotizziamo che Terra e Luna siano sfere omogenee e indichiamo con ρ_T e ρ_L le rispettive densità di massa. Avremo così

$$\frac{M_T}{M_L} = \frac{\rho_T}{\rho_L}\left(\frac{R_T}{R_L}\right)^3, \tag{3}$$

che, sostituita nella (2), con semplici passaggi algebrici dà

$$\frac{\rho_T}{\rho_L} = 6\frac{R_L}{R_T}. \tag{4}$$

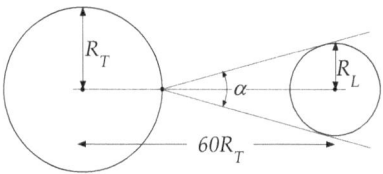

Figura 1: Il diametro angolare della Luna misurato da un punto sulla superficie terrestre.

Per stimare il rapporto a secondo membro teniamo conto che la distanza Terra-Luna è pari a circa 60 raggi terrestri, cosicché dalla Fig. 1 potremo scrivere per il diametro angolare lunare α la seguente espressione:

$$\alpha \simeq \frac{2R_L}{59R_T}, \tag{5}$$

da cui, invertendo, abbiamo

$$\frac{R_L}{R_T} \simeq \frac{59}{2} \times \frac{1}{2} \times \frac{\pi}{180}, \tag{6}$$

che, sostituita nella (4), dà una stima del rapporto tra le densità di Terra e Luna pari a circa 1.5.

116. Per risolvere il problema è sufficiente applicare la terza legge di Kepler. Indicando com M_T la massa della Terra, con T il periodo orbitale e con a la lunghezza del semiasse maggiore dell'orbita ellittica dello *Sputnik*, scriveremo

$$\frac{4\pi^2}{T^2} = \frac{GM_T}{a^3} = \frac{GM_T}{R_T^2}\frac{R_T^2}{a^3} = \frac{gR_T^2}{a^3}, \qquad (1)$$

dove abbiamo moltiplicato e diviso il secondo membro per R_T^2 e tenuto conto che $g = GM_T/R_T^2$. Risolvendo la (1) rispetto a T otteniamo

$$T = 2\pi \frac{a}{R_T} \sqrt{\frac{a}{g}}. \qquad (2)$$

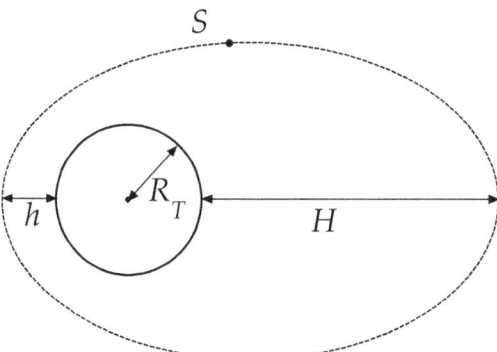

Figura 1: L'orbita ellittica dello *Sputnik*.

La lunghezza del semiasse maggiore si ottiene facilmente dalla Fig. 1, dove $h = 228$ km, $H = 947$ km ed $R_T = 6370$ km. Abbiamo dunque

$$a = \frac{2 \times 6370 + 947 + 228}{2} \simeq 6960 \text{ km}, \qquad (3)$$

che, sostituita nella (2), dà

$$T = \frac{2\pi}{60}\frac{6960}{6370}\sqrt{\frac{6960 \times 1000}{9.81}} \simeq 96 \text{ minuti}, \qquad (4)$$

che corrisponde a circa 15 orbite al giorno e, dunque, a circa $15 \times 57 = 855$ orbite percorse complessivamente.

117. La situazione è schematizzata nella Fig. 1, dove il satellite S percorre un'orbita circolare di raggio $a \simeq R$, con R raggio del pianeta.

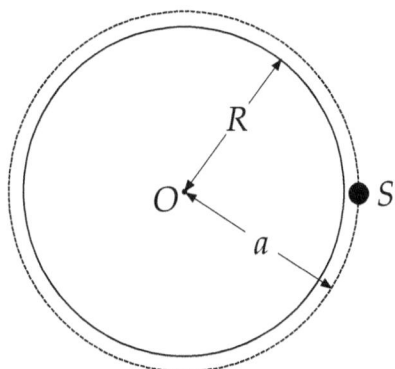

Figura 1: Satellite orbitante in prossimità di un pianeta.

Applicando la terza legge di Kepler abbiamo

$$\frac{4\pi^2}{T^2} = \frac{GM}{a^3}, \tag{1}$$

dove M indica la massa del pianeta. Introducendo la densità di massa ρ, la (1) si scrive

$$\frac{4\pi^2}{T^2} = \frac{4\pi}{3} G\rho \left(\frac{R}{a}\right)^3 \simeq \frac{4\pi}{3} G\rho, \tag{2}$$

e risolvendo rispetto a T segue la tesi.

118. Per calcolare il raggio dell'orbita geostazionaria consideriamo la Fig. 1.

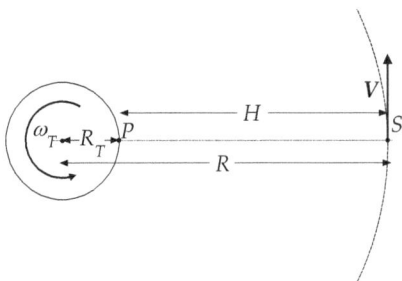

Figura 1: Il calcolo dell'orbita geostazionaria.

Il punto S rappresenta il satellite e il vettore V la sua velocità rispetto a un sistema di riferimento solidale con l'asse di rotazione terrestre. Sia inoltre R il raggio dell'orbita. Affinché S sia geostazionario la sua velocità angolare deve essere pari alla velocità di rotazione terrestre ω_T. Indicando con T il periodo orbitale del satellite avremo dunque

$$\frac{2\pi}{T} = \omega_T, \tag{1}$$

che, tenendo conto della terza legge di Kepler,

$$\frac{4\pi^2}{T^2} = \frac{GM_T}{R^3}, \tag{2}$$

dove M_T indica la massa terrestre, e considerando che $g = GM_T/R_T^2$, dà

$$\frac{GM_T}{R_T^2}\frac{R_T^2}{R^3} = \omega_T^2 \implies R = \left(\frac{gR_T^2}{\omega_T^2}\right)^{1/3}, \tag{3}$$

ovvero

$$\frac{R}{R_T} = \left(\frac{g}{\omega_T^2 R_T}\right)^{1/3} \simeq 6.6. \tag{4}$$

La quota H, misurata a partire dalla superficie terrestre, è dunque pari a circa 36000 km, con una velocità orbitale che si ottiene ancora una volta applicando la terza legge di Kepler,

$$V^2 = \frac{4\pi^2 R^2}{T^2} = \frac{GM_T}{R} = \frac{GM_T}{R_T^2}\frac{R_T^2}{R} = \frac{gR_T}{R/R_T}, \qquad (5)$$

da cui

$$V = \sqrt{\frac{gR_T}{R/R_T}} \simeq 3\,\mathrm{km/s}. \qquad (6)$$

Per ciò che concerne il punto (b) possiamo ipotizzare che durante la manovra di rientro il satellite venga rallentato istantaneamente in modo tale da rendere la sua velocità compatibile con la traiettoria ellittica disegnata in Fig. 2 e avente apogeo pari a R e perigeo pari a R_T.

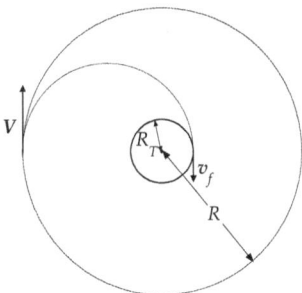

Figura 2: Rientro del satellite dall'orbita geostazionaria.

Il tempo di rientro sarà dunque pari a metà del corrispondente periodo orbitale, diciamo T', che si ottiene applicando ancora una volta la terza legge di Kepler,

$$\frac{4\pi^2}{T'^2} = \frac{GM_T}{\left(\dfrac{R+R_T}{2}\right)^3} = \frac{gR_T^2}{\left(\dfrac{R+R_T}{2}\right)^3}, \qquad (7)$$

da cui, con semplici passaggi, si ottiene

$$\frac{T'}{2} = \frac{\pi}{2}\sqrt{\frac{R_T}{2g}}\left(1 + \frac{R}{R_T}\right)^{3/2} \simeq 5^h\,10^m, \qquad (8)$$

dove nell'ultimo passaggio abbiamo tenuto conto della (4).

119. Indichiamo con T_G e T_L rispettivamente i periodi orbitali di Ganimede e della Luna. Dai dati del problema abbiamo

$$
\begin{cases}
T_G = 7 + \dfrac{3}{24} + \dfrac{42}{24 \times 60} = \dfrac{1717}{240} \simeq 7.15\,\text{giorni}, \\[4mm]
T_L = 27 + \dfrac{7}{24} + \dfrac{43}{24 \times 60} = \dfrac{39343}{1440} \simeq 27.32\,\text{giorni}.
\end{cases}
\tag{1}
$$

Scriviamo adesso la terza Legge di Kepler per il moto orbitale di Ganimede e per quello della Luna,

$$
\begin{cases}
\dfrac{4\pi^2}{T_G^2} = \dfrac{GM_J}{R_G^3} \simeq \dfrac{4\pi}{3}\, G\, \dfrac{\rho_J}{15^3}\,, \\[4mm]
\dfrac{4\pi^2}{T_L^2} = \dfrac{GM_T}{R_L^3} \simeq \dfrac{4\pi}{3}\, G\, \dfrac{\rho_T}{60^3}\,,
\end{cases}
\tag{2}
$$

dove ρ_J e ρ_T sono rispettivamente le densità di Giove e della Terra. Dividendo membro a membro le (2) e tenendo conto delle (1) abbiamo infine

$$
\frac{\rho_J}{\rho_T} \simeq \left(\frac{T_L}{T_G} \right)^2 \frac{1}{4^3} \simeq 0.23\,.
\tag{3}
$$

120. Faremo l'ipotesi che sia l'orbita terrestre che quella gioviana si possa-no ritenere approssimativamente circolari. Scriviamo dunque la terza legge di Kepler per la Terra,

$$\frac{4\pi^2}{T_T^2} = \frac{GM_S}{R_T^3},$$ (1)

dove M_S indica la massa del Sole, T_T il periodo orbitale della Terra ed R_T il raggio della sua orbita, pari a 1 U.A. Riscriviamo la (1) come segue:

$$\frac{GM_S}{R_T} = \frac{4\pi^2 R_T^2}{T_T^2} = V_T^2,$$ (2)

con V_T velocità orbitale della Terra. Allo stesso modo scriveremo la terza legge di Kepler per Giove,

$$\frac{GM_S}{R_J} = V_J^2,$$ (3)

con l'ovvio significato dei simboli. Dividendo membro a membro le ultime due equazioni e tenendo conto che $R_J \simeq 5R_T$ avremo

$$\frac{V_J}{V_T} \simeq \sqrt{\frac{R_T}{R_J}} \implies V_J \simeq \frac{V_T}{\sqrt{5}} \simeq 13\,\text{km/s}.$$ (4)

121. Consideriamo la situazione schematizzata nella Fig. 1.

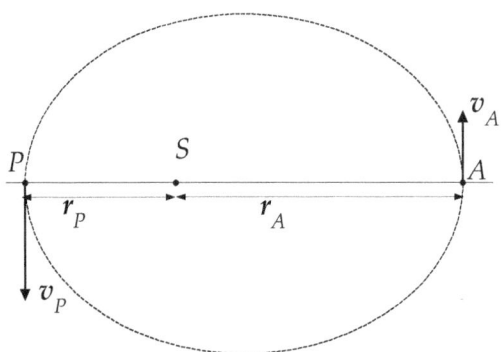

Figura 1: Velocità orbitali all'afelio e al perielio.

Poiché sia all'afelio (A) che al perielio (P) il vettore posizione e la velocità sono ortogonali, dalla seconda legge di Kepler abbiamo

$$\frac{1}{2}\, r_A\, v_A = \frac{1}{2}\, r_P\, v_P \implies \frac{v_P}{v_A} = \frac{r_A}{r_P}. \tag{1}$$

Ricordando l'equazione polare della traiettoria ellittica,

$$r = \frac{l}{1 + \epsilon \cos\varphi}, \tag{2}$$

dove l è il semilato retto, abbiamo

$$\begin{cases} r_P = \dfrac{l}{1 + \epsilon}, \\[3mm] r_A = \dfrac{l}{1 - \epsilon}, \end{cases} \tag{3}$$

da cui, sostituendo nella (1), segue la tesi.

122. Poiché $M \gg m$, possiamo ragionevolmente supporre che m orbiti intorno alla massa M, ferma, sotto l'azione della forza di attrazione gravitazionale. La forma ellittica della traiettoria dipende dalle condizioni iniziali. In particolare, come schematizzato nella Fig. 1, se la massa m è inizialmente ferma a distanza D da M, possiamo interpretare la sua traiettoria come un'ellisse degenere avente $\epsilon = 1$.

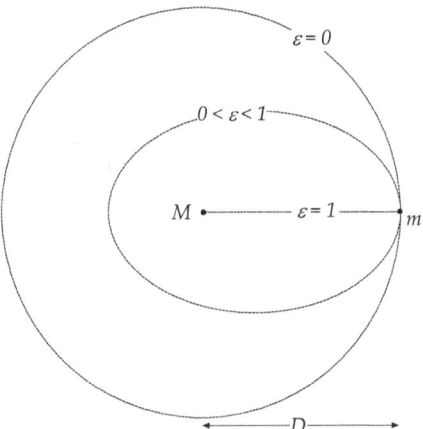

Figura 1: Tempo di collisione tra due masse.

In tal modo possiamo facilmente stimare il tempo di collisione, diciamo T_c, applicando la terza legge di Kepler, tenendo conto che il periodo orbitale sarà $2T_c$ e che il semiasse maggiore dell'orbita coincide con $D/2$. Avremo dunque

$$\frac{4\pi^2}{(2T_c)^2} = \frac{GM}{(D/2)^3} \implies \boxed{T_c = \frac{\pi D}{2} \sqrt{\frac{D}{2GM}}} \tag{1}$$

c.v.d.

Vale la pena ritrovare il medesimo risultato seguendo una strada alternativa, basata sull'utilizzo diretto del secondo principio della dinamica. Studieremo il moto rettilineo della massa m nel sistema di riferimento Ox avente origine in M e diretto verso m. La seconda legge di

Newton si scrive dunque

$$a = \frac{\mathrm{d}v}{\mathrm{d}t} = -\frac{GM}{x^2}, \tag{2}$$

ovvero, ponendo $\mathrm{d}v/\mathrm{d}t = v\,\mathrm{d}v/\mathrm{d}x$,

$$v\frac{\mathrm{d}v}{\mathrm{d}x} = -\frac{GM}{x^2}, \tag{3}$$

da cui, separando le variabili e integrando con la condizione iniziale $v(0) = 0$, otteniamo

$$v = \sqrt{2GM\left(\frac{1}{x} - \frac{1}{D}\right)}. \tag{4}$$

Finalmente, per calcolare il tempo di collisione è sufficiente porre nell'ultima equazione $v = \mathrm{d}x/\mathrm{d}t$, separare ulteriormente le variabili e integrare imponendo $x = D$ per $t = 0$ e $x = 0$ per $t = T_c$, ottenendo in tal modo

$$T_c = \int_0^D \frac{\mathrm{d}x}{\sqrt{2GM\left(\dfrac{1}{x} - \dfrac{1}{D}\right)}} = \sqrt{\frac{D}{2GM}} \int_0^D \sqrt{\frac{x}{D-x}}\,\mathrm{d}x, \tag{5}$$

ovvero, operando nell'ultimo integrale la sostituzione $x \to x/D$,

$$T_c = D\sqrt{\frac{D}{2GM}} \int_0^1 \sqrt{\frac{x}{1-x}}\,\mathrm{d}x. \tag{6}$$

L'integrale si calcola facilmente operando la sostituzione di variabile $x = \sin^2\varphi$, con $\varphi \in [0, \pi/2]$, cosicché si ha

$$\int_0^1 \sqrt{\frac{x}{1-x}}\,\mathrm{d}x = \int_0^{\pi/2} \sqrt{\frac{\sin^2\varphi}{\cos^2\varphi}}\, 2\sin\varphi\cos\varphi\,\mathrm{d}\varphi =$$

$$= 2\int_0^{\pi/2} \sin^2\varphi\,\mathrm{d}\varphi = \frac{\pi}{2}, \tag{7}$$

che, sostituita nella (6), dà nuovamente la (1).

123. La Fig. 1 mostra schematicamente l'orbita del pianeta (T) intorno al Sole (S). La lunghezza del segmento SQ corrisponde al semilato retto dell'orbita ellittica ($\varphi = \pi/2$).

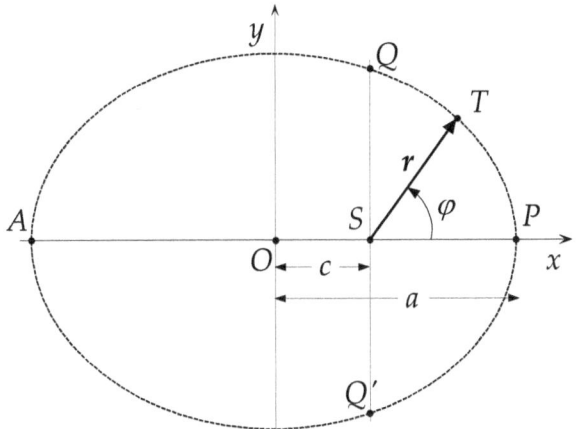

Figura 1: Tempi di percorrenza durante il moto orbitale del pianeta.

Per calcolare i tempi di percorrenza è sufficiente applicare la seconda legge di Kepler, riducendo in tal modo il problema a un semplice calcolo di aree. Da un punto di vista tecnico conviene utilizzare la rappresentazione cartesiana dell'ellisse. Sempre con riferimento alla Fig. 1 indicando con $c = \epsilon a$ l'ascissa del fuoco (Sole) rispetto al centro (O) dell'ellisse, l'area sottesa dall'arco di traiettoria QP che va dal semilato retto al perielio è pari a

$$\int_c^a y \, dx = b \int_c^a \sqrt{1 - x^2/a^2} \, dx = ab \int_\epsilon^1 \sqrt{1 - \xi^2} \, d\xi. \quad (1)$$

L'integrale si può stimare ponendo dapprima $\xi = \sin t$ e tenendo conto che, poiché $\epsilon \ll 1$, $\arcsin \epsilon \simeq \epsilon$, cosicché si ha

$$ab \int_\epsilon^{\pi/2} \cos^2 t \, dt = \frac{ab}{2} \left[t + \frac{1}{2} \sin 2t \right]_\epsilon^{\pi/2} \simeq \frac{\pi ab}{4} \left(1 - \frac{4\epsilon}{\pi} \right), \quad (2)$$

dove nell'ultimo passaggio abbiamo nuovamente utilizzato l'approssimazione $\sin 2\epsilon \simeq 2\epsilon$.

124. L'analisi delle forze è mostrata nella Fig. 1.

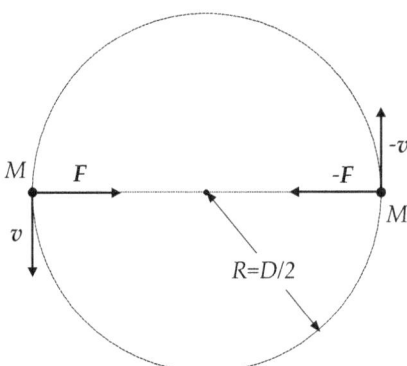

Figura 1: Moto di due stelle.

Le due stelle (pensate come punti materiali) sono soggette alla recipro-ca interazione gravitazionale rappresentata dalla coppia di forze F e $-F$, il cui modulo è

$$F = \frac{GM^2}{D^2}.$$ (1)

Poiché a ogni istante le suddette forze sono dirette ortogonalmente alla comune traiettoria delle due stelle, ne segue che ciascuna di essa compie un moto circolare uniforme con accelerazione centripeta

$$a_c = \frac{GM}{D^2},$$ (2)

da cui, poiché $a_c = \omega^2 D/2$, con $\omega = 2\pi/T$, abbiamo

$$\frac{GM}{D^2} = \frac{4\pi^2}{T^2}\frac{D}{2} \implies \boxed{\frac{GM}{4\pi^2} = \frac{D^3}{2T^2}}$$ (3)

Introducendo la massa solare M_S e tenendo conto che, dalla terza legge di Kepler, $GM_S/4\pi^2 = 1$ si ottiene infine

$$\frac{M}{M_S} = \frac{D^3}{2T^2},$$ (4)

c.v.d.

125. Il problema si risolve facilmente, con riferimento alla Fig. 1, applicando la terza legge di Kepler,

$$\frac{4\pi^2}{T^2} = \frac{GM}{a^3},\tag{1}$$

ovvero, moltiplicando ambo i membri per $a^2 b^2$,

$$\frac{4\pi^2 a^2 b^2}{T^2} = GM\frac{b^2}{a} = GM\,l \implies \boxed{\frac{\pi a b}{T} = \frac{1}{2}\sqrt{GM\,l}}\tag{2}$$

dove $l = b^2/a$ coincide proprio con la lunghezza del semilato retto TQ.

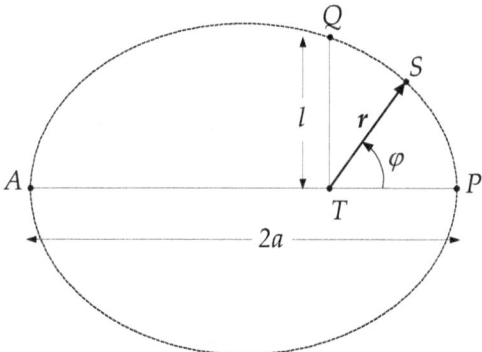

Figura 1: Calcolo della velocità areolare.

126. Studieremo il problema nel sistema di riferimento non inerziale solidale con i due corpi di massa m. L'analisi delle forze è illustrata nella Fig. 1.

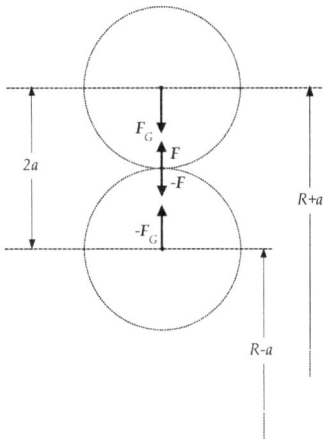

Figura 1: L'analisi delle forze.

Supponendo che i due corpi si mantengano in reciproco contatto, essi saranno soggetti a un complesso insieme di forze, alcune delle quali sono schematizzate nella figura. Abbiamo l'interazione di contatto rappresentata dalla coppia $(\boldsymbol{F}, -\boldsymbol{F})$ e la reciproca interazione gravitazionale rappresentata dalla coppia $(\boldsymbol{F}_G, -\boldsymbol{F}_G)$, con $F_G = Gm^2/4a^2$. Abbiamo poi (non mostrate nella figura) le forze di attrazione gravitazionale esercitate dal pianeta su ciascun corpo e, infine, le rispettive forze centrifughe.

Scriviamo dunque le equazioni di equilibrio per entrambi i corpi,

$$
\begin{cases}
F - \dfrac{Gm^2}{4a^2} - \dfrac{GMm}{(R+a)^2} + m\omega^2(R+a) = 0, \\[4mm]
-F + \dfrac{Gm^2}{4a^2} - \dfrac{GMm}{(R-a)^2} + m\omega^2(R-a) = 0,
\end{cases}
\tag{1}
$$

che costituiscono un sistema lineare nelle incognite F e ω^2. Prima di risolverlo notiamo che, in virtù dell'ipotesi $a \gg R$, ponendo $\epsilon = a/R$

e utilizzando l'approssimazione $(1 \pm \epsilon)^n \simeq 1 \pm n\epsilon$, esso diviene

$$
\begin{cases}
\dfrac{GMm}{R^2}(1 - 2\epsilon) + \dfrac{Gm^2}{4a^2} - F = m\omega^2 R(1+\epsilon), \\[4mm]
\dfrac{GMm}{R^2}(1 + 2\epsilon) - \dfrac{Gm^2}{4a^2} + F = m\omega^2 R(1-\epsilon).
\end{cases} \tag{2}
$$

Sommando membro a membro le due equazioni troviamo facilmente $\omega^2 \simeq GM/R^3$. Un identico risultato si sarebbe potuto ottenere applicando direttamente la terza legge di Kepler. Per determinare il modulo della forza di contatto è sufficiente sottrarre membro a membro le due equazioni,

$$
4\frac{GMm}{R^2}\epsilon - \frac{Gm^2}{2a^2} + 2F = -2m\omega^2 R\epsilon \simeq -2\frac{GMm}{R^2}\epsilon, \tag{3}
$$

da cui, risolvendo per F, otteniamo

$$
2F = \frac{Gm^2}{2a^2} - 6\frac{GMm}{R^2}\epsilon. \tag{4}
$$

I due corpi rimarranno in contatto fintantoché $F \geq 0$, il che è verificato se

$$
\frac{Gm^2}{2a^2} - 6\frac{GMm}{R^2}\epsilon \geq 0 \implies \boxed{\frac{m}{M} \geq 12\frac{a^3}{R^3}} \tag{5}
$$

c.v.d.

Il limite di Roche di cui al punto (b) si ottiene dalla (5) esprimendo le masse m ed M in termini delle rispettive densità medie,

$$
\frac{\rho_m}{\rho_M}\frac{a^3}{R_M^3} \geq 12\frac{a^3}{R^3} \implies \frac{R}{R_M} \geq (12)^{1/3}\left(\frac{\rho_m}{\rho_M}\right)^{1/3}, \tag{6}
$$

c.v.d.

127. Risolveremo il problema utilizzando l'equazione polare della traiettoria insieme al risultato del problema precedente. L'equazione polare di un'ellisse avente eccentricità ϵ e semilato retto l è data da

$$r(\varphi) = \frac{l}{1 + \epsilon \cos \varphi}. \tag{1}$$

La traiettoria parabolica della cometa si può pensare come il limite della (1) per $\epsilon \to 1$. La situazione è illustrata nella Fig. 1, dove $\overline{OQ} = l$ e p indica la distanza del perielio dal Sole (centrato nel punto O).

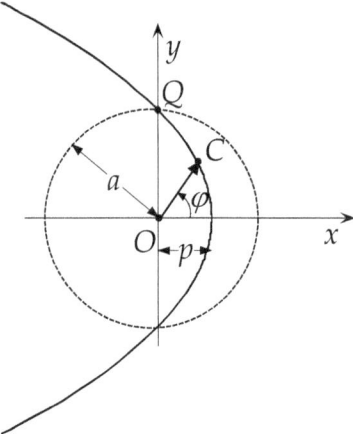

Figura 1: Il sistema di riferimento polare per lo studio della cometa.

Poiché dai dati del problema sappiamo che la cometa intercetta l'orbita terrestre proprio in corrispondenza del punto Q, l'equazione della traiettoria (1) diventa

$$r(\varphi) = \frac{a}{1 + \cos \varphi}, \tag{2}$$

da cui otteniamo, ponendo $\varphi = \pi/2$, per il semilato retto $l = a$. Ponendo adesso $\varphi = 0$ otteniamo per la distanza al perielio il valore $a/2$, c.v.d.

Per determinare il tempo impiegato per attraversare l'orbita, diciamo τ, calcoliamo dapprima l'area che deve spazzare il raggio vettore. A questo scopo riscriviamo l'equazione della traiettoria (2) in coordinate cartesiane. Abbiamo

$$r + r\cos\varphi = a \implies r + x = a \implies x^2 + y^2 = (a - x)^2, \quad (3)$$

ovvero, semplificando,

$$y^2 = a^2 - 2ax. \quad (4)$$

L'area spazzata dal raggio vettore nel tempo τ si calcola facilmen-

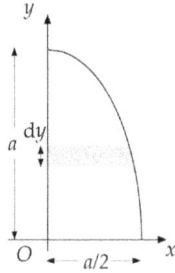

Figura 2: Il calcolo dell'area.

te pensando a un dominio d'integrazione normale rispetto all'asse y, come mostrato nella Fig. 2, e vale

$$2\int_0^a x\,dy = \frac{1}{2a}\int_0^a (a^2 - y^2)\,dy = \frac{2}{3}a^2. \quad (5)$$

Ricordando infine che la velocità areolare K è legata al semilato retto dalla relazione

$$\frac{4K^2}{l} = GM \implies K^2 = \frac{GMl}{4} = \frac{GMa}{4}, \quad (6)$$

dove M indica la massa del Sole, otteniamo per il tempo τ la seguente espressione:

$$\tau = \frac{2a^2}{3K} = \frac{4a^2}{3}\frac{1}{\sqrt{GMa}} = \frac{4a}{3}\sqrt{\frac{a}{GM}}. \quad (7)$$

Esprimendo le distanze in U.A. e il tempo in anni solari, la costante GM è numericamente pari a $4\pi^2$, cosicché avremo $\tau = 2/(3\pi)$ anni, pari a circa 77 giorni, c.v.d.

128. Per risolvere il problema partiamo dall'equazione polare dell'ellisse

$$r(\varphi) = \frac{l}{1 + \cos\varphi} = \frac{l}{2\cos^2\varphi/2}, \tag{1}$$

dove l indica il semilato retto. Indicando con K il modulo della velocità areolare (costante), abbiamo

$$K = \frac{1}{2} r^2 \dot{\varphi} \implies \mathrm{d}t = \frac{1}{2K} r^2 \, \mathrm{d}\varphi, \tag{2}$$

da cui, integrando sull'intervallo $[0, \vartheta]$ abbiamo per il tempo T la seguente espressione:

$$T = \frac{l^2}{2K} \int_0^\vartheta \frac{\mathrm{d}\varphi}{\cos^4\varphi/2} = \frac{l^2}{K} \int_0^{\vartheta/2} \frac{\mathrm{d}\varphi}{\cos^4\varphi} = \frac{l^2}{K} \int_0^{\vartheta/2} \frac{\mathrm{d}(\tan\varphi)}{\cos^2\varphi} =$$

$$= \frac{l^2}{K} \int_0^{\vartheta/2} (1 + \tan^2\varphi) \, \mathrm{d}(\tan\varphi) = \boxed{\frac{l^2}{K} \left(\tan\frac{\vartheta}{2} + \frac{1}{3} \tan^3\frac{\vartheta}{2} \right)} \tag{3}$$

c.v.d.

129. Studiamo il moto circolare di P nel sistema di coordinate polari mostrato in Fig. 1.

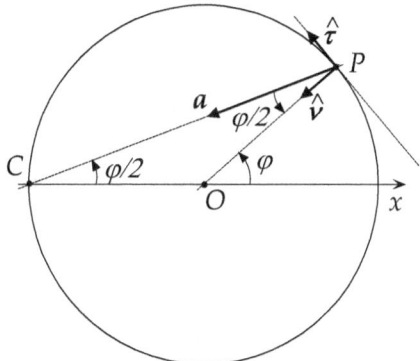

Figura 1: Il sistema di riferimento polare.

Utilizzando per semplicità il raggio della circonferenza come unità di misura per le distanze, l'equazione della traiettoria è

$$r(\varphi) = 1. \tag{1}$$

Indicando con a il modulo dell'accelerazione, semplici considerazioni trigonometriche danno per la componente tangenziale a_τ e per quella normale a_v le seguenti espressioni:[12]

$$\begin{cases} a_\tau = a \sin \dfrac{\varphi}{2}, \\[2mm] a_v = a \cos \dfrac{\varphi}{2}, \end{cases} \tag{2}$$

da cui, esprimendo le componenti dell'accelerazione in termini delle derivate temporali della funzione $\varphi = \varphi(t)$ e ricordando la (1), abbia-

---

[12]Ovviamente il sistema (2) è valido solamente per $0 < \varphi < \pi$, corrispondente alla metà superiore della traiettoria. Lo studio del moto nella metà inferiore della circonferenza è lasciato per esercizio al lettore.

mo

$$
\begin{cases}
\ddot{\varphi} = a \sin \dfrac{\varphi}{2}, \\[2ex]
\dot{\varphi}^2 = a \cos \dfrac{\varphi}{2}.
\end{cases}
\tag{3}
$$

Il passo successivo consiste nell'eliminare il tempo tra le due equazioni del sistema (3). A questo scopo deriviamo ambo i membri della seconda equazione rispetto a t, ottenendo così

$$
2\dot{\varphi}\,\ddot{\varphi} = -\dfrac{\dot{\varphi}}{2}\, a \sin \dfrac{\varphi}{2} + \dot{a} \cos \dfrac{\varphi}{2}.
\tag{4}
$$

Sostituendo al posto di $\ddot{\varphi}$ la prima delle (3) abbiamo

$$
2\dot{\varphi}\, a \sin \dfrac{\varphi}{2} = -\dfrac{\dot{\varphi}}{2}\, a \sin \dfrac{\varphi}{2} + \dot{a} \cos \dfrac{\varphi}{2},
\tag{5}
$$

ovvero,

$$
\dfrac{5}{2}\, a\, \dfrac{\mathrm{d}\varphi}{\mathrm{d}t} \sin \dfrac{\varphi}{2} = \dfrac{\mathrm{d}a}{\mathrm{d}t} \cos \dfrac{\varphi}{2} \implies \dfrac{\mathrm{d}a}{a} = -5\, \dfrac{\mathrm{d}\cos\varphi/2}{\cos\varphi/2}.
\tag{6}
$$

Integrando membro a membro si ottiene

$$
a \propto \left(\cos \dfrac{\varphi}{2} \right)^{-5} \propto \dfrac{1}{\overline{CP}^{\,5}},
\tag{7}
$$

poiché, come si evince dalla Fig. 1, $\overline{CP} = \cos \dfrac{\varphi}{2}$. La tesi è dunque dimostrata.

130. La situazione è schematizzata nella Fig. 1.

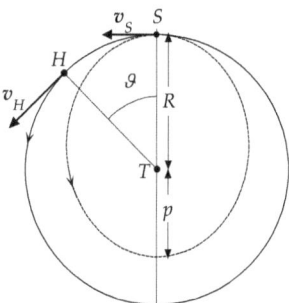

Figura 1: Il *rendezvous.*

Il simbolo v_H indica la velocità orbitale di Hubble nell'istante in cui lo Shuttle viene rallentato alla velocità v_S. Il tempo T_S che lo Shuttle impiega per compiere l'orbita ellittica disegnata nella figura si ottiene applicando la terza legge di Kepler,

$$\frac{4\pi^2}{T_S^2} = \frac{GM_T}{\left(\dfrac{R+p}{2}\right)^3} \implies T_S^2 = \frac{\pi^2 R^3}{2\,GM_T}\left(1 + \frac{p}{R}\right)^3 . \tag{1}$$

Nel medesimo tempo Hubble deve percorrere ciò che rimane della sua traiettoria circolare, ossia uno spazio pari a

$$(2\pi - \vartheta)R = v_H\, T_S = \frac{2\pi R}{T_H}\, T_S \implies \frac{T_S}{T_H} = 1 - \frac{\vartheta}{2\pi}, \tag{2}$$

dove T_H indica il periodo orbitale di Hubble, che si ottiene applicando ancora una volta la terza legge di Kepler,

$$\frac{4\pi^2}{T_H^2} = \frac{GM_T}{R^3} \implies T_H^2 = \frac{4\pi^2 R^3}{GM_T}. \tag{3}$$

Sostituendo la (1) e la (3) nella (2), con semplici passaggi algebrici otteniamo infine

$$\left(1 - \frac{\vartheta}{2\pi}\right)^2 = \frac{1}{8}\left(1 + \frac{p}{R}\right)^3 , \tag{4}$$

da cui, sostituendo i dati numerici del problema, si ha $p/R \simeq 0.82$.

131. Con riferimento alla Fig. 1 partiamo dall'equazione polare della traiettoria scritta come segue:

$$r(\varphi) = \frac{a(1 - \epsilon^2)}{1 + \epsilon \cos \varphi}, \tag{1}$$

e utilizziamo la rappresentazione polare della velocità

$$v = \dot{r}\,\hat{r} + r\dot{\varphi}\,\hat{\varphi}. \tag{2}$$

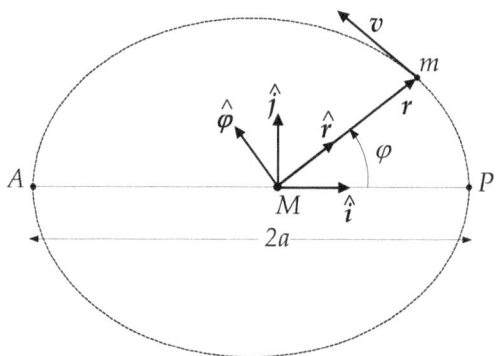

Figura 1: La decomposizione della velocità orbitale.

Derivando ambo i membri della (1) rispetto al tempo abbiamo

$$\dot{r} = \frac{a(1 - \epsilon^2)}{(1 + \epsilon \cos \varphi)^2}\,\epsilon\,\dot{\varphi}\,\sin \varphi = r^2\,\dot{\varphi}\,\frac{\epsilon \sin \varphi}{a(1 - \epsilon^2)}, \tag{3}$$

dove nell'ultimo passaggio abbiamo fatto nuovamente uso della (1). Sostituendo la (3) nella (2), con semplici passaggi algebrici otteniamo la seguente rappresentazione polare della velocità:

$$v = \frac{r^2\,\dot{\varphi}}{a(1 - \epsilon^2)}\left[\epsilon \sin \varphi\,\hat{r} + \frac{a(1 - \epsilon^2)}{r}\,\hat{\varphi}\right], \tag{4}$$

ovvero, tenendo conto della (1),

$$v = \frac{r^2 \dot{\varphi}}{a(1-\epsilon^2)} \left[\epsilon \sin \varphi \, \hat{r} + (1 + \epsilon \cos \varphi) \hat{\varphi} \right] = \frac{r^2 \dot{\varphi}}{a(1-\epsilon^2)} (\hat{\varphi} + \epsilon \hat{\jmath}),$$

(5)

dove nell'ultimo passaggio abbiamo utilizzato la rappresentazione polare del versore $\hat{\jmath} = \sin \varphi \hat{r} + \cos \varphi \hat{\varphi}$. Infine, poiché $r^2 \dot{\varphi}$ coincide col doppio del modulo della velocità areolare $K = \pi a^2 \sqrt{1 - \epsilon^2}/T$, abbiamo con semplici passaggi algebrici,

$$v = \frac{2K}{a(1-\epsilon^2)} (\hat{\varphi} + \epsilon \hat{\jmath}) = \frac{2\pi a}{T \sqrt{1-\epsilon^2}} (\hat{\varphi} + \epsilon \hat{\jmath}) = \frac{\bar{\omega} a}{\sqrt{1-\epsilon^2}} (\hat{\varphi} + \epsilon \hat{\jmath}),$$

(6)

c.v.d.

132. È sufficiente applicare il risultato del problema precedente, tenendo
     conto che per la traiettoria parabolica mostrata nella Fig. 1 abbiamo
     $\epsilon = 1$ e $a(1 - \epsilon^2) = l$.

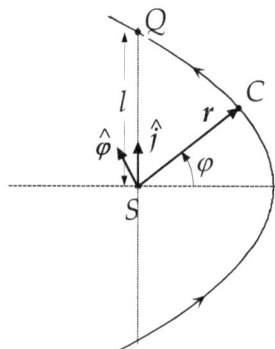

Figura 1: Decomposizione della velocità per un'orbita parabolica.

Potremo così scrivere

$$v = \frac{2K}{l}(\hat{\varphi} + \hat{\jmath}),\tag{1}$$

da cui otteniamo per la componente v_y l'espressione

$$v_y = v \cdot \hat{\jmath} = \frac{2K}{l}(\hat{\varphi} \cdot \hat{\jmath} + 1) = 2K\frac{1 + \cos\varphi}{l} = \frac{2K}{r},\tag{2}$$

c.v.d.

133. Introduciamo un sistema di riferimento cartesiano unidimensionale Ox con l'origine nel punto di lancio. Indichiamo con $F_a = -\beta v$ la forza d'attrito e applichiamo il secondo principio della dinamica,

$$\frac{dv}{dt} = -\frac{1}{\tau} x \implies \frac{dv}{dx} = -\frac{1}{\tau}, \tag{1}$$

dove $\tau = m/\beta$ e dove abbiamo posto $d/dt = v \, d/dx$. La (1) si risolve facilmente rispetto a v e dà

$$v(x) = v_0 - \frac{x}{\tau}. \tag{2}$$

Lo spazio totale percorso dal corpo durante il moto è pari a $D = v_0 \tau$, cosicché possiamo scrivere il lavoro della forza di attrito come

$$\int_0^D F_a \, dx = -\beta \int_0^D v(x) \, dx = -\beta v_0 \int_0^D \left(1 - \frac{x}{D}\right) dx = -\beta v_0 \frac{D}{2}, \tag{3}$$

ovvero, esplicitando τ e D,

$$-\frac{1}{2} \beta v_0^2 \frac{m}{\beta} = -\frac{m}{2} v_0^2, \tag{4}$$

che coincide proprio con la variazione dell'energia cinetica del corpo.

134. È sufficiente applicare il teorema del lavoro e dell'energia cinetica tenendo presente che il lavoro della forza coincide con l'area della figura sottesa dal grafico. Così il lavoro totale sarà pari a $3F_0L/4$, mentre quello relativo a metà percorso a $F_0L/2$. Le corrispondenti velocità scalari del punto si ottengono applicando direttamente il teorema del lavoro e dell'energia cinetica e sono rispettivamente pari a $\sqrt{3F_0L/2m}$ e $\sqrt{F_0L/m}$.

135. Il problema si risolve facilmente applicando direttamente il teorema del lavoro e dell'energia cinetica. Introduciamo un sistema di riferimento unidimensionale Ox con l'origine posta nell'estremità libera della molla quando essa è a riposo e orientato nel verso di moto di m (ossia verso destra). Indicando con δ la massima compressione subita dalla molla, il teorema del lavoro e dell'energia cinetica dà

$$-\frac{mV^2}{2} = \int_0^\delta F\,dx \implies \alpha\delta^4 + 2k\delta^2 - 2mV^2 = 0, \qquad (1)$$

che rappresenta un'equazione bi-quadratica nell'incognita δ. Risolvendo la (1) dapprima rispetto a δ^2 abbiamo

$$\delta^2 = \frac{-k \pm \sqrt{k^2 + 2m\alpha V^2}}{\alpha}, \qquad (2)$$

da cui, scartando la soluzione negativa ed estraendo la radice quadrata si ottiene infine

$$\delta = \sqrt{\frac{\sqrt{2m\alpha V^2 + k^2} - k}{\alpha}}. \qquad (3)$$

Notiamo che, nel limite in cui la nonlinearità della molla possa essere trascurata, ossia quando $\alpha \to 0$, la (3) dà[13]

$$\delta \sim \sqrt{\frac{mV^2}{k}}, \qquad \alpha \to 0, \qquad (4)$$

come ci si doveva aspettare.

---

[13]Il lettore utilizzi l'approssimazione

$$\sqrt{1+\epsilon} \sim 1 + \frac{\epsilon}{2}, \qquad \epsilon \to 0.$$

136. La geometria del problema è schematizzata nella Fig. 1.

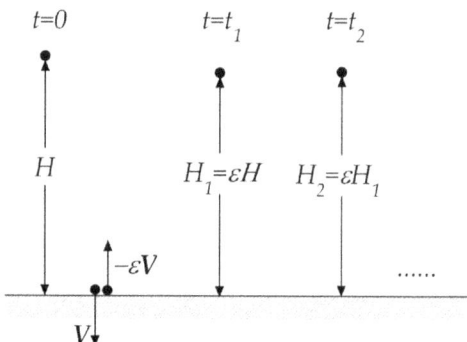

Figura 1: Sequenza temporale delle posizioni della pallina.

Poiché durante le varie fasi di volo l'energia meccanica della pallina si conserva (avendo trascurato l'attrito dell'aria), possiamo utilizzare direttamente i risultati ben noti del moto parabolico. In particolare, il tempo di volo che intercorre tra l'istante in cui la pallina riparte verso l'altro dopo aver effettuato il primo rimbalzo e l'istante corrispondente al secondo rimbalzo è

$$2\sqrt{\frac{2H_1}{g}},\qquad(1)$$

dove H_1 indica la quota massima raggiunta dal corpo tra il primo e il secondo rimbalzo, come mostrato nella figura. Analogamente scriveremo il tempo di volo tra il secondo e il terzo rimbalzo come

$$2\sqrt{\frac{2H_2}{g}},\qquad(2)$$

dove H_2 indica la quota massima raggiunta durante questa fase, pari a

$$H_2 = \epsilon H_1,\qquad(3)$$

con $\epsilon = 1 - f$.

Procedendo analogamente per gli istanti successivi scriveremo il tempo totale di volo come segue:

$$2\sqrt{\frac{2H_1}{g}} + 2\sqrt{\frac{2H_2}{g}} + 2\sqrt{\frac{2H_3}{g}} + \dots, \qquad (4)$$

dove $H_2 = \epsilon H_1$, $H_3 = \epsilon H_2 = \epsilon^2 H_1$, e così. La quantità nella (5) è proporzionale alla somma della serie geometrica di ragione $\sqrt{\epsilon}$, e precisamente

$$2\sqrt{\frac{2H_1}{g}} \frac{1}{1 - \sqrt{1-f}}, \qquad (5)$$

da cui, aggiungendo il tempo necessario alla pallina per arrivare a fare il primo rimbalzo e tenendo conto che $H_1 = \epsilon H$, si ottiene per il tempo di volo totale la seguente espressione:

$$\sqrt{\frac{2H}{g}} \frac{1 + \sqrt{\epsilon}}{1 - \sqrt{\epsilon}} = \sqrt{\frac{2H}{g}} \frac{1 + \sqrt{1-f}}{1 - \sqrt{1-f}}. \qquad (6)$$

Poiché $f \ll 1$, possiamo approssimare la radice quadrata nell'ultima espressione come $\sqrt{1-f} \simeq 1 - f/2$ ottenendo così, con semplici passaggi algebrici, la seguente stima del tempo di volo:

$$\sqrt{\frac{2H}{g}} \left(\frac{4}{f} - 1\right), \qquad (7)$$

c.v.d.

137. Utilizzeremo direttamente il teorema del lavoro e dell'energia cinetica, tenendo conto che l'attrito dinamico agisce solamente lungo la traiettoria circolare dove, come illustrato nella Fig. 1, la reazione normale N della parete fornisce la necessaria forza centripeta necessaria.

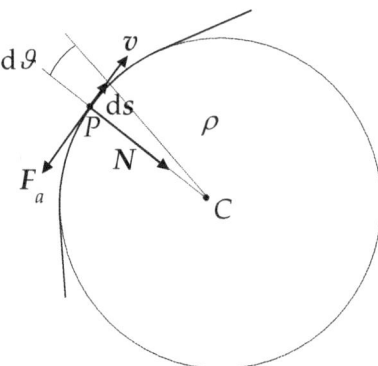

Figura 1: Analisi delle forze durante la fase di moto circolare.

Indicheremo col simbolo ρ il raggio di curvatura della traiettoria e con F_a la forza di attrito dinamico esercitata dalla parete. Calcoliamo dapprima la variazione infinitesima dell'energia cinetica dE_c associata all'angolo $d\vartheta$,

$$dE_c = \boldsymbol{F}_a \cdot d\boldsymbol{s} = -F_a \, ds = -\mu_d \, N \, ds \,, \tag{1}$$

ovvero, poiché $N = mv^2/\rho$,

$$dE_c = -\mu_d \, mv^2 \, \frac{ds}{\rho} = -2\mu_d \, E_c \, d\vartheta \,, \tag{2}$$

dove nell'ultimo passaggio abbiamo tenuto conto che $ds/\rho = d\vartheta$ ed $E_c = mv^2/2$. La (1) è un'equazione differenziale elementare che si può risolvere agevolmente separando le variabili nel seguente modo:

$$\frac{dE_c}{E_c} = 2\frac{dv}{v} = -2\mu_d \, d\vartheta \implies v(\vartheta) = C \exp(-\mu_d \vartheta), \tag{3}$$

dove la costante C si determina imponendo la condizione iniziale sulla velocità, ossia $v(0) = V_0$, da cui segue la tesi.

138. Pensiamo la piramide costituita da un insieme di strati di spessore infinitesimo, come schematizzato nella Fig. 1.

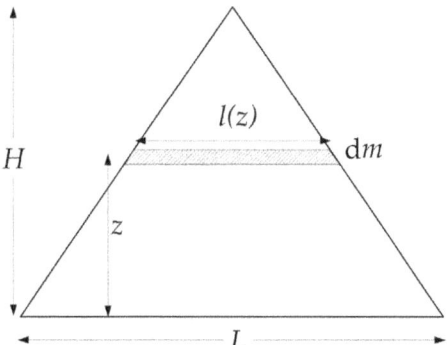

Figura 1: Calcolo dell'energia potenziale della piramide.

Indichiamo con z la quota del generico strato, con $l(z)$ il lato e con dm la sua massa. Poichè il volume totale della piramide è pari ad $HL^2/3$, possiamo ricavare dm tramite una semplice proporzione,

$$\frac{dm}{M} = 3\frac{l^2(z)dz}{HL^2} \implies dm = \frac{3M}{H}\left(\frac{l(z)}{L}\right)^2 dz, \qquad (1)$$

dove il rapporto $l(z)/L$ è uguale a $(H-z)/H$, ottenendo in tal modo

$$dm = \frac{3M}{H}\left(1 - \frac{z}{H}\right)^2 dz. \qquad (2)$$

Vale la pena notare come la (2) mantenga la propria validità per una piramide omogenea di altezza H e avente base di forma arbitraria.

L'energia potenziale totale della piramide si ottiene infine sommando le energie potenziali dei singoli strati,[14]

$$E_p = \int_0^H g z \, \mathrm{d}m = \frac{3Mg}{H} \int_0^H z \left(1 - \frac{z}{H}\right)^2 \mathrm{d}z =$$

$$= \frac{3Mg}{H} \times \frac{H^2}{12} = \frac{MgH}{4}, \tag{3}$$

c.v.d.

Si noti come, pensando di concentrare tutta la massa della piramide nel centro di massa, dalla (3) si ricava facilmente che quest'ultimo si troverà a una distanza dalla base della piramide pari ai 3/4 dell'altezza.

Finalmente, sostituendo i dati numerici relativi alla piramide di Cheope otteniamo un'energia potenziale pari a circa

$$\left(\frac{230^2 \times 150}{3} \times 2500\right) \times \frac{10}{4} \times 230 \simeq 2.5 \times 10^{12} \, \mathrm{J}. \tag{4}$$

---

[14] L'integrale nella (3) si calcola elementarmente ponendo $\zeta = z/H$ e tenendo conto che

$$\int_0^1 \zeta(1-\zeta)^2 \, \mathrm{d}\zeta = \int_0^1 (1-\zeta)^2 \, \mathrm{d}\zeta - \int_0^1 (1-\zeta)^3 \, \mathrm{d}\zeta = \frac{1}{3} - \frac{1}{4} = \frac{1}{12}.$$

139. È sufficiente calcolare l'allungamento δ della molla in funzione della posizione della massa sull'asse delle ascisse. Applicando il teorema di Pitagora abbiamo

$$\delta = \sqrt{x^2 + l_0^2} - l_0, \tag{1}$$

cosicché scriveremo per l'energia potenziale

$$E_p(x) = \frac{1}{2} k \, \delta^2 = \frac{1}{2} k \left(\sqrt{l_0^2 + x^2} - l_0 \right)^2 = \frac{1}{2} k l_0^2 \left(\sqrt{1 + \frac{x^2}{l_0^2}} - 1 \right)^2. \tag{2}$$

Se la massa si muove nell'intorno della posizione di equilibrio abbiamo che $|x| \ll l_0$ e la radice quadrata nella (2) si può ragionevolmente approssimare tramite $\sqrt{1 \pm \epsilon} \simeq 1 \pm \epsilon/2$, da cui si ottiene

$$E_p(x) \simeq \frac{1}{2} k l_0^2 \left(1 + \frac{x^2}{2 l_0^2} - 1 \right)^2 = \frac{k}{8 l_0^2} x^4, \tag{3}$$

c.v.d.

140. La Fig. 1 mostra la geometria del moto "visto dall'alto".

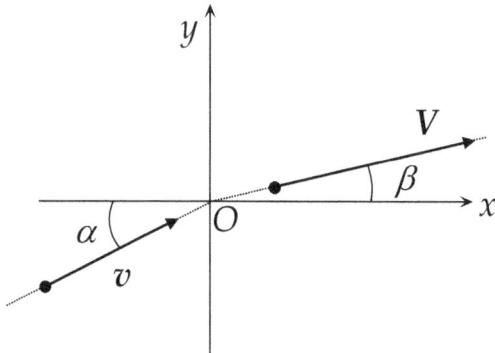

Figura 1: Le velocità nel piano superiore e in quello inferiore.

Durante il passaggio da un piano all'altro non vi sono forze agenti lungo la direzione y, per cui la corrispondente componente della velocità del punto materiale rimane invariata, ossia

$$V_y = v_y \implies \boxed{V \sin \beta = v \sin \alpha} \tag{1}$$

L'assenza di attrito consente inoltre di applicare la legge di conservazione dell'energia meccanica per stabilire la relazione tra le velocità scalari v e V,

$$\frac{m V^2}{2} = \frac{m v^2}{2} + mgH \implies \boxed{V = \sqrt{v^2 + 2gH}} \tag{2}$$

che, sostituita nella (1), dà

$$\sin \beta = \frac{1}{\sqrt{1 + \dfrac{2gH}{v^2}}} \sin \alpha, \tag{3}$$

completando in tal modo la caratterizzazione della velocità vettoriale finale.

141. Introduciamo un sistema di riferimento Ox verticale orientato verso l'alto e con l'origine nella posizione di riposo della molla. In tale sistema di riferimento scriviamo l'energia potenziale del sistema massa+molla,

$$E_p(x) = mgx + \frac{1}{2}kx^2. \qquad (1)$$

Nell'istante in cui la massa si aggancia alla molla ha un'energia meccanica pari a mgD che si mantiene costante per il resto del moto, come schematizzato nella Fig. 1.

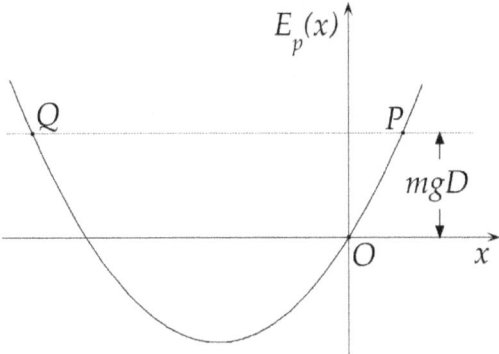

Figura 1: Conservazione dell'energia meccanica.

Da essa si evince come il moto sia armonico semplice attorno alla posizione di equilibrio $x_{eq} = -mg/k$, e i punti d'inversione P e Q corrispondono rispettivamente alla massima e alla minima quota raggiunta. Analiticamente, tali posizioni corrispondono alle radici dell'equazione

$$E_p(x) = mgD \implies mgx + \frac{1}{2}kx^2 = mgD, \qquad (2)$$

che, con semplici passaggi algebrici, assumono la seguente forma:

$$x = -\frac{mg}{k}\left(1 \pm \sqrt{1 - 2\frac{kD}{mg}}\right). \qquad (3)$$

142. Per calcolare T_0 utilizziamo direttamente la conservazione dell'energia meccanica. Poichè l'energia potenziale tra i punti d'inversione è pari a zero, la massa si muove di moto rettilineo uniforme per il tratto di lunghezza l con velocità scalare

$$v = \sqrt{\frac{2E}{m}} \Longrightarrow T_0 = 2\frac{l}{v} = \boxed{T_0 = l\sqrt{\frac{2m}{E}}}, \qquad (1)$$

c.v.d.

Nel secondo caso dobbiamo portare in conto il fatto che la velocità di m non è più costante, ma diminuisce leggermente sul tratto di lunghezza δ. Per il tempo necessario per andare dal punto d'inversione di sinistra a quello di destra, pari a $T/2$, avremo questa volta

$$\frac{T}{2} = \frac{l-\delta}{v} + \frac{\delta}{V}, \qquad (2)$$

dove

$$V = \sqrt{\frac{2}{m}(E-\varepsilon)} = v\sqrt{1-\frac{\varepsilon}{E}}. \qquad (3)$$

Tenendo conto che il rapporto ε/E è un numero "piccolo", possiamo utilizzare l'approssimazione di Taylor $(1+x)^n \sim 1+nx$, cosicché la (2) diventa

$$\frac{T}{2} \simeq \frac{l-\cancel{\delta}}{v} + \frac{\delta}{v}\left(\cancel{1}+\frac{\epsilon}{2E}\right) = \frac{l}{v}\left(1+\frac{\epsilon\delta}{2El}\right), \qquad (4)$$

da cui, ricordando la (1), segue la tesi.

143. Nella Fig. 1 è mostrato il grafico dell'energia potenziale in funzione di x.

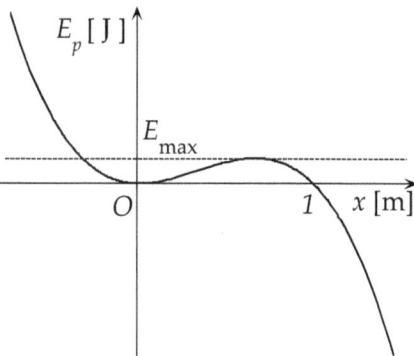

Figura 1: Il grafico dell'energia potenziale in funzione di x.

L'energia cinetica iniziale (nel punto di lancio O) della particella fornisce l'energia meccanica. Il moto sarà oscillatorio in presenza di due punti d'inversione del moto, e dalla figura si evince come ciò accada solamente se l'energia meccanica è minore del valore massimo di E_p nell'intervallo $[0,1]$ m, diciamo E_{max}. Tale valore massimo si calcola facilmente annullando la derivata prima dell'energia energia potenziale,

$$\frac{\mathrm{d}E_p}{\mathrm{d}x} = 0 \implies 2x - 3x^2 = 0, \tag{1}$$

le cui soluzioni sono $x = 0$, corrispondente al punto di lancio, e $x = 2/3$, corrispondente al valore massimo dell'energia meccanica, pari a

$$E_{\text{max}} = \left(\frac{2}{3}\right)^2 - \left(\frac{2}{3}\right)^3 = \frac{4}{27}\,\text{J}. \tag{2}$$

Il valore massimo della velocità di lancio, diciamo V, si ottiene dalla (2),

$$V = \sqrt{\frac{2E_{\text{max}}}{m}} = \sqrt{\frac{8}{27}}\,\text{m/s} \simeq \boxed{0.54\,\text{m/s}} \tag{3}$$

Per calcolare il periodo delle piccole oscillazioni attorno al punto di equilibrio stabile O dobbiamo sostituire alla curva dell'energia potenziale la sua parabola tangente in O, come mostrato nella Fig. 2.

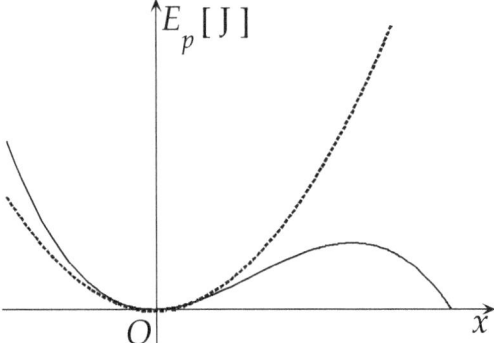

Figura 2: La parabola (curva tratteggiata) tangente alla curva dell'energia potenziale necessaria per il calcolo della frequenza delle piccole oscillazioni intorno al punto di equilibrio O.

Per l'energia potenziale data ciò si realizza facilmente trascurando il termine cubico, cosicchè scriveremo

$$E_p(x) \sim \frac{1}{2} k\, x^2, \qquad |x| \ll 1, \tag{4}$$

dove $k = 2\,\mathrm{N/m}$ indica la costante elastica equivalente. Tenendo conto che la massa della particella è pari a 1 kg, otteniamo una pulsazione angolare per le piccole oscillazioni pari a $\sqrt{2}$ rad/s.

144. Poiché durante la caduta, trascurando ogni forma di attrito, agisce solamente la forza di attrazione gravitazionale, per risolvere il problema è
sufficiente utilizzare la legge di conservazione dell'energia meccanica.
Nella Fig. 1 sono schematizzate le situazioni in cui il corpo è fermo
nella posizione iniziale (a) e ha raggiunto la superficie della Terra con
la velocità finale v_T (b).

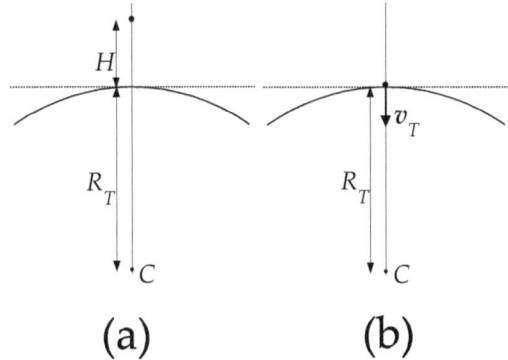

(a)　　　　　(b)

Figura 1: Caduta libera in presenza di una gravità variabile.

Indicando con M_T la massa della Terra, con l'ovvio significato dei
simboli la legge di conservazione dell'energia meccanica dà

$$-\frac{GM_T}{H+R_T} = \frac{v_T^2}{2} - \frac{GM_T}{R_T} \implies v_T = \frac{\sqrt{2gH}}{\sqrt{1+\dfrac{H}{R_T}}}, \qquad (1)$$

avendo utilizzato la relazione $g = GM_T/R_T^2$. Poiché per ipotesi $H \ll
R_T$, possiamo approssimare il secondo membro della (1) mediante la
relazione $(1+\epsilon)^n \sim 1+n\epsilon$, $|\epsilon| \ll 1$, da cui segue la tesi.

145. La Fig. 1 illustra la geometria del problema.

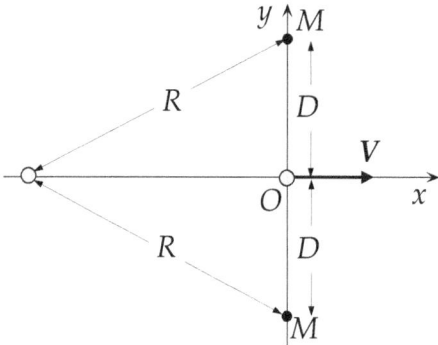

Figura 1: Geometria del problema.

Poiché le forze cui è soggetta la particella sono entrambe conservative, possiamo applicare la legge di conservazione dell'energia meccanica tra l'istante in cui essa viene lasciata andare (da ferma) e quello corrispondente al transito per la generica posizione x. In particolare, dalla figura si evince come la massima velocità (scalare) si ottiene quando la massa transita nel punto O, ovvero alla minima distanza dalle masse M. Avremo dunque, indicando con m la massa della particella,

$$-2\frac{GMm}{R} = -2\frac{GMm}{D} + \frac{1}{2}mV^2 \implies$$

$$\implies V = 2\sqrt{GM\left(\frac{1}{D} - \frac{1}{R}\right)} = 2\sqrt{GM\frac{R-D}{RD}}\,,$$

(1)

c.v.d.

146. La geometria del problema è illustrata nella Fig. 1.

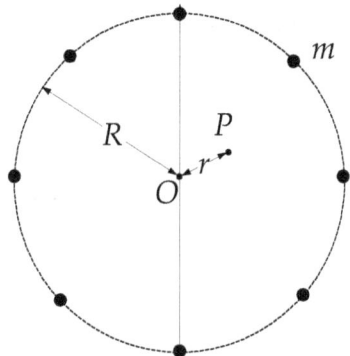

Figura 1: Geometria del problema.

Indichiamo con r il segmento orientato $\overrightarrow{OP}$ e con R_i $(i = 1, ..., N)$ il vettore che individua la posizione della i-esima massa posta sulla circonferenza rispetto al centro O. Ponendo una massa unitaria nel punto P la sua energia potenziale è pari a

$$E_p(P) = -\sum_{i=1}^{N} \frac{Gm}{|r - R_i|}, \tag{1}$$

ovvero, esprimendo il modulo del vettore $|r - R_i|$ tramite il prodotto scalare,

$$E_p(P) = -\frac{Gm}{R} \sum_{i=1}^{N} \frac{1}{\sqrt{1 + \dfrac{r^2}{R^2} - 2\dfrac{r \cdot R_j}{R^2}}}. \tag{2}$$

Poiché per ipotesi $r \ll R$, possiamo utilizzare nella (2) l'approssimazione $(1 + \epsilon)^n \sim 1 + n\epsilon$, $|\epsilon| \ll 1$, ottenendo in tal modo

$$E_p(P) \simeq -\frac{Gm}{R} \sum_{i=1}^{N} \left(1 - \frac{r^2}{2R^2} + \frac{r \cdot R_j}{R^2}\right) =$$

$$-\frac{GmN}{R} \left(1 - \frac{r^2}{2R^2}\right) - \frac{GmN}{R^3} r \cdot \cancel{\sum_{i=1}^{N} R_j}, \tag{3}$$

dove il secondo termine è nullo in quanto "proporzionale" alla posizione media delle masse che, per ipotesi, coincide con il centro O della circonferenza. Infine, riarrangiando il primo termine come

$$E_p(P) \simeq -\frac{GmN}{R} + \frac{Gm}{2} N \frac{r^2}{R^3},\qquad (4)$$

per confronto si ottiene $U_0 = -GmN/R$ e $K = -Gm/2$. La tesi è dunque dimostrata.

147. Indichiamo con R il raggio dell'orbita e con V la velocità scalare orbitale. Se M_T è la massa terrestre, la terza legge di Kepler scritta per l'orbita circolare dà

$$\frac{GM_T}{R^2} = \frac{V^2}{R} \implies \boxed{\frac{GM_T}{R} = V^2} \tag{1}$$

D'altro canto, la velocità di fuga, diciamo v_f, necessaria all'astronave per sfuggire al campo gravitazionale terrestre deve soddisfare l'equazione

$$-\frac{GM_T}{R} + \frac{v_f^2}{2} = 0 \implies \boxed{2\frac{GM_T}{R} = v_f^2} \tag{2}$$

da cui, tenendo conto della (1), segue la tesi.

148. Indichiamo con r_P ed r_A le distanze dell'astronave dal centro della Terra rispettivamente al perigeo e all'apogeo e con V_P e V_A le corrispondenti velocità di fuga. Per definizione abbiamo

$$\begin{cases} -\dfrac{GM_T}{r_A} + \dfrac{V_A^2}{2} = 0 \implies \dfrac{V_A^2}{2} = \dfrac{GM_T}{r_A}, \\[3mm] -\dfrac{GM_T}{r_P} + \dfrac{V_P^2}{2} = 0 \implies \dfrac{V_P^2}{2} = \dfrac{GM_T}{r_P}, \end{cases} \qquad (1)$$

da cui, dividendo membro, si ottiene

$$\frac{V_R}{V_A} = \sqrt{\frac{r_A}{r_P}}. \qquad (2)$$

149. Scriviamo la legge di conservazione dell'energia meccanica, tenendo conto che l'energia totale orbitale dipende solamente dal semiasse maggiore dell'orbita,

$$\frac{1}{2}v^2 - \frac{GM_T}{r} = -\frac{GM_T}{2a} \implies v^2 = 2\frac{GM_T}{r}\left(1 - \frac{r}{2a}\right). \quad (1)$$

Poiché la velocità di fuga è definita dalla relazione

$$v_f^2 = 2\frac{GM_T}{r}, \quad (2)$$

dividendo membro a membro le due equazioni segue facilmente la tesi.

150. Sfruttando il risultato dell'esercizio precedente scriviamo la differenza $v_f - v$ come segue

$$v_f - v = v_f \left(1 - \sqrt{1 - \frac{r}{2a}} \right) \propto \frac{1 - \sqrt{1 - \rho}}{\sqrt{\rho}}, \qquad (1)$$

dove $\rho = \dfrac{r}{2a} \in \left[0, \dfrac{1}{2} \right]$, e notiamo che la quantità a secondo membro è una funzione monotona crescente di ρ.[15]

---

[15]A tale scopo è sufficiente studiare il segno della derivata prima rispetto a ρ,

$$\frac{\mathrm{d}}{\mathrm{d}\rho} \frac{1 - \sqrt{1 - \rho}}{\sqrt{\rho}} = \frac{1 - \sqrt{1 - \rho}}{2\rho^{3/2}\sqrt{1 - \rho}} > 0, \qquad 0 < \rho < 1,$$

c.v.d.

151. Studiamo il problema nel sistema di riferimento solidale con la mitragliatrice. Sia m la massa del singolo proiettile ed u la sua velocità rispetto ad essa. La forza di rinculo dovuta alla "spinta" esercitata dai proiettili è pari al prodotto di due fattori: la velocità u e il tasso di decrescita temporale della massa totale (corpo della mitragliatrice e proiettili), che indicheremo col simbolo μ. Poiché sappiamo dai dati del problema che vengono sparati $N = 1200$ proiettili in un intervallo di tempo pari a $T = 60$ sec, abbiamo la seguente stima per μ:

$$\mu \simeq \frac{Nm}{T} = \frac{1220 \times 12 \times 10^{-3}}{60} \frac{\text{kg}}{\text{s}} \simeq 0.24 \, \frac{\text{kg}}{\text{s}}, \qquad (1)$$

che, moltiplicato per u dà una stima della forza pari a circa 200 N.

152. Conviene studiare il problema nel sistema di riferimento solidale con l'oggetto. In tale sistema di riferimento le particelle si muovono con velocità costante pari a $-v$ verso l'oggetto stesso e, dopo l'urto elastico con la superficie, rimbalzano all'indietro con velocità v, come illustrato schematicamente nella Fig. 1.

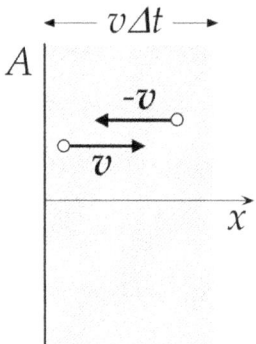

Figura 1: Collisione elastica di una particella con l'oggetto piano.

Per risolvere il problema calcoliamo la forza media esercitata dalla superficie sulla singola particella in seguito all'urto. La variazione complessiva della quantità di moto è pari a $2mv$, cosicché la forza si otterrà dividendo tale variazione per l'intervallo di tempo Δt corrispondente. Per il terzo principio della dinamica, la forza esercitata sulla superficie dell'oggetto sarà uguale e contraria. Ciò che dobbiamo calcolare è il numero di urti che avvengono durante Δt, pari al numero di particelle contenute all'interno del cilindro di altezza $v\Delta t$ e area di base pari ad A tratteggiato nella figura. Introducendo la densità di massa ρ, possiamo calcolare direttamente la variazione complessiva della quantità di moto delle N particelle che colpiscono la superficie dell'oggetto come segue:

$$\Delta P = 2(\rho A v \Delta t)v = 2\rho A v v \Delta t, \tag{1}$$

da cui, dividendo per Δt e cambiando segno si ottiene la forza esercitata sul corpo, c.v.d.

153. Sia v_1 la velocità della massa urtante. Dette u_1 e $u_2 = -u_1$ le velocità dopo l'urto, le leggi di conservazione della quantità di moto e dell'energia cinetica danno il seguente sistema:

$$\begin{cases} m_1 v_1 = (m_1 - m_2) u_1 \implies m_1^2 v_1^2 = (m_1 - m_2)^2 u_1^2, \\ m_1 v_1^2 = (m_1 + m_2) u_1^2, \end{cases} \tag{1}$$

da cui, dividendo membro a membro le equazioni, otteniamo

$$m_1 = \frac{(m_1 - m_2)^2}{m_1 + m_2}. \tag{2}$$

Introducendo il rapporto tra le masse $\eta = m_2 / m_1$, la (2) si trasforma nell'equazione di secondo grado

$$1 + \eta = (1 - \eta)^2, \tag{3}$$

le cui soluzioni sono $\eta = 0$, priva di senso, ed $\eta = 3$, c.v.d.

154. Indichiamo con v la velocità iniziale di m, con u e U rispettivamente le velocità di m ed M dopo l'urto. Introduciamo inoltre il sistema di riferimento cartesiano Oxy orientato come nella Fig. 1.

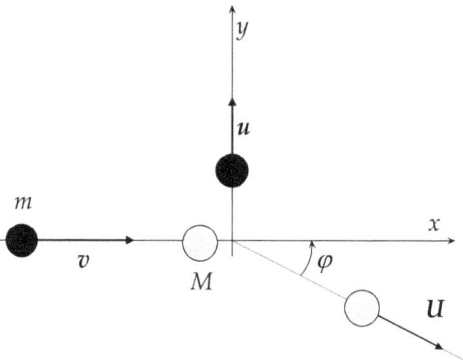

Figura 1: Il sistema di riferimento cartesiano.

Scriviamo le equazioni di conservazione della quantità di moto e dell'energia,

$$\begin{cases} m\boldsymbol{v} = m\boldsymbol{u} + M\boldsymbol{U}, \\[2mm] mv^2 = mu^2 + MU^2. \end{cases} \tag{1}$$

Proiettando la prima lungo gli assi coordinati e tenendo conto che $u = v/\sqrt{3}$ abbiamo

$$\begin{cases} mv = MU\cos\varphi, \\[2mm] \dfrac{mv}{\sqrt{3}} = MU\sin\varphi, \\[2mm] mv^2 = \dfrac{3}{2}MU^2. \end{cases} \tag{2}$$

Dividendo membro a membro le prime due si ha $\tan\varphi = 1/\sqrt{3}$, ossia $\varphi = \pi/6$. Infine, elevando ambo i membri della prima equazione al quadrato e dividendola membro a membro con la terza, tenendo conto che $\cos\varphi = \sqrt{3}/2$ si ottiene facilmente $M = 2m$, c.v.d.

155. Scriviamo le equazioni di conservazione della quantità di moto e dell'energia,

$$\begin{cases} mv = mu + MU, \\ \\ mv^2 = mu^2 + MU^2. \end{cases} \qquad (1)$$

e proiettiamo la prima lungo gli assi coordinati del sistema di riferimento schematizzato nella Fig. 1.

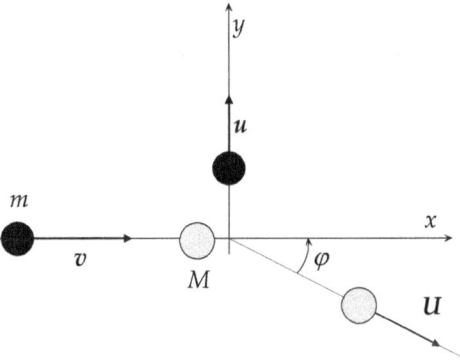

Figura 1: Il sistema di riferimento cartesiano.

Abbiamo

$$\begin{cases} mv = MU\cos\varphi, \\ \\ mu = MU\sin\varphi, \\ \\ mv^2 = mu^2 + MU^2. \end{cases} \qquad (2)$$

Quadrando le prime due e sommando, e moltiplicando la terza per m abbiamo

$$\begin{cases} m^2v^2 = M^2U^2 - m^2u^2 \\ \\ m^2v^2 = m^2u^2 + mMU^2 \end{cases} \implies 2m^2v^2 = M(m+M)U^2, \qquad (3)$$

ed eliminando v e U con la prima delle (1), ossia

$$m^2v^2 = M^2U^2\cos^2\varphi, \qquad (4)$$

otteniamo finalmente

$$\cos^2\varphi = \frac{1+m/M}{2} \implies \boxed{\cos 2\varphi = \frac{m}{M}}.$$ (5)

156. Il problema si risolve facilmente utilizzando l'algebra vettoriale. Consideriamo la situazione schematizzata nella Fig. 1 dove i vettori V e V' rappresentano rispettivamente le velocità relative delle masse prima e dopo l'urto.

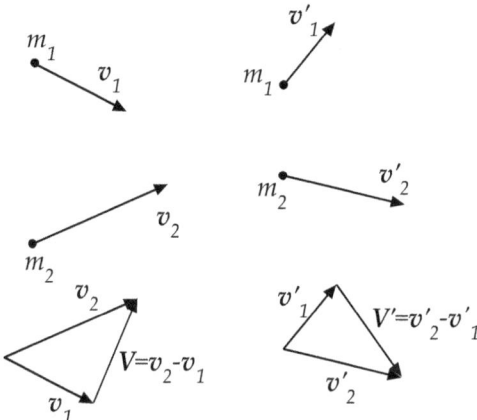

Figura 1: Collisione elastica di due particelle.

Dobbiamo dimostrare che $V = V'$. Con le notazioni della figura scriviamo le leggi di conservazione della quantità di moto e dell'energia cinetica:

$$\begin{cases} m_1\, v_1 + m_2\, v_2 = m_1\, v'_1 + m_2\, v'_2, \\ m_1\, v_1^2 + m_2\, v_2^2 = m_1\, v_1'^2 + m_2\, v_2'^2, \end{cases} \tag{1}$$

e riarrangiamole nel seguente modo:

$$\begin{cases} m_1(v_1 - v'_1) = m_2(v'_2 - v_2), \\ m_1(v_1^2 - v_1'^2) = m_2(v_2'^2 - v_2^2), \end{cases} \tag{2}$$

ovvero

$$\begin{cases} m_1(v_1 - v'_1) = m_2(v'_2 - v_2), \\ m_1(v_1 - v'_1)\cdot(v_1 + v'_1) = m_2(v'_2 - v_2)\cdot(v'_2 + v_2). \end{cases} \tag{3}$$

Non è difficile dimostrare che dal sistema (3) si ottiene

$$\begin{cases} (v'_2 - v_2) \cdot (v_1 + v'_1) = (v'_2 - v_2) \cdot (v'_2 + v_2), \\ (v_1 - v'_1) \cdot (v_1 + v'_1) = (v_1 - v'_1) \cdot (v'_2 + v_2), \end{cases} \qquad (4)$$

da cui si ottiene, sommando membro a membro,

$$(v'_2 - v_2 + v_1 - v'_1) \cdot (v_1 + v'_1) = (v'_2 - v_2 + v_1 - v'_1) \cdot (v'_2 + v_2),$$
$$(5)$$

e infine, semplificando,

$$(v'_2 - v_2 + v_1 - v'_1) \cdot (v_1 + v'_1 - v'_2 - v_2) = 0. \qquad (6)$$

Riscriviamo adesso quest'ultima equazione in termini delle velocità relative delle due particelle prima e dopo l'urto, definite tramite $V = v_2 - v_1$ e $V' = v'_2 - v'_1$. Abbiamo, con semplici passaggi algebrici

$$(V' - V) \cdot (V' + V) = 0 \Longrightarrow \boxed{V' = V} \qquad (7)$$

c.v.d.

157. In assenza di attrito il sistema uomo+zattera è isolato e, dunque, la sua quantità di moto totale deve rimanere costante, in particolare nulla (sia l'uomo che la barca sono inizialmente in quiete rispetto all'acqua del lago).

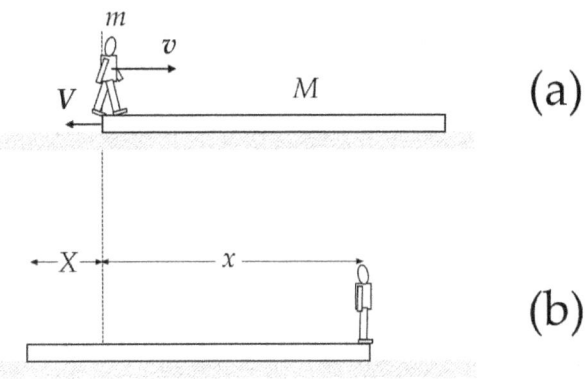

Figura 1: Gli spostamenti dell'uomo e della zattera.

Con riferimento alla Fig. 1(a) scriveremo dunque

$$m\,v - M\,V = 0 \implies \boxed{m v = M V} \tag{1}$$

Integriamo ambo i membri dell'ultima equazione rispetto al tempo, per l'intera durata del moto dell'uomo. Se indichiamo con x e X rispettivamente gli spostamenti (in modulo) dell'uomo e della zattera rispetto all'acqua del lago, avremo

$$m x = M X, \tag{2}$$

che, insieme all'ovvia relazione $x + X = L$, con semplici passaggi algebrici dà

$$X = \frac{m}{m + M} L. \tag{3}$$

In presenza di un attrito viscoso, sul sistema agirà una forza esterna del tipo $-k V$ e la prima equazione cardinale si scriverà

$$\frac{dP}{dt} = -k V, \tag{4}$$

che, integrata ancora una volta rispetto al tempo per tutta la durata del moto dà

$$\Delta P = -k \int V \, \mathrm{d}t = -kX \,, \tag{5}$$

e poichè $\Delta P = 0$ (alla fine zattera e uomo saranno in quiete rispetto all'acqua del lago), ne segue che $X = 0$, ossia la zattera è tornata nella posizione di partenza.

158. Conviene mettersi nel riferimento solidale con la massa M, nel quale la velocità di m è pari a $v - V$, diretta verso M. Poiché il rimbalzo è elastico la velocità relativa di m rispetto a M cambia verso mantenendo inalterate direzione e modulo, ossia sarà $-v + V$. Tornando nel sistema di riferimento esterno alle due masse, per determinare la nuova velocità di m è sufficiente aggiungere la velocità (pressoché inalterata) di M, ottenendo così il risultato cercato.

159. Studieremo il problema nel sistema di riferimento solidale col blocco all'istante in cui questo ha velocità U. In tale sistema di riferimento la particella m avrà una velocità u pari a

$$u = v_0 - U, \tag{1}$$

diretta verso il blocco, come mostrato nella Fig. 1(a).

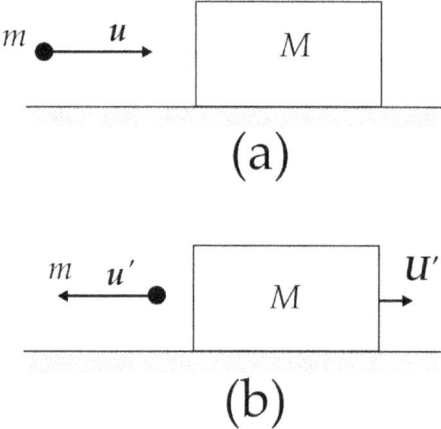

(a)

(b)

Figura 1: Bombardamento del blocco da parte dei proiettili. Studio nel sistema di riferimento solidale con il blocco.

In seguito all'urto la particella m rimbalzerà verso sinistra con una velocità u' avente modulo leggermente inferiore a u (poiché $M \gg m$), mentre il blocco aquisterà una "piccola" velocità U' verso destra, come mostrato nella Fig. 1(b). Possiamo stimare tale velocità senza bisogno di scrivere le leggi di conservazione della quantità di moto e dell'energia. Infatti, nel limite di una massa M infinita la massa m rimbalzerebbe in seguito all'urto semplicemente invertendo il verso della propria velocità e mantenendo costante il modulo. In altri termini avremmo esattamente $u' = -u$. Nel caso di una massa finita $M \gg m$ possiamo supporre che quest'ultima relazione sia vera, nel limite di un urto perfettamente elastico, solo approssimativamente, ossia $u' \simeq -u$. Scrivendo la legge di conservazione della quantità di moto abbiamo

$$mu = mu' + MU' \implies MU' = m(u - u') \simeq 2m\,u, \tag{2}$$

da cui la velocità acquistata dal blocco in seguito all'urto della massa m sarà approssimativamente pari a

$$U' \simeq 2\frac{m}{M}\, u \,. \tag{3}$$

Ritornando nel sistema di riferimento solidale con il piano orizzontale, possiamo interpretare il primo membro della (3) come l'incremento ΔU della velocità del blocco dovuto all'urto. In particolare, poiché $u = v_0 - U$, abbiamo

$$\Delta U \simeq 2\frac{m}{M}\, (v_0 - U)\,. \tag{4}$$

Poiché $M \gg m$ tale incremento sarà percentualmente molto piccolo rispetto alla velocità v_0 dei proiettili. Pensando allora al modulo U funzione del numero di urti n subiti dal blocco e tenendo conto che $\Delta n = 1$, proiettando la (4) lungo la direzione orizzontale avremo

$$\frac{\Delta U}{\Delta n} \simeq 2\frac{m}{M}\, (v_0 - U)\,, \tag{5}$$

e sostituendo gli incrementi finiti con incrementi infinitesimi (differenziali), otteniamo l'equazione differenziale

$$\frac{\mathrm{d}U}{\mathrm{d}n} = 2\frac{m}{M}\, (v_0 - U)\,, \tag{6}$$

che, integrata con la condizione iniziale $U(0) = 0$, dà

$$U(n) = v_0 \left[1 - \exp\left(-2\frac{m}{M}\, n \right) \right], \tag{7}$$

c.v.d.

160. Calcoliamo innanzitutto la velocità V del blocco dopo che il proiettile vi si è conficcato. A tale scopo è sufficiente applicare la legge di conservazione della quantità di moto lungo la direzione orizzontale come segue:

$$m v_0 = (m + M) V \implies V = v_0 \frac{m}{m + M}, \qquad (1)$$

essendo l'urto perfettamente anelastico. Per stimare la quota h è sufficiente applicare la legge di conservazione dell'energia meccanica, tenendo conto che l'energia meccanica del blocco (con il proiettile incastrato) è pari a

$$E_M = \frac{1}{2}(M + m) V^2 = \frac{1}{2}\frac{m^2}{M + m} v_0^2 = \frac{m}{M + m} E_i, \qquad (2)$$

dove abbiamo tenuto conto della (1) e dove $E_i = m v_0^2 / 2$ rappresenta l'energia meccanica iniziale. Dunque la frazione di energia meccanica dissipata in seguito all'urto è pari a

$$\frac{M}{M + m}. \qquad (3)$$

Infine, imponendo che l'energia potenziale alla quota massima h, pari a $(M+m)g h$, coincida con l'energia meccanica (2) abbiamo con semplici passaggi algebrici

$$h = \frac{v_0^2}{2g}\left(\frac{m}{m + M}\right)^2. \qquad (4)$$

161. Possiamo risolvere il problema utilizzando la legge di conservazione dell'energia meccanica, tenendo conto che tutte le forze agenti sul sistema (forza elastica e forza peso) sono conservative.

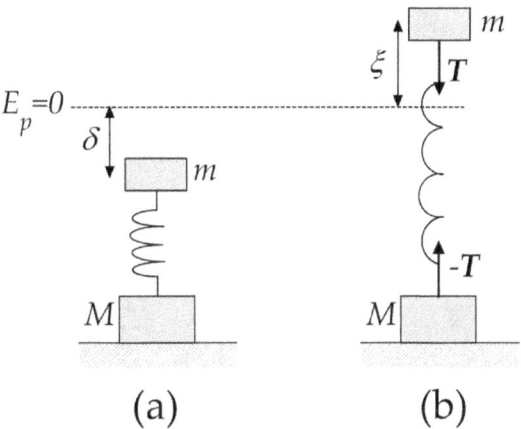

Figura 1: Il sistema all'istante iniziale (a) e in quello finale (b).

La situazione inziale è illustrata nella Fig. 1(a), in cui la massa m è ferma e la molla compressa di δ. Assumendo l'energia potenziale gravitazionale nulla in corrispondenza della posizione di riposo della molla, l'energia meccanica iniziale E_a è pari a

$$E_a = -mg\delta + \frac{1}{2}k\delta^2. \tag{1}$$

La massa, a partire da questa posizione, viene lasciata libera di muoversi verso l'alto e raggiungerà la posizione schematizzata nella Fig. 1(b), dove ξ rappresenta l'allungamento della molla. È evidente che, affinché la massa M possa essere sollevata, la tensione T della molla in questa posizione, avente modulo $T = k\xi$, deve essere in grado di superare la forza peso Mg. Possiamo dunque supporre che il valore minimo di δ corrisponda alla situazione in Fig. 1(b) con $T = Mg$ e con la velocità della massa m nulla. La corrispondente energia meccanica, diciamo E_b, è pari

$$E_b = mg\xi + \frac{1}{2}k\xi^2, \tag{2}$$

dove, per quanto detto,

$$Mg = k\xi \implies \xi = \frac{Mg}{k}.$$
(3)

Poiché, per la conservazione dell'energia meccanica, $E_a = E_b$, utilizzando la (1) e la (2) abbiamo

$$-mg\delta + \frac{1}{2}k\delta^2 = Mg\xi + \frac{1}{2}k\xi^2 \implies \frac{1}{2}k(\delta^2 - \xi^2) = mg(\delta + \xi),$$
(4)

da cui, semplificando, si ottiene

$$\delta - \xi = \frac{2mg}{k} \implies \boxed{\delta = \frac{(2m+M)g}{k}}$$
(5)

e dove nell'ultimo passaggio abbiamo tenuto conto della (3).

162. La massa M urta la massa m con una velocità verticale diretta verso il basso di modulo $V = \sqrt{2gH}$. Dopo l'urto le masse procederanno insieme con una comune velocità U che si determina facilmente applicando la legge di conservazione della quantità di moto,

$$MV = (m+M)U \implies U = \frac{MV}{m+M}. \tag{1}$$

Per stimare la profondità h possiamo applicare ancora una volta la legge di conservazione dell'energia meccanica, modellando la resistenza del terreno tramite una forza costante verticale diretta verso l'alto avente modulo R. In particolare, scegliendo la quota del terreno come zero dell'energia potenziale gravitazionale, e tenendo conto che l'energia cinetica delle due masse immediatamente dopo l'urto è pari a $M^2gH/(m+M)$, abbiamo

$$-(m+M)gh - \frac{M^2gH}{m+M} = -Rh, \tag{2}$$

da cui, risolvendo rispetto a R, otteniamo

$$R = (m+M)g + \frac{M^2}{m+M}g\frac{H}{h}. \tag{3}$$

163. La situazione è descritta schematicamente nella Fig. 1, dove sono mostrate le forze che agiscono sulla pallina.

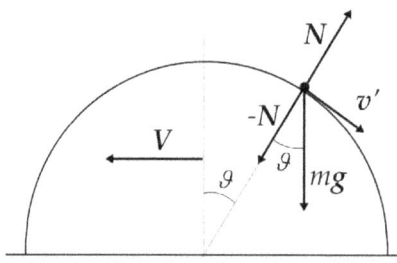

Figura 1: Analisi delle forze sulla pallina e sulla semisfera.

Oltre alla forza peso mg abbiamo la reazione vincolare della superficie liscia della semisfera, rappresentata dal vettore $\mathbf{N}$. Per il terzo principio della dinamica la pallina esercita sulla sfera una forza eguale e opposta, $-\mathbf{N}$, che tenderà a muoverla verso sinistra. Indichiamo con V la velocità orizzontale della semisfera e con v' quella della pallina rispetto alla semisfera, cosicché la velocità della pallina rispetto al piano sarà $v = v' + V$.

Poiché il sistema sfera + pallina non è soggetto a forze esterne orizzontali (il piano orizzontale è perfettamente liscio), la componente orizzontale della quantità di moto totale è pari a zero, ossia

$$-MV + mv_x = 0, \tag{1}$$

dove v_x rappresenta la componente x di v, che si esprime facilmente, tenendo conto della geometria di Fig. 1, come

$$v_x = v'_x - V = v' \cos \vartheta - V. \tag{2}$$

Combinando la (1) e la (2) otteniamo facilmente la seguente relazione tra i moduli delle velocità di M ed m:

$$V = \frac{\eta}{1+\eta} \, v' \cos \vartheta, \tag{3}$$

dove $\eta = m/M$.

La pallina si distacca dalla sfera quando $N = 0$. In tale istante l'accelerazione della sfera si annulla e il sistema di riferimento diviene inerziale. In altri termini, l'accelerazione di m rispetto alla sfera, diciamo a', coincide con l'accelerazione della massa rispetto al piano orizzontale, pari ovviamente a g. In formule abbiamo

$$a' = g, \tag{4}$$

che, proiettata lungo le direzioni tangente e normale alla semisfera, dà il sistema

$$\begin{cases} a'_\tau = g \sin \vartheta, \\ \\ a'_\nu = g \cos \vartheta = \dfrac{v'^2}{R}. \end{cases} \tag{5}$$

La seconda equazione è quella necessaria per risolvere il problema. La utilizzeremo insieme al principio di conservazione dell'energia meccanica tra l'istante iniziale e quello corrispondente al distacco, ossia

$$m g R(1 - \cos \vartheta) = \frac{1}{2} M V^2 + \frac{1}{2} m v^2, \tag{6}$$

ovvero, dividendo ambo i membri per m,

$$2 g R(1 - \cos \vartheta) = \frac{V^2}{\eta} + v^2. \tag{7}$$

La quantità v^2 si calcola facilmente applicando il teorema di Carnot al triangolo PQR della Fig. 2,

$$v^2 = V^2 + v'^2 - 2 V v' \cos \vartheta, \tag{8}$$

che, tenendo conto della (3) e della seconda equazione del sistema (5), diventa

$$v^2 = V^2 + g R \cos \vartheta - 2 V^2 \frac{1 + \eta}{\eta} = g R \cos \vartheta - \frac{2 + \eta}{\eta} V^2, \tag{9}$$

e che, sostituita nella (7), con semplici passaggi algebrici dà

$$g R(2 - 3 \cos \vartheta) + V^2 \frac{1 + \eta}{\eta} = 0. \tag{10}$$

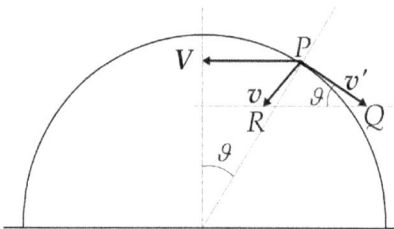

Figura 2: La velocità della pallina e della semisfera.

Finalmente, elevando al quadrato ambo i membri della (3) e tenendo conto ancora una volta della seconda delle (5), abbiamo

$$V^2 \frac{1+\eta}{\eta} = \frac{\eta}{1+\eta} gR \cos \vartheta, \tag{11}$$

che, sostituita nella (10) con semplici passaggi algebrici dà l'equazione

$$\frac{\eta}{1+\eta} \cos^3 \vartheta - 3 \cos \vartheta + 2 = 0, \tag{12}$$

c.v.d.

164. Le forze che agiscono separatamente sulla piattaforma e sull'uomo sono illustrate rispettivamente nella Fig. 1(a) e Fig. 1(b).

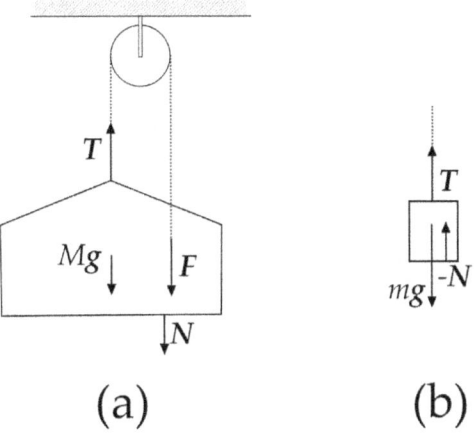

(a)   (b)

Figura 1: Il "bansigo".

La piattaforma è soggetta all'azione della tensione T del cavo, della forza peso Mg e della forza N esercitata dai piedi dell'uomo e diretta verso il basso. La seconda equazione della dinamica si scriverà dunque

$$Mg + T + N = M a, \tag{1}$$

dove a indica l'accelerazione della piattaforma. Supponendo il cavo ideale (insestensibile e avente massa trascurabile), il modulo della tensione T sarà pari a quello della forza esercitata dall'uomo F. Per quanto concerne l'insieme delle forze che agiscono su quest'ultimo abbiamo, oltre alla forza peso mg, la tensione del cavo T e la reazione del pavimento della piattaforma sull'uomo che, per il terzo principio della dinamica, è pari a $-N$. Tenendo conto che l'uomo e la piattaforma si muovono con la medesima accelerazione, avremo

$$mg + T - N = m a. \tag{2}$$

Proiettando le due equazioni lungo un asse verticale diretto verso l'alto, otteniamo il sistema

$$\begin{cases} -Mg + T - N = Ma, \\ -mg + T + N = ma, \end{cases} \tag{3}$$

da cui, eliminando N, otteniamo facilmente

$$F = T = (M + m)\frac{a + g}{2}, \tag{4}$$

che, sostituendo i dati numerici, dà una stima pari a circa 500 N.

165. Supponiamo per semplicità che le due masse siano lasciate a partire dalla medesima quota, come schematizzato nella Fig. 1(a) dove, trascurando le dimensioni della carrucola, l rappresenta la lunghezza totale della corda.

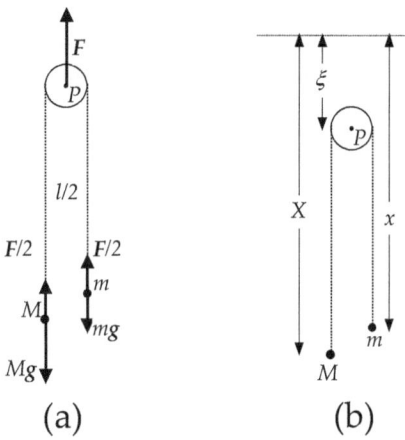

Figura 1: Macchina di Atwood.

Nella stessa figura sono mostrate le forze agenti sui vari componenti del sistema. Poiché la carrucola ha massa nulla, nulla deve essere la forza totale agente su essa. Ciò implica, in virtù della supposta idealità del filo, che la tensione ai suoi capi sarà in modulo pari a $F/2$. Indicando con A e a rispettivamente l'accelerazione di M e di m, la seconda legge della dinamica dà

$$\begin{cases} MA = \dfrac{F}{2} + Mg, \\[2mm] ma = \dfrac{F}{2} + mg, \end{cases} \qquad (1)$$

che, proiettate lungo un asse verticale diretto verso il basso, diventano

$$\begin{cases} MA = Mg - \dfrac{F}{2}, \\[2mm] ma = mg - \dfrac{F}{2}. \end{cases} \qquad (2)$$

Come casi particolari consideriamo $F = 0$, corrispondente ad $A = a = g$ (caduta libera dell'intero sistema), e $F = 4g\,mM/(M + m)$, corrispondente alla classica configurazione della Macchina di Atwood in cui la carrucola è ferma ed $a = -A$.

Il calcolo dell'accelerazione del punto di sospensione P si può fare agevolmente tenendo conto del vincolo imposto dalla presenza del filo sul moto delle due masse puntiformi. In particolare, con riferimento alla Fig. 1(b) e indicando con l la lunghezza del filo, abbiamo

$$(X - \xi) + (x - \xi) = l \implies \xi = \frac{x + X}{2} - l, \qquad (3)$$

dove X, x e ξ indicano rispettivamente le posizioni di M, m e P. Derivando due volte la (3) rispetto al tempo otteniamo che l'accelerazione di P coincide con la media aritmetica delle accelerazioni delle due masse.

166. Il problema si risolve pensando la corda come l'insieme di infiniti elementi, aventi ciascuno lunghezza infinitesima, come schematizzato nella Fig. 1.

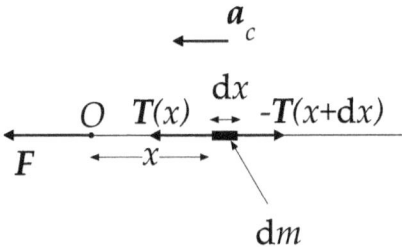

Figura 1: La distribuzione della tensione all'interno del filo.

Indichiamo con x la posizione del generico elemento avente lunghezza dx e massa dm, con $T(x)$ la tensione che la parte di corda a sinistra dell'elemento esercita sull'elemento stesso e con a_c l'accelerazione, comune a tutti gli elementi, che coincide con quella del c.d.m., ossia $a_c = F/M$. Scrivendo la seconda legge della dinamica per l'elemento della figura abbiamo

$$-T(x) + T(x+dx) = -a_c\, dm = -\frac{F}{M}dm = -\frac{F}{l}dx\,, \qquad (1)$$

dove nell'ultimo passaggio abbiamo sfruttato l'omogeneità della corda. Pensando alla tensione come a una funzione continua della posizione, la (1) può essere scritta nella forma della seguente equazione differenziale:

$$\frac{dT}{dx} = -\frac{F}{l}\,, \qquad (2)$$

che dimostra la tesi.

167. È sufficiente applicare la definizione; introduciamo il sistema di riferimento cartesiano illustrato nella Fig. 1.

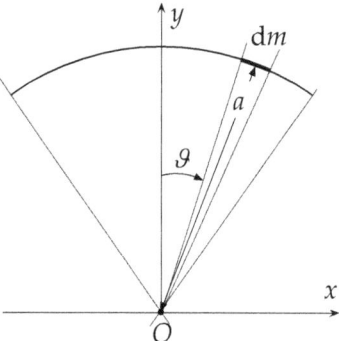

Figura 1: Il sistema di riferimento cartesiano per il calcolo della posizione del centro di massa.

Per ragioni di simmetria il centro di massa si troverà sull'asse y, e la relativa quota d è pari a

$$d = \frac{1}{M} \int y \, dm \, , \tag{1}$$

ovvero, esplicitando l'integrale in termini della variabile angolare $\vartheta \in [-\alpha, \alpha]$, e tenendo conto che, in virtù dell'omogeneità nella distribuzione della massa, $dm = \frac{M}{2\alpha} \, d\vartheta$,

$$d = \frac{1}{2\alpha} \int_{-\alpha}^{\alpha} a \cos \vartheta \, d\vartheta \, . \tag{2}$$

Integrando e semplificando segue infine la tesi.

168. Per risolvere il problema è sufficiente pensare il settore circolare come l'unione di infiniti settori circolari aventi apertura infinitesima e vertice comune in O. Pensiamo questi settori come triangoli isosceli omogenei aventi base infinitesima, i cui centri di massa si trovano a distanza $2a/3$ da O. In tal modo possiamo pensare tutta la distribuzione di massa del settore circolare concentrata sull'anello di apertura 2α e raggio $2a/3$. Applicando il risultato dell'esercizio precedente segue dunque la tesi.

169. Il problema si risolve facilmente pensando al trapezio come alla "differenza" tra i due triangoli simili OAB e OCD mostrati nella Fig. 1, i cui rispettivi centri di massa si trovano sulla comune mediana OP. La tesi di cui al punto (a) è così dimostrata.

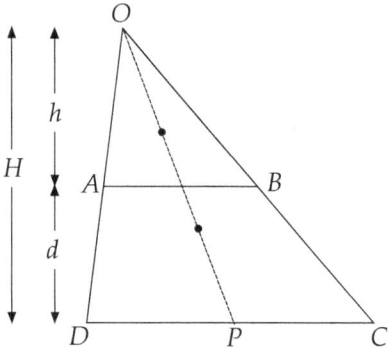

Figura 1: Il trapezio come differenza dei triangoli simili OAB e OCD.

Per determinate la quota del centro di massa del trapezio sostituiamo al triangolo OCD un punto avente massa proporzionale all'area e posto alla quota $H/3$, mentre in luogo del triangolo OAB poniamo un punto avente anch'esso massa proporzionale all'area ma con il segno negativo a quota $d + h/3$, dove H e h sono rispettivamente le altezze dei due triangoli che si possono determinare tenendo conto che $H/h = a/b$ e che $H - h = d$, da cui si ottiene facilmente

$$\begin{cases} H = \dfrac{a}{a-b}\,d\,, \\[4mm] h = \dfrac{b}{a-b}\,d\,. \end{cases} \tag{1}$$

Indicando infine con M la massa del triangolo OCD e con z la quota del centro di massa del trapezio, abbiamo

$$z = \frac{M\dfrac{H}{3} - M\dfrac{b^2}{a^2}\left(d + \dfrac{b}{3}\right)}{M\left(1 - \dfrac{b^2}{a^2}\right)}, \tag{2}$$

che, tenendo conto della (1), con semplici passaggi algebrici dà

$$z = \frac{d}{3}\frac{a + 2b}{a + b}, \tag{3}$$

c.v.d.

Per dimostrare la costruzione grafica, consideriamo la Fig. 2.

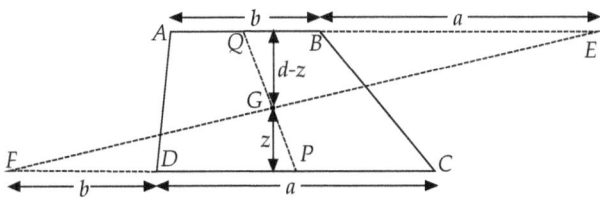

Figura 2: Determinazione grafica del centro di massa del trapezio.

In essa i triangoli QEG e PFG sono simili e le relative altezze, rispettivamente pari a $d - z$ ed a z, sono nel rapporto

$$\frac{d - z}{z} = \frac{2a + b}{a + 2b}. \tag{4}$$

Poiché, per costruzione, $\overline{QE} = a + b/2$ e $\overline{PF} = b + a/2$, tenendo conto della (4) si ottiene

$$\frac{\overline{QE}}{\overline{PF}} = \frac{d - z}{z} \tag{5}$$

c.v.d.

170. I due punti si muovono verticalmente, il primo verso il basso e il secondo verso l'alto, con la medesima accelerazione $a = g(M - m)/(M + m)$. L'accelerazione del centro di massa a_{CM} si ottiene applicando la definizione; in particolare, orientando l'asse verticale verso il basso avremo

$$a_{CM} = \frac{Ma - ma}{m + M} = a\frac{M - m}{M + m} = g\left(\frac{m - M}{m + M}\right)^2, \qquad (1)$$

c.v.d.

171. Vista l'assenza di attrito possiamo applicare la legge di conservazione dell'energia meccanica tra le situazioni schematizzate in (a) e (b).

Nella prima il centro di massa del sistema si trova a una quota pari a $L/4$ al di sotto del supporto, mentre nella seconda situazione il centro di massa si trova a $-L/2$. Detta M la massa della catena, la sua energia potenziale è diminuita di $MgL/4$. Poichè nella situazione (b) tutti i punti della catena hanno la stessa velocità V, l'energia cinetica totale sarà pari a $MV^2/2$. Imponendo la conservazione dell'energia meccanica avremo

$$Mg\frac{L}{4} = \frac{1}{2}MV^2 \implies V = \sqrt{\frac{gL}{2}}, \tag{1}$$

c.v.d.

172. le sole forze esterne agenti sono la forza peso Mg e la reazione vincolare N. I punti della catena che non sono ancora a contatto col tavolo si muoveranno di moto uniformemente accelerato verso il basso con accelerazione pari a g, mentre quelli già arrivati sul tavolo saranno in quiete. La Fig. 1 mostra schematicamente la situazione iniziale (a) e quella dopo t secondi (b).

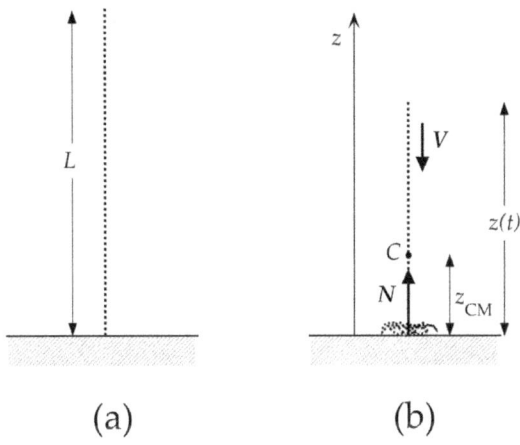

(a)   (b)

Figura 1: (a) La configurazione iniziale della catena. (b) La situazione dopo t secondi.

Indicando con $z(t)$ la quota dell'estremo libero della catena all'istante t, calcoliamo innanzitutto la quota z_{CM} del centro di massa della catena C. Per definizione avremo

$$z_{CM} = \frac{\lambda z \dfrac{z}{2}}{\lambda L} = \frac{z^2}{2L}, \tag{1}$$

avendo introdotto la densità lineare di massa $\lambda = M/L$. Derivando due volte rispetto al tempo la (1) otteniamo l'accelerazione di C,

$$\ddot{z}_{CM} = \frac{\dot{z}^2}{L} + \frac{z\ddot{z}^2}{L}, \tag{2}$$

ovvero, tenendo conto che $z(t) = L - gt^2/2$,

$$\ddot{z}_{CM} = -g + \frac{3g^2t^2}{2L}. \tag{3}$$

Per determinare la reazione vincolare, è sufficiente scrivere la prima equazione cardinale,

$$M\boldsymbol{g} + \boldsymbol{N} = M\boldsymbol{a}_C \,, \tag{4}$$

che proiettata lungo l'asse z dà

$$-Mg + N = M\ddot{z}_{CM} \,, \tag{5}$$

da cui, tenendo conto della (3), si ottiene

$$N = M(g + \ddot{z}_{CM}) = 3g\,\boxed{\frac{M}{L}\,\frac{g\,t^2}{2}}\,, \tag{6}$$

dove il termine nel riquadro coincide con la massa della parte della catena già ammucchiata, c.v.d.

173. La formica si muove sull'anello grazie all'azione di sole forze interne. Conseguentemente il centro di massa del sistema "formica+anello", inizialmente fermo, rimane in quiete durante il moto della formica che, d'altra parte, si troverà sempre alla stessa distanza da esso, percorrendo dunque una traiettoria circolare.

174. e con d la reciproca distanza, come schematizzato nella Fig. 1, dove il
      centro di massa è rappresentato dal punto C.

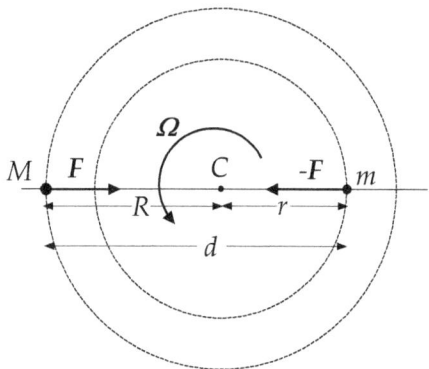

Figura 1: Le forze agenti sul sistema binario.

In base alla definizione di quest'ultimo possiamo scrivere

$$\begin{cases} d = r + R\,, \\[2mm] \dfrac{R}{r} = \dfrac{m}{M}\,. \end{cases} \tag{1}$$

Le due stelle si scambiano l'interazione gravitazionale rappresentata
dalla coppia di forze F e $-F$, con

$$F = G\,\frac{mM}{d^2}\,, \tag{2}$$

da cui, applicando la seconda legge della dinamica a entrambe le stelle,
abbiamo

$$\begin{cases} G\,\dfrac{M}{d^2} = \Omega^2\, r\,, \\[3mm] G\,\dfrac{m}{d^2} = \Omega^2\, R\,, \end{cases} \tag{3}$$

e infine, sommando membro a membro, si ricava facilmente il valore della velocità angolare di rotazione,

$$\Omega^2 = G\frac{M+m}{(R+r)^3} \implies T^2 = \frac{4\pi^2}{G}\frac{(R+r)^3}{M+m}. \qquad (4)$$

Quest'ultima espressione si può riscrivere come segue:

$$T^2 = \frac{4\pi^2}{GM}r^3\frac{\left(1+\dfrac{R}{r}\right)^3}{\left(1+\dfrac{m}{M}\right)}, \qquad (5)$$

da cui, tenendo conto della seconda delle (1), si ottiene

$$T^2 = \frac{4\pi^2}{GM}r^3\left(1+\frac{R}{r}\right)^2, \qquad (6)$$

c.v.d.

In maniera del tutto analoga potremmo anche scrivere

$$T^2 = \frac{4\pi^2}{Gm}R^3\frac{\left(1+\dfrac{r}{R}\right)^3}{\left(1+\dfrac{M}{m}\right)} = \frac{4\pi^2}{Gm}R^3\left(1+\frac{r}{R}\right)^2. \qquad (7)$$

Per rispondere alla seconda domanda partiamo dalla (6) che riscriviamo come segue:

$$GM = \frac{4\pi^2R^3}{T^2}\frac{r}{R}\left(1+\frac{r}{R}\right)^2, \qquad (8)$$

ovvero, moltiplicando ambo i membri per $2\pi/T$ e tenendo conto che $2\pi R/T = V$,

$$\frac{2\pi\,GM}{V^3T} = \frac{r}{R}\left(1+\frac{r}{R}\right)^2 = \frac{M}{m}\left(1+\frac{M}{m}\right)^2, \qquad (9)$$

dove nell'ultimo passaggio abbiamo tenuto conto ancora una volta della (1). La (9) è un'equazione algebrica di terzo grado nell'incognita M/m che può essere risolta una volta noto il primo membro.

Come esempio numerico consideriamo il sistema binario costituito dalla stella HD 209458 e dal pianeta gassoso HD 209458b, che si trovano nella costellazione di Pegaso. Il pianeta, scoperto nel novembre del 1999, ha una massa pari a circa 0.64 volte la massa di Giove, ossia $M \simeq 1.24\,10^{27}$ kg. Percorre la sua orbita approssimativamente circolare di raggio $R \simeq 0.0474$ U.A. in circa 3.524 giorni solari, con una velocità scalare orbitale dell'ordine di 150 km/s. Sostituendo questi dati nella (9) e risolvendo numericamente l'equazione di terzo grado si ottiene $M/m \simeq 5.3 \times 10^{-4}$, che dà una stima della massa m della stella madre (HD 209458) pari a circa 1.14 masse solari.

175. Per risolvere il problema è sufficiente dimostrare che la forza totale agente sulla *i*-esima particella è diretta verso il centro di massa del sistema ed è in modulo pari al prodotto della massa m_i, della sua distanza dal centro di massa e dal quadrato di una identica velocità angolare, diciamo Ω. Supponiamo per semplicità di considerare il moto della massa m_1 sotto l'azione delle forze di attrazione dovute a m_2 ed m_3, come mostrato nella Fig. 1.

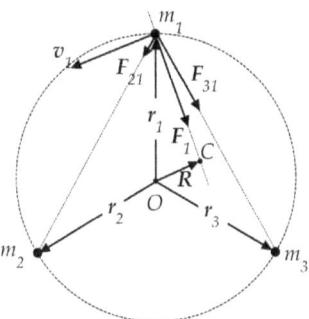

Figura 1: Lo studio del problema dei tre corpi.

La forza totale agente su m_1, diciamo F_1, è pari a

$$F_1 = F_{21} + F_{31} = G\frac{m_1 m_2}{L^3}(r_2 - r_1) + G\frac{m_1 m_3}{L^3}(r_3 - r_1), \quad (1)$$

ovvero, semplificando e riarrangiando,

$$F_1 = G\frac{m_1}{L^3}(m_2 r_2 - m_2 r_1 + m_3 r_3 - m_3 r_1). \quad (2)$$

Quest'ultima equazione si può riscrivere aggiungendo e togliendo all'interno della parentesi tonda la quantità $m_1 r_1$, cosicché avremo

$$F_1 = G\frac{m_1}{L^3}(m_1 r_1 + m_2 r_2 + m_3 r_3 - m_1 r_1 - m_2 r_1 - m_3 r_1), \quad (3)$$

e infine, introducendo il vettore R che definisce la posizione del centro di massa C, si ottiene

$$F_1 = G\frac{m_1}{L^3}(m_1 + m_2 + m_3)(R - r_1), \quad (4)$$

da cui segue la tesi.

176. Studiamo il problema nel sistema di riferimento solidale col centro di massa del sistema, la cui velocità nel sistema fisso è pari a

$$V_{\text{CM}} = \frac{M}{m+M}\,V\,.\qquad(1)$$

Nel sistema solidale con il centro di massa indicheremo la velocità di M e di m rispettivamente con i simboli U e u, dove

$$\begin{cases} U = V - V_{\text{CM}} = \dfrac{m}{m+M}\,V\,, \\[2ex] u = -V_{\text{CM}} = -\dfrac{M}{m+M}\,V\,. \end{cases}\qquad(2)$$

Poiché l'urto è elastico i moduli delle velocità delle due particelle rimangono invariati in seguito alla collisione, cosicché $u' = V_{\text{CM}}$. Tornando nel sistema fisso, la velocità finale di m è pari a $u = u' + V_{\text{CM}}$ che sarà massimizzata (in modulo), orientando u' parallelamente a V_{CM}, c.v.d.

177. Nel sistema di riferimento del centro di massa i due frammenti devono avere velocità uguali e opposte. Inoltre l'energia cinetica totale deve essere pari a $MV^2/2$. Indicando con u' la velocità scalare dei due frammenti nel sistema del centro di massa avremo

$$2 \times \frac{M}{2} \frac{u'^2}{2} = \frac{1}{2} M V^2 \implies u' = V. \tag{1}$$

Il valore massimo della velocità scalare di uno dei frammenti nel sistema fisso u si avrá orientando il vettore $\boldsymbol{u}'$ parallelamente alla velocità del centro di massa V, da cui si ottiene $u_{\max} = 2V$, cv.d.

178. Studieremo il problema nel sistema di riferimento del centro di massa, la cui velocità (rispetto al sistema fisso) v_c è pari a

$$v_c = \frac{v_0}{3}. \tag{1}$$

In tale sistema di riferimento la situazione iniziale è schematizzata nella Fig. 1: la massa centrale ha una velocità pari a $v_0 - v_c = 2v_0/3$, mentre le due masse esterne si muovono con identica velocità, pari a $-v_c = -v_0/3$.

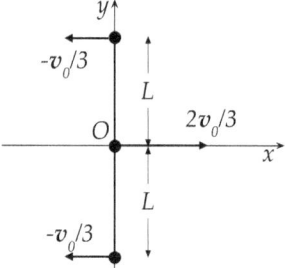

Figura 1: La situazione iniziale nel sistema di riferimento solidale col centro di massa del sistema.

In questo sistema di riferimento la massa centrale si muove lungo l'asse x rallentando a causa delle tensioni dei fili che la collegano alle masse esterne.

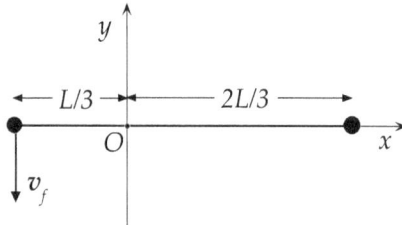

Figura 2: La situazione finale nel sistema di riferimento solidale col centro di massa del sistema.

Tale rallentamento prosegue fino a che la massa centrale si ferma e il sistema raggiunge la situazione mostrata nella Fig. 2, dove per semplicità solamente una delle masse esterne è stata disegnata. In particolare, poichè il centro di massa del sistema è rimasto in quiete, le velocità finali delle masse esterne sono uguali e opposte, dirette lungo l'asse y. Infine, imponendo la conservazione dell'energia cinetica tra la situazione iniziale e quella finale abbiamo

$$\left(\frac{2}{3}v_0\right)^2 + 2\left(\frac{1}{3}v_0\right)^2 = 2v_f^2 \implies \boxed{v_f = \frac{v_0}{\sqrt{3}}} \tag{2}$$

Tornando nel sistema di riferimento "fisso" dovremo semplicemente aggiungere a v_f la velocità del centro di massa.

179. Sia R il raggio della generica traiettoria. Poiché il moto è centrale la sua velocità areolare è costante. Inoltre, essendo l'orbita circolare, ne segue che il moto è necessariamente uniforme. Indicando con F il modulo della forza, dalla seconda legge della dinamica abbiamo

$$\frac{mv^2}{R} = F\,, \tag{1}$$

dove m è la massa del corpo. In un moto circolare il modulo della velocità areolare K è pari a

$$K = \frac{vR}{2} \implies v = \frac{2K}{R}\,. \tag{2}$$

Sostituendo la (2) nella (1) segue infine la tesi.

180. Per risolvere il problema è sufficiente applicare la legge di conservazione del momento angolare, calcolato rispetto al centro della Terra (centro della forza attrattiva) e la legge di conservazione dell'energia meccanica.

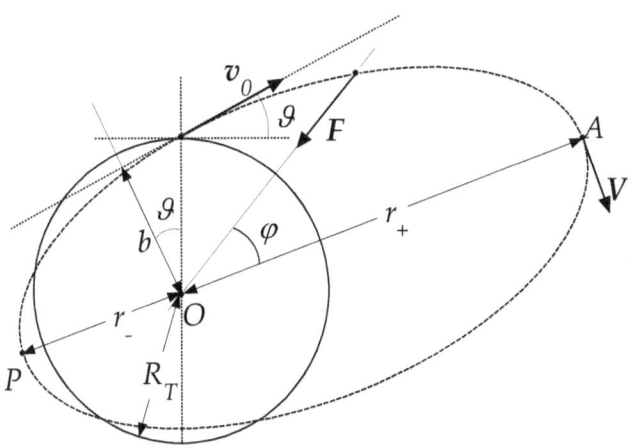

Figura 1: La geometria del problema.

In particolare, con riferimento alla Fig. 1, vediamo che il momento angolare all'istante del lancio è pari (in modulo) a $v_0 b = v_0 R_T \cos \vartheta$, mentre nel punto di massima distanza dal centro O esso è pari a $V r$. Eguagliando le due quantità otteniamo

$$v_0 R_T \cos \vartheta = V r. \tag{1}$$

Indicando con M_T la massa terrestre, la legge di conservazione dell'energia meccanica dà

$$\frac{v_0^2}{2} - \frac{GM_T}{R_T} = \frac{V^2}{2} - \frac{GM_T}{r}, \tag{2}$$

ovvero, introducendo la velocità di fuga $v_f = \sqrt{2gR_T} = \sqrt{\dfrac{2GM_T}{R_T}}$,

$$v_0^2 - v_f^2 = V^2 - v_f^2 \frac{R_T}{r} \implies V^2 = v_0^2 - v_f^2 \left(1 - \frac{R_T}{r}\right), \quad (3)$$

e che, tenendo conto della (1), con semplici passaggi algebrici dà la seguente equazione algebrica:

$$\rho^2(1-\eta) - \rho + \eta\cos^2\vartheta = 0, \qquad (4)$$

dove $\eta = v_0^2/v_f^2$ e $\rho = r/R_T$. Risolvendo la (4) otteniamo facilmente le due soluzioni

$$\frac{r_\pm}{R_T} = \frac{1 \pm \sqrt{1 - 4\eta(1-\eta)\cos^2\vartheta}}{2(1-\eta)}. \qquad (5)$$

È bene notare che la quantità sotto radice quadrata è sempre positiva,[16] e dunque entrambe le soluzioni sono positive e coincidono con la distanza dal centro O rispettivamente all'apogeo A e al perigeo P della traiettoria ellittica tratteggiata nella figura.

Per rispondere alla seconda domanda è sufficiente considerare il limite della (5) per $\eta \ll 1$ e utilizzare l'approssimazione $(1+\eta)^n \simeq 1 + n\eta$, trascurando tutti i termini di ordine superiore a η.

---

[16] Abbiamo infatti

$$1 - 4\eta(1-\eta)\cos^2\vartheta \geq 1 - 4\eta(1-\eta) = (2\eta - 1)^2 \geq 0.$$

181. La forza esercitata dal filo sulla massa è diretta costantemente verso il centro del foro O, come mostrato nella Fig. 1.

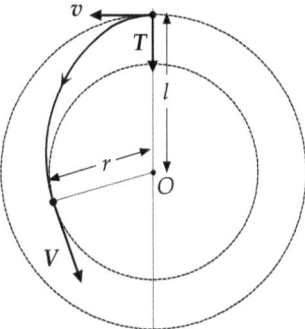

Figura 1: Traiettoria di moto della massa m sotto l'azione della tensione esercitata dal filo.

Ciò implica che il momento angolare di m rispetto al centro O si deve conservare. Detta V la velocità della massa nella posizione Q, scriveremo dunque

$$vl = Vr \implies V = v\frac{l}{r}. \tag{1}$$

Poiché le tensioni ai capi del filo compiono lavori uguali e opposti, data l'assenza d'attrito possiamo applicare la legge di conservazione dell'energia meccanica,

$$\frac{mV^2}{2} - \frac{mv^2}{2} = Mg(l - r), \tag{2}$$

da cui, utilizzando la (1) per eliminare V, con semplici passaggi algebrici segue la tesi.

182. Sappiamo dalla legge di conservazione dell'energia meccanica che $U = V$.

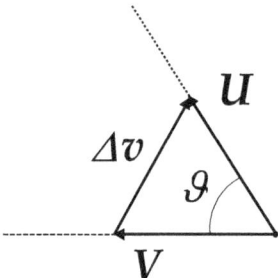

Figura 1: La variazione totale della velocità.

Indicando con $\Delta v = U - V$ la variazione totale della velocità in seguito all'interazione con il centro di forze, dalla Fig. 1 otteniamo, con semplici considerazioni trigonometriche,

$$|\Delta v| = 2V \sin \frac{\vartheta}{2}. \tag{1}$$

D'altro canto la medesima variazione è legata all'integrale temporale della forza agente sul punto materiale dalla seconda legge della dinamica,

$$\frac{\mathrm{d}v}{\mathrm{d}t} = \frac{K}{r^2} \hat{r} \implies \Delta v = \int_0^\infty \frac{K}{r^2} \hat{r} \, \mathrm{d}t, \tag{2}$$

dove $\hat{r}$ indica il versore della direzione radiale del sistema di coordinate polari mostrato in Fig. 2. Il calcolo dell'integrale presuppone la conoscenza della legge di moto. Tuttavia si può risolvere il problema eliminando il tempo grazie alla legge di conservazione del momento angolare (forza centrale). Abbiamo infatti che, per ogni posizione di P,

$$r^2 \dot{\varphi} = V b \implies \frac{1}{r^2} = \frac{1}{V b} \frac{\mathrm{d}\varphi}{\mathrm{d}t}. \tag{3}$$

Sostituendo la (3) nella (2) e semplificando $\mathrm{d}t$, otteniamo

$$\Delta v = \frac{K}{V b} \int_0^{\pi - \vartheta} \hat{r} \, \mathrm{d}\varphi, \tag{4}$$

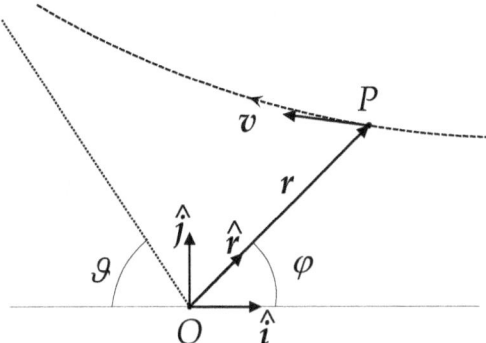

Figura 2: Il sistema di riferimento polare.

dove il versore $\hat{r}$ deve essere pensato come funzione di φ. Il calcolo dell'integrale può essere condotto elementarmente in diversi modi, per esempio utilizzando la rappresentazione cartesiana di $\hat{r}$. Vogliamo qui proporre un'interpretazione geometrica del suddetto integrale, pensato come proporzionale alla direzione "media" individuata dall'angolo $\pi/2 - \vartheta/2$, come mostrato nella Fig. 3.

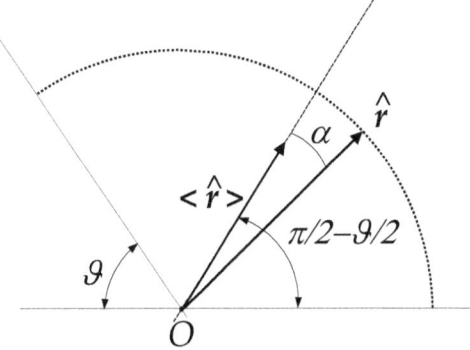

Figura 3: Calcolo di $\langle \hat{r} \rangle$.

È chiaro che tale direzione coincide con quella del vettore Δv, come si evince facilmente dalla Fig. 1. Per calcolarne il modulo è sufficiente cambiare variabile nell'integrale introducendo l'angolo α che "misura" la posizione di $\hat{r}$ rispetto alla direzione media $\langle\hat{r}\rangle$, cosicché avremo

$$\left|\int_0^{\pi-\vartheta} \hat{r}\,\mathrm{d}\varphi\right| = 2\int_0^{\pi/2-\vartheta/2} \cos\alpha\,\mathrm{d}\alpha = 2\sin\left(\frac{\pi}{2}-\frac{\vartheta}{2}\right) = 2\cos\frac{\vartheta}{2}, \tag{5}$$

che, sostituito nella (2), dà

$$|\Delta v| = \frac{2K}{Vb}\cos\frac{\vartheta}{2}, \tag{6}$$

da cui, per confronto con la (1), otteniamo finalmente

$$2V\sin\frac{\vartheta}{2} = \frac{2K}{Vb}\cos\frac{\vartheta}{2} \implies \boxed{\tan\frac{\vartheta}{2} = \frac{K}{bV^2}} \tag{7}$$

c.v.d.

183. Il problema si può risolvere tenendo conto che il momento totale delle forze esterne applicato al sistema uomo+piastra è nullo; conseguentemente il momento angolare del sistema si deve conservare. Poiché la massa della piastra è trascurabile e tenendo conto delle condizioni iniziali, dobbiamo imporre che il momento angolare assiale dell'uomo calcolato rispetto all'asse di rotazione sia nullo, ossia

$$r \times v = 0,\tag{1}$$

dove r e v rappresentano rispettivamente posizione e velocità dell'uomo nel sistema di riferimento inerziale fisso solidale con l'asse di rotazione. A causa delle forze interne (attrito) che si scambiano uomo e piattaforma, quest'ultima tenderà a ruotare con velocità angolare Ω rispetto all'asse z, come mostrato nella Fig. 1.

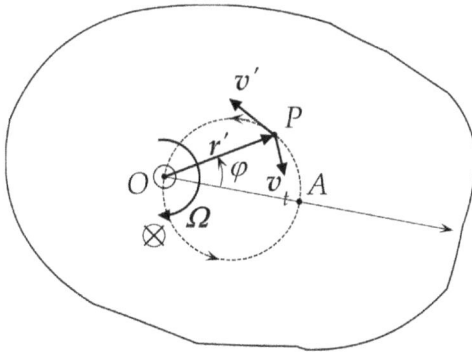

Figura 1: Lo studio del moto nel sistema di riferimento solidale con la piastra.

Poiché conosciamo la traiettoria dell'uomo rispetto alla piattaforma, scriviamo la (1) nel sistema di riferimento solidale con questa. Abbiamo

$$r' \times (v' + v_t) = 0 \Longrightarrow r' \times v' + r' \times v_t = 0,\tag{2}$$

dove abbiamo sfruttato il fatto che $r' = r$, v' indica la velocità dell'uomo relativamente alla piattaforma e v_t la velocità di trascinamento. Poiché quest'ultima è legata alla velocità angolare Ω dalla relazione $v_t = \Omega \times r'$, proiettando la (2) lungo l'asse di rotazione, con semplici passaggi algebrici otteniamo[17]

$$\Omega\, r'^2 = r'^2 \dot{\varphi} \tag{3}$$

da cui, semplificando e integrando rispetto al tempo otteniamo per l'angolo di rotazione della piastra la seguente espressione:

$$\int \Omega\, \mathrm{d}t = \int \dot{\varphi}\, \mathrm{d}t = \int_{-\pi/2}^{\pi/2} \mathrm{d}\varphi = \pi, \tag{4}$$

c.v.d.

---

[17]Si tenga presente l'dentità

$$r' \times (\Omega \times r') = \Omega\, r'^2.$$

184. Occorre nuovamente applicare la legge di conservazione del momento angolare, portando in conto anche il contributo della piattafroma, pari a $I\Omega$, cosicché avremo

$$I\Omega + m\,\boldsymbol{r} \times \boldsymbol{v} = 0, \tag{1}$$

da cui, ripetendo identici ragionamenti si ottiene l'equazione

$$(I + m\,r'^2)\Omega = m\,r'^2\,\dot{\varphi}, \tag{2}$$

ovvero, risolvendo rispetto a Ω e integrando,

$$\int \Omega\,dt = \int_{-\pi/2}^{\pi/2} \frac{m\,r'^2}{I + m\,r'^2}\,d\varphi, \tag{3}$$

e tenendo conto che $r' = a\cos\varphi$,

$$\int \Omega\,dt = \int_{-\pi/2}^{\pi/2} \frac{\eta\cos^2\varphi\,d\varphi}{1 + \eta\cos^2\varphi}, \tag{4}$$

dove $\eta = ma^2/I$. L'ultimo integrale si può calcolare elementarmente e dà[18]

$$\int \Omega\,dt = \pi\left(1 - \frac{1}{\sqrt{1+\eta}}\right). \tag{5}$$

---

[18] Aggiungendo e sottraendo 1 nel numeratore dell'integrando e ponendo $\tan\varphi = x$, l'integrale diventa

$$\pi - 2\int_0^\infty \frac{dx}{1 + \eta + x^2} = \pi - 2\frac{1}{\sqrt{1+\eta}}\int_0^\infty \frac{dx/\sqrt{1+\eta}}{1 + (x/\sqrt{1+\eta})^2},$$

da cui, ricordando che $\int dx/(1+x^2) = \arctan x + C$, segue la (5).

185. La geometria è illustrata nella Fig. 1. Indichiamo con C_1 e C_2 rispetti-

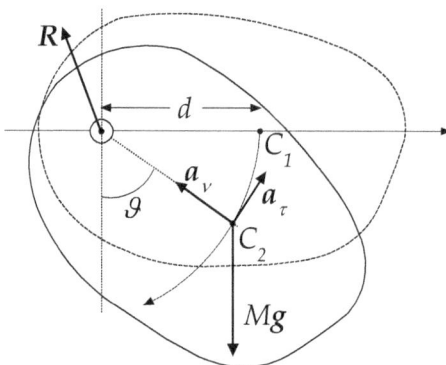

Figura 1: L'analisi delle forze.

vamente la posizione iniziale del centro di massa del pendolo e quella corrispondente al massimo valore della componente orizzontale della reazione vincolare $\mathbf{R}$. Dobbiamo dimostrare che $\vartheta = \pi/4$, dove ϑ indica la posizione angolare del centro di massa rispetto alla verticale. Data l'assenza di attrito scriviamo dapprima la legge di conservazione dell'energia meccanica

$$\frac{1}{2}I\dot{\vartheta}^2 = mgd\cos\vartheta\,, \tag{1}$$

dove I indica il momento d'inerzia del pendolo rispetto all'asse di rotazione e $\dot{\vartheta}$ la velocità angolare. Per determinare la reazione vincolare R scriviamo la prima equazione cardinale,

$$\mathbf{R} + m\mathbf{g} = m\mathbf{a}_C\,, \tag{2}$$

dove $\mathbf{a}_C$ indica l'accelerazione del centro di massa. Poiché quest'ultimo compie un moto circolare di raggio d, possiamo scomporre facilmente l'accelerazione lungo le direzioni tangenziale e azimutale, come mostrato nella Fig. 1,

$$\begin{cases} a_\tau = \ddot{\vartheta}d\,, \\[2mm] a_v = \dot{\vartheta}^2 d\,. \end{cases} \tag{3}$$

Proiettando la (2) lungo la direzione orizzontale x abbiamo

$$R_x = m(a_\tau \cos\vartheta - a_\nu \sin\vartheta) = md\,(\ddot\vartheta \cos\vartheta - \dot\vartheta^2 \sin\vartheta), \qquad (4)$$

e dobbiamo eliminare il tempo senza ricorrere all'equazione differenziale del moto. A tale scopo esprimiamo $\dot\vartheta^2$ e $\ddot\vartheta$ in funzione della posizione angolare ϑ. Per la prima si ha dalla (1)

$$\dot\vartheta^2 = \frac{2mgd}{I} \cos\vartheta, \qquad (5)$$

mentre per ciò che concerne $\ddot\vartheta$ scriviamo la seconda equazione cardinale,

$$I\ddot\vartheta = -mgd \sin\vartheta \implies \ddot\vartheta = -\frac{mgd}{I} \sin\vartheta. \qquad (6)$$

Sostituendo infine la (5) e la (6) nella (4) con semplici passaggi algebrici abbiamo

$$R_x = -\frac{3m^2 g d^2}{2I} \sin 2\vartheta, \qquad (7)$$

da cui segue la tesi.

186. Indicando con v la velocità scalare dell'estremo libero dell'asta nella posizione di equilibrio, applichiamo direttamente la legge di conservazione dell'energia meccanica tra il punto di equilibrio stabile e quello instabile. Tenendo conto che la velocità angolare iniziale è pari a $\Omega = v/L$, abbiamo

$$\frac{1}{2}I_z\Omega^2 = MgL \implies \frac{1}{2} \times \frac{ML^2}{3} \times \frac{v^2}{L^2} = MgL \implies v = \sqrt{6gL}. \quad (1)$$

187. Sia P il punto di sospensione, C il centro di massa dell'arco e O il suo centro, come mostrato nella Fig. 1.

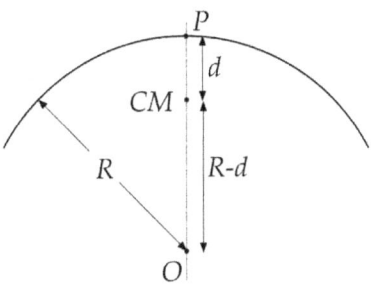

Figura 1: Il pendolo composto.

La lunghezza equivalente l del pendolo è pari a

$$l = \frac{I_P}{Md}, \tag{1}$$

dove I_P è il momento d'inerzia rispetto all'asse orizzontale passante per il punto di sospensione e $d = \overline{PC}$. Indicando con I_C e con I_O rispettivamente i momenti d'inerzia rispetto agli assi orizzontali passanti per C e per O, il teorema di Huygens-Steiner dà

$$\begin{cases} I_P = I_C + Md^2, \\ I_O = I_C + M(R-d)^2. \end{cases} \tag{2}$$

Eliminando I_C tra le due equazioni e tenendo conto che $I_O = MR^2$ abbiamo facilmente $I_P = 2MRd$ che, sostituito nella (1), dà infine

$$l = 2R, \tag{3}$$

c.v.d.

188. La situazione è schematizzata nella Fig. 1.

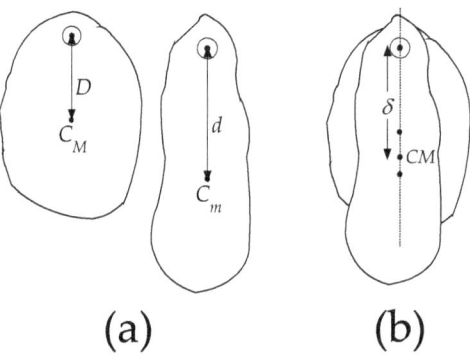

Figura 1: I pendoli separati (a) e saldati (b).

I pendoli fisici sono mostrati separatamente nella figura (a), mentre nella figura (b) gli stessi pendoli sono mostrati saldati. Con riferimento alle notazioni utilizzate nella Fig. 1 scriviamo la lunghezza equivalente del pendolo finale come

$$\frac{I_m + I_M}{(M+m)\delta}, \tag{1}$$

dove δ indica la distanza del centro di massa del sistema dall'asse di rotazione,

$$\delta = \frac{MD + md}{M+m}, \tag{2}$$

e dove I_m e I_M sono i momenti d'inerzia dei due pendoli rispetto al comune asse di rotazione. Poiché $I_m = mld$ e $I_M = MLD$ abbiamo per la lunghezza equivalente (1) la seguente espressione:

$$\frac{mld + MLD}{(M+m)\delta} = \frac{mld + MLD}{md + MD}, \tag{3}$$

dove nell'ultimo passaggio abbiamo utilizzato la (2). Le tesi è così dimostrata.

189. Possiamo risolvere facilmente il problema utilizzando il teorema di Huygens-Steiner. Consideriamo l'asse z passante per il centro di curvatura dell'arco, come mostrato nella Fig. 1.

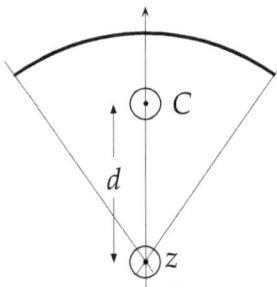

Figura 1: Uso del teorema di Huygens-Steiner.

Detto I_z il momento d'inerzia dell'asta rispetto a questo asse possiamo scrivere

$$I_z = I + M d^2,\tag{1}$$

dove M rappresenta la massa totale dell'asta e d la distanza dell'asse z dal centro di massa. Poiché tale distanza è pari a $d = a\dfrac{\sin\alpha}{\alpha}$ e, in virtù della simmetria del problema, $I_z = M a^2$, risolvendo la (1) rispetto ad I otteniamo facilmente

$$I = M a^2 \left(1 - \frac{\sin^2\alpha}{\alpha^2}\right).\tag{2}$$

190. Pensiamo il settore circolare composto dall'unione di tanti archi circolari di raggio $r \in [0, a]$ e spessore infinitesimo dr, come schematizzato nella Fig. 1.

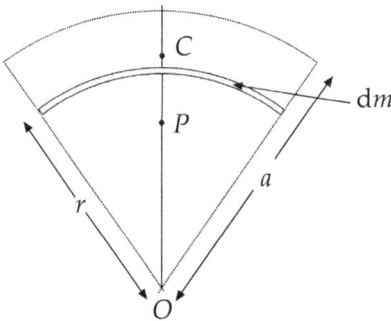

Figura 1: Uso del teorema di Huygens-Steiner.

La massa infinitesima dm del settore compreso tra i raggi r ed $r + dr$ si può calcolare facilmente come segue: indicando con M la massa totale del settore (di raggio a) ed m la massa del settore di raggio r, abbiamo

$$\frac{M}{a^2} = \frac{m}{r^2} \Longrightarrow m = \frac{M}{a^2} r^2 , \tag{1}$$

da cui, differenziando ambo i membri, si ottiene

$$dm = \frac{2M}{a^2} r \, dr . \tag{2}$$

Indichiamo con C la posizione del centro di massa del settore circolare e con P quella dell'arco di raggio r, come indicato nella Fig. 1. Indichiamo inoltre con dI il momento d'inerzia dell'arco rispetto all'asse passante per C. Applicando il teorema di Huygens-Steiner abbiamo

$$dI = dI_P + dm \, \overline{CP}^2 , \tag{3}$$

dove dI_P indica il momento d'inerzia dell'arco di raggio r rispetto al proprio centro di massa P, pari a

$$dI_P = r^2 \, dm \left(1 - \frac{\sin^2 \alpha}{\alpha^2} \right) , \tag{4}$$

e dove

$$\overline{CP}^2 = \left(r - \frac{2a}{3} \right)^2 \frac{\sin^2 \alpha}{\alpha^2}. \tag{5}$$

Sostituendo infine la (4) e la (5) nella (3), tenendo conto della (2) e integrando rispetto a r, con semplici passaggi algebrici abbiamo

$$I = \frac{2M}{a^2} \int_0^a \left[r^3 \left(1 - \frac{\sin^2 \alpha}{\alpha^2} \right) + r \left(r - \frac{2a}{3} \right)^2 \frac{\sin^2 \alpha}{\alpha^2} \right] \mathrm{d}r, \tag{6}$$

ovvero, calcolando esplicitamente l'integrale elementare,

$$I = \frac{Ma^2}{2} \left(1 - \frac{8}{9} \frac{\sin^2 \alpha}{\alpha^2} \right). \tag{7}$$

191. Pensiamo il cono come l'unione di tanti dischi aventi ciascuno spessore infinitesimo.

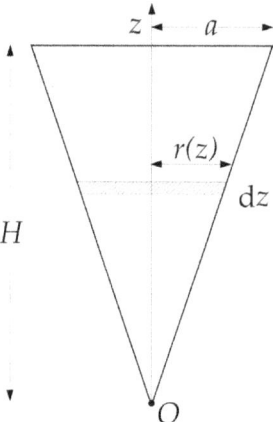

Figura 1: La geometria del problema.

La geometria del problema è illustrata nella Fig. 1. Per semplicità introduciamo un sistema di riferimento unidimensionale Oz con origine nel vertice del cono e coincidente con l'asse del cono stesso. Il disco che si trova alla quota $z \in [0, H]$ ha raggio $r(z) = az/H$ e spessore dz. La massa infinitesima del disco dm si può calcolare tramite una semplice proporzione, sfruttando l'omogeneità del cono. In particolare, tenendo conto che il volume totale è pari a $\pi a^2 H/3$, abbiamo

$$\frac{dm}{M} = \frac{\pi r^2 dz}{\pi a^2 H/3} \implies dm = \frac{3M}{H^3} z^2 dz. \tag{1}$$

Poiché il momento d'inerzia del dischetto rispetto all'asse è pari a $r^2 dm/2$, integrando rispetto a z abbiamo

$$I_z = \frac{1}{2} \int_0^H z^2 dm = \frac{a^2}{2H^2} \frac{3M}{H^3} \int_0^H z^4 dz = \frac{3}{10} Ma^2. \tag{2}$$

192. Per risolvere il problema possiamo costruire una piastra rettangolare di lati a e b accostando due triangoli identici, come mostrato nella Fig. 1.

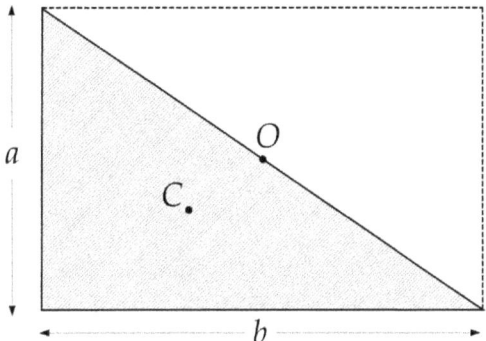

Figura 1: Costruzione di una piastra rettangolare.

Indichiamo con O il centro della piastra rettangolare (avente massa $2M$) e con C il centro di massa della piastra triangolare. Il momento d'inerzia della prima rispetto a O è pari a $2M(a^2 + b^2)/12 = M(a^2 + b^2)/6$. Il momento d'inerzia del triangolo I_O è dunque pari alla metà, ossia $M(a^2 + b^2)/12$. Per determinare I_C applichiamo il teorema di Huygens-Steiner, tenendo conto che $\overline{OC}^2 = (a^2 + b^2)/36$. Abbiamo

$$I_O = I_C + M\overline{OC}^2 \implies$$

$$\implies I_C = M\frac{a^2 + b^2}{12} - M\frac{a^2 + b^2}{36} = M\frac{a^2 + b^2}{18}, \tag{1}$$

c.v.d.

193. Pensiamo il triangolo come composto da due triangoli rettangoli identici accostati, come mostrato nella Fig. 1.

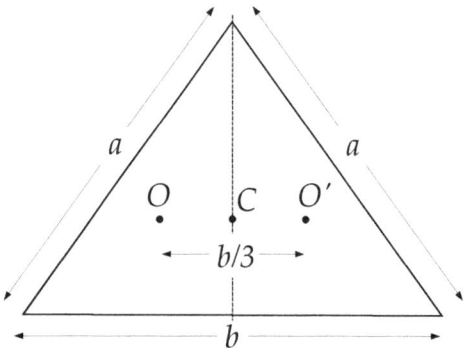

Figura 1: Scomposizione del triangolo isoscele in due triangoli rettangoli.

Indichiamo con O e O' i centri di massa dei due triangoli e con C il centro di massa del triangolo totale. Utilizzando i risultati dell'esercizio precedente possiamo scrivere, applicando il teorema di Huygens-Steiner,

$$I_C = \cancel{2} \left[\frac{M}{\cancel{2}} \frac{h^2 + (b/2)^2}{18} + \frac{M}{\cancel{2}} \overline{OC}^2 \right], \qquad (1)$$

dove $h^2 = a^2 - (b/2)^2$ e $\overline{OC} = \overline{OO'}/2 = b/6$. Con semplici passaggi algebrici abbiamo dunque

$$I_C = \frac{M a^2}{18} + \frac{M b^2}{36} = M \frac{2a^2 + b^2}{36}, \qquad (2)$$

c.v.d.

194. La geometria è illustrata nella Fig. 1.

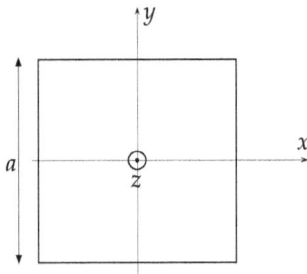

Figura 1: Calcolo del momento d'inerzia rispetto agli assi di simmetria.

Introducendo la terna destra ortogonale $Oxyz$, sappiamo che $I_z = Ma^2/12$. Per il teorema degli assi ortogonali abbiamo $I_x + I_y = I_z$ e poiché, per simmetria, $I_x = I_y$, segue la tesi.

195. In questo caso la terna ortogonale destra è quella illustrata nella Fig. 1.

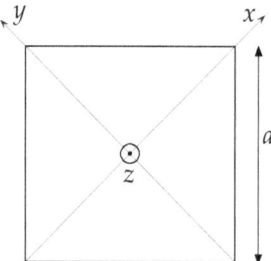

Figura 1: Calcolo del momento d'inerzia rispetto alle diagonali.

Applicando il teorema degli assi ortogonali e tenendo conto che $I_x = I_y$, segue la tesi.

196. Sia $m = M/6$ la massa delle singole facce del cubo e indichiamo con z l'asse rispetto al quale calcolare il momento d'inerzia, come illustrato nella Fig. 1.

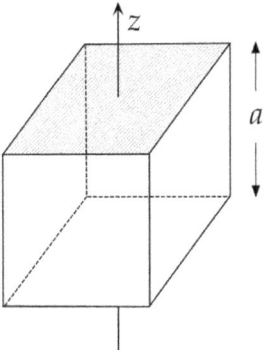

Figura 1: Calcolo del momento d'inerzia di un cubo.

Il contributo a I_z dovuto a ciascuna delle due facce ortogonali a z è pari a $ma^2/6$. Le restanti quattro facce contribuiscono ciascuna con un identico termine che si calcola facilmente utilizzando il teorema di Huygens-Steiner, tenendo conto che il momento d'inerzia di una piastra quadrata rispetto a uno degli assi di simmetria ad essa complanari è pari a $ma^2/12$ e che la distanza dall'asse z è $a/2$,

$$\frac{ma^2}{12} + m\left(\frac{a}{2}\right)^2 = \frac{ma^2}{3}. \tag{1}$$

In tal modo il momento d'inerzia I_z diventa

$$I_z = 2 \times \frac{ma^2}{6} + 4 \times \frac{ma^2}{3} = \frac{5}{3}ma^2 = \frac{5}{18}Ma^2, \tag{2}$$

c.v.d.

197. Indichiamo con a e b rispettivamente raggio esterno e raggio interno della corona, come illustrato nella Fig. 1.

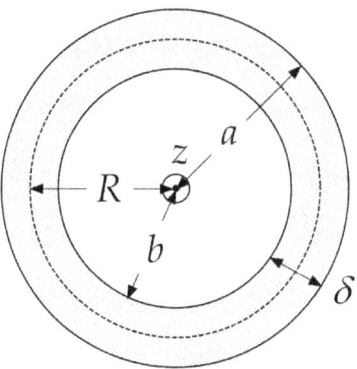

Figura 1: Calcolo del momento d'inerzia della corona circolare.

Possiamo pensare la corona ottenuta togliendo un disco di raggio b da un disco di raggio a, entrambi con la medesima densità superficiale di massa. Dette m_a ed m_b rispettivamente le masse dei dischi, avremo

$$\begin{cases} m_a - m_b = M, \\[2ex] \dfrac{m_a}{m_b} = \dfrac{a^2}{b^2}, \end{cases} \implies \begin{cases} m_a = M\dfrac{a^2}{a^2 - b^2}, \\[2ex] m_b = M\dfrac{b^2}{a^2 - b^2}. \end{cases} \tag{1}$$

Il momento d'inerzia della corona I_z è dunque pari alla differenza tra i momenti d'inerzia dei due dischi,

$$I_z = \frac{m_a a^2}{2} - \frac{m_b b^2}{2}, \tag{2}$$

ovvero, utilizzando la (1),

$$I_z = \frac{M}{2}\frac{a^4 - b^4}{a^2 - b^2} = \frac{M}{2}(a^2 + b^2). \tag{3}$$

Tenendo infine conto che $R = (a + b)/2$ e $\delta = a - b$, con semplici passaggi algebrici segue la tesi.

198. È sufficiente applicare il teorema degli assi ortogonali e sfruttare la simmetria della corona circolare rispetto al diametro.

199. Occorre massimizzare il braccio della forza rispetto al punto A. Indichiamo con ϑ l'angolo che la direzione di applicazione della forza, ossia la retta CE, forma con la verticale e con b il braccio di $\boldsymbol{F}$, cosicché scriveremo $b = H \sin \vartheta$, dove dalla figura del testo del problema abbiamo $\cos \vartheta = H - 1$. In questo modo, invece di massimizzare la quantità b conviene procedere alla massimizzazione del suo quadrato b^2,

$$b^2 = H^2 \sin^2 \vartheta = H^2 (1 - \cos^2 \vartheta) = H^2 \left[1 - (H-1)^2 \right] = H^3 (2 - H), \tag{1}$$

che presenta un massimo per $H = 1.5$ m, come è facile dimostrare.

200. La Fig. 1 descrive la geometria del problema e le forze che agiscono sull'asta.

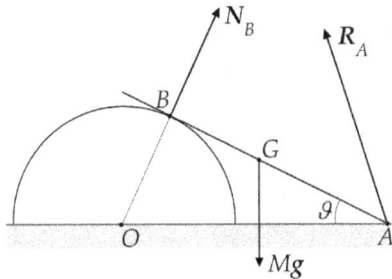

Figura 1: L'analisi delle forze.

Indichiamo con ϑ l'inclinazione dell'asta sull'orizzontale. Siano R_A ed N_B rispettivamente la reazione vincolare in corrispondenza del punto di contatto A col piano scabro e la reazione vincolare normale alla superficie sferica nel punto di contatto B. Poiché il sistema è soggetto all'azione di tre forze, condizione necessaria per l'equilibrio è che le rispettive rette di applicazione passino tutte per uno stesso punto, diciamo C, come mostrato in Fig. 2, dove β indica l'angolo che la reazione R_A forma con la verticale passante per A.

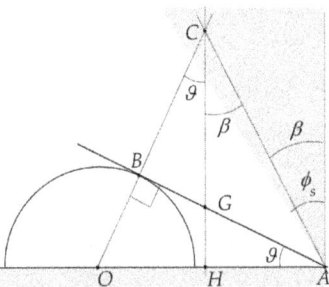

Figura 2: Soluzione "geometrica" del problema di equilibrio.

Nella medesima figura è indicato anche l'angolo di attrito ϕ_S, definito tramite la relazione $\tan\phi_S = \mu_S$. Il sistema sarà in equilibrio statico finché la retta di applicazione di R_A rimane all'interno del cono d'attrito (indicato dalla regione tratteggiata), il che avviene quando la condizione

$$\beta < \phi_S \implies \tan \beta < \mu_S, \tag{1}$$

è verificata. Per calcolare β consideriamo i due triangoli rettangoli OHC e AHC, dove H è il piede della perpendicolare abbassata dal punto C. Abbiamo

$$\begin{cases} \tan \vartheta = \dfrac{\overline{OH}}{\overline{HC}}, \\[2mm] \tan \beta = \dfrac{\overline{AH}}{\overline{HC}}, \end{cases} \implies \frac{\tan \vartheta}{\tan \beta} = \frac{\overline{OH}}{\overline{AH}}. \tag{2}$$

Sempre dalla Fig. 2 abbiamo $\overline{OH} = \overline{OA} - \overline{AH}$, dove

$$\begin{cases} \overline{OA} = \dfrac{\overline{OB}}{\sin \vartheta} = \dfrac{R}{\sin \vartheta}, \\[3mm] \overline{AH} = \overline{AG}\cos \vartheta = \dfrac{L}{2}\cos \vartheta, \end{cases} \tag{3}$$

e con semplici passaggi algebrici si ottiene

$$\frac{\tan \vartheta}{\tan \beta} = \frac{\overline{OA}}{\overline{AH}} - 1 = \frac{\eta}{\sin \vartheta \cos \vartheta} - 1, \tag{4}$$

dove abbiamo introdotto il parametro adimensionale $\eta = 2R/L$. Risolvendo la (4) rispetto a β si ottiene infine

$$\tan \beta = \frac{\tan \vartheta \sin \vartheta \cos \vartheta}{\eta - \sin \vartheta \cos \vartheta} = \frac{\sin^2 \vartheta}{\eta - \sin \vartheta \cos \vartheta} = \boxed{\frac{1 - \cos 2\vartheta}{2\eta - \sin 2\vartheta}} \tag{5}$$

Prima di proseguire notiamo come i valori dell'angolo di equilibrio ϑ siano limitati inferiormente. Indicando con ϑ_{inf} tale limite, possiamo facilmente determinarlo utilizzando la geometria illustrata nella Fig. 3, dalla quale si ricava

$$\tan \vartheta_{\text{inf}} = \frac{R}{L} = \frac{\eta}{2}. \tag{6}$$

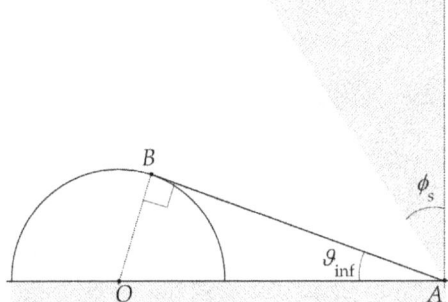

Figura 3: Geometria per il calcolo di ϑ_{inf}.

Nel seguito dunque considereremo solamente posizioni di equilibrio corrispondenti a $\vartheta > \vartheta_{\text{inf}}$.

Consideriamo adesso i seguenti casi particolari: $\eta > 1/2$ ed $\eta < 1/2$. Nel primo caso il secondo membro della (5) è sempre positivo e la funzione $\tan\beta$ presenta un massimo relativo in corrispondenza dell'angolo definito dall'equazione[19]

$$\tan\vartheta = 2\eta, \tag{7}$$

che, sostituito nella (5), dà un valore di β pari a

$$\tan\beta = \frac{4\eta}{4\eta^2 - 1}. \tag{8}$$

Nel caso opposto, ossia per $\eta < 1/2$, il denominatore della (5) si annul-

---

[19]Per ottenere la (7) è sufficiente risolvere l'equazione

$$\frac{d}{d\vartheta} \frac{1 - \cos 2\vartheta}{2\eta - \sin 2\vartheta} = 0,$$

che, con semplici passaggi algebrici e trigonometrici, conduce facilmente alla (7).

la in corrispondenza dei valori di ϑ definiti dalla[20]

$$\tan\vartheta_{\pm} = \frac{1 \pm \sqrt{1 - 4\eta^2}}{2\eta}. \tag{9}$$

Notiamo che le due soluzioni sono sempre comprese nell'intervallo $\left[\vartheta_{\mathrm{inf}}, \frac{\pi}{2}\right]$.[21]

Se $L > 4R$, allora per alcune posizioni dell'asta il punto d'incontro C delle rette di applicazione delle tre forze cade al di sotto del piano orizzontale, come schematizzato nella Fig. 4.

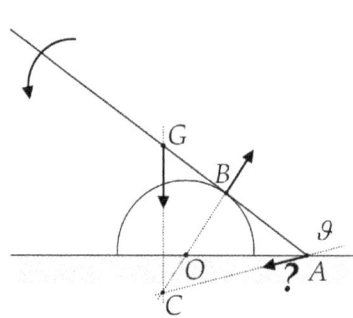

Figura 4: L'interpretazione fisica dell'intervallo $\vartheta \in [\vartheta_-, \vartheta_+]$.

---

[20]Per ottenerla si parte dalla seguente equazione:

$$2\eta - \sin 2\vartheta = 0 \implies \sin\vartheta\cos\vartheta = \eta,$$

che, esprimendo seno e coseno tramite la tangente, dopo semplici passaggi algebrici dà l'equazione algebrica di secondo grado

$$\eta\tan^2\vartheta - \tan\vartheta + \eta = 0,$$

e che, una volta risolta, conduce alla (9).

[21]Per dimostrare che $\vartheta_- > \vartheta_{\mathrm{inf}}$ è sufficiente provare la seguente diseguaglianza:

$$\frac{\eta}{2} < \frac{1 - \sqrt{1 - 4\eta^2}}{2\eta},$$

per $\eta < 1/2$.

In tal caso l'appoggio nel punto A non è più in grado di esercitare la giusta reazione vincolare e l'asta inizia ruotare attorno a B, scivolando contemporaneamente sulla superficie della sfera. La posizione limite per questa situazione è quella per cui il punto C si trova esattamente sul piano orizzontale, in corrispondenza del centro O della sfera. Imponendo tale condizione al triangolo ACG della Fig. 4, che diventa rettangolo in C, otteniamo facilmente

$$\overline{AG} = \frac{\overline{OA}}{\cos\vartheta} = \frac{\overline{OB}}{\sin\vartheta\cos\vartheta} \implies \frac{L}{2} = \frac{R}{\sin\vartheta\cos\vartheta} \implies \eta = \sin\vartheta\cos\vartheta,$$

(10)

corrispondente alla condizione di annullamento del denominatore nella (5).

201. La Fig. 1 mostra l'insieme delle forze che agiscono sull'asta: la forza peso $M\boldsymbol{g}$ applicata nel centro di massa G, la reazione vincolare $\boldsymbol{R}_A$ applicata nel punto di appoggio col piano orizzontale e la reazione vincolare $\boldsymbol{R}_B$ applicata nel punto di appoggio B con lo spigolo del gradino.

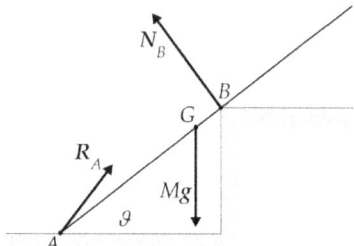

Figura 1: Analisi delle forze.

Data l'assenza di attrito nel punto di contatto B, la direzione di $\boldsymbol{R}_B$ è ortogonale a quella dell'asta. Per determinare le configurazioni di equilibrio è sufficiente imporre, come mostrato nella Fig. 2, che le direzioni delle tre forze applicate passino per il punto comune C.

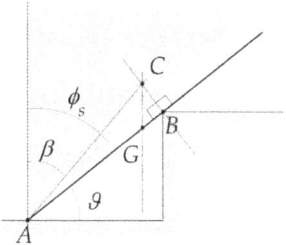

Figura 2: La soluzione ottenuta per via geometrica.

Considerando i due triangoli AGC e GBC, il secondo dei quali rettangolo in B, applicando il teorema dei seni al primo abbiamo

$$\frac{\overline{AG}}{\overline{CG}} = \frac{\sin\beta}{\cos(\vartheta + \beta)}, \tag{1}$$

mentre per il secondo semplici passaggi trigonometrici danno

$$\frac{\overline{BG}}{\overline{CG}} = \sin\vartheta, \tag{2}$$

dove $\overline{AG} = L/2$ e

$$\overline{BG} = \overline{AB} - \overline{AG} = \frac{H}{\sin\vartheta} - \frac{L}{2}. \tag{3}$$

Eliminiamo adesso $\overline{CG}$ tra la (1) e la (2), dividendole membro a membro. Abbiamo

$$\frac{\overline{BG}}{\overline{AG}} = \frac{\sin\vartheta}{\sin\beta}\cos(\vartheta + \beta), \tag{4}$$

da cui, tenendo conto della (3), con semplici passaggi algebrici si ha

$$\tan\beta = \frac{\sin^2\vartheta\cos\vartheta}{\eta - \sin^2\vartheta\cos\vartheta}, \tag{5}$$

dove $\eta = 2H/L$. Se $\eta > 1$ il denominatore della frazione a secondo membro della (5) non può annullarsi e ciò implica che $\tan\beta > 0$. A seconda del valore di μ_S avremo diversi intervalli per ϑ corrispondenti all'equilibrio statico dell'asta. Tali intervalli si determinano imponendo che, all'equilibrio, la direzione della reazione vincolare $\boldsymbol{R}_A$ sia contenuta all'interno del cono di attrito per A, come mostrato nella Fig. 2, il che implica $\tan\beta < \mu_S$. Dalla (5), con semplici passaggi algebrici, otteniamo la disequazione

$$\sin^2\vartheta\cos\vartheta < \frac{\eta}{1+\mu_S} \implies \boxed{\cos\vartheta - \cos^3\vartheta < \frac{\eta}{1+\mu_S}} \tag{6}$$

Sebbene le soluzioni dell'ultima disequazione non si possano esprimere in termini elementari, possiamo farcene un'idea qualitativa studiando il primo membro della (6) in funzione dei valori di $\cos\vartheta$, limitatamente all'intervallo $[0,1]$, come riportato nella Fig. 3.

In particolare, il primo membro della (6) è limitato superiormente dal valore $\sqrt{4/27} \simeq 0.385$, il che implica che per $\mu_S > \sqrt{27/4}\,\eta - 1$

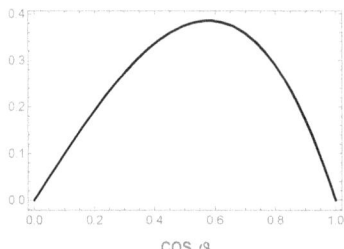

Figura 3: Il grafico del primo membro della (6) in funzione di $\cos\vartheta$.

l'asta si troverà in equilibrio stabile per qualsiasi valore dell'angolo $\vartheta \in [\vartheta_{\text{inf}}, \pi/2]$. Valori inferiori di μ_S daranno invece due intervalli disgiunti per ϑ. Al contrario, per $\eta < 1$ il denominatore nella (5) si annulla in corrispondenza delle soluzioni dell'equazione

$$\cos\vartheta - \cos^3\vartheta = \eta, \tag{7}$$

che, come si evince ancora dalla Fig. 3, sono due, diciamo $\vartheta_{\pm}$. In tal caso avremo equilibrio per $\vartheta < \vartheta_-$ e per $\vartheta > \vartheta_+$, mentre l'asta non potrà rimanere in equilibrio se $\vartheta \in [\vartheta_-, \vartheta_+]$. Ancora una volta pos-

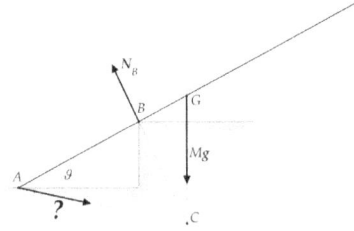

Figura 4: Interpretazione fisica dell'intervallo di non equilibrio $\vartheta \in [\vartheta_-, \vartheta_+]$.

siamo facilmente ottenere un'interpretazione fisica di tale condizione osservando la Fig. 4, da cui si evince come le posizioni di non equilibrio sono quelle per cui il centro C delle tre forze cade al di sotto del piano orizzontale.

202. Le forze che agiscono sull'asta sono il peso, applicato nel centro di massa, e le due reazioni vincolari in corrispondenza dei punti di appoggio, diciamo *A* e *B*. Per determinare la configurazione di equilibrio statico dell'asta imponiamo che le direzioni delle tre forze passino per uno stesso punto, come mostrato nella Fig. 1.

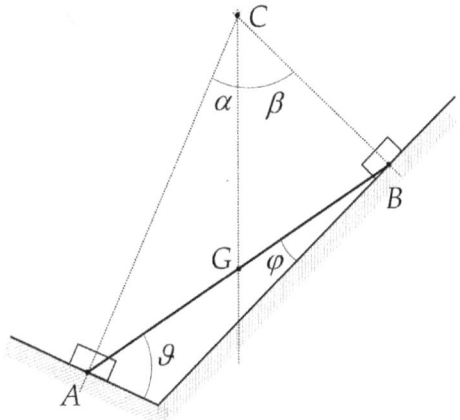

Figura 1: Determinazione della posizione di equlibrio dell'asta utilizzando il "metodo geometrico".

Dalla medesima figura vediamo come la configurazione del sistema si possa univocamente descrivere tramite l'angolo ϑ, che assumeremo come incognita del problema. Introduciamo anche l'angolo φ che per evidenti ragioni sarà legato al primo dalla relazione

$$\vartheta + \varphi = \alpha + \beta \implies \varphi = \alpha + \beta - \vartheta. \tag{1}$$

Per determinare ϑ è sufficiente applicare il teorema dei seni ai triangoli AGC e BGC, ottenendo così

$$\begin{cases} \dfrac{\overline{CG}}{\cos\vartheta} = \dfrac{L/2}{\sin\alpha}, \\[2mm] \dfrac{\overline{CG}}{\cos\varphi} = \dfrac{L/2}{\sin\beta}, \end{cases} \tag{2}$$

che, dividendo membro a membro le due equazioni, dà

$$\frac{\sin \beta}{\sin \alpha} = \frac{\cos \varphi}{\cos \vartheta} = \frac{\cos(\alpha + \beta - \vartheta)}{\cos \vartheta},\qquad (3)$$

dove nell'ultimo passaggio abbiamo utilizzato la (1). La (3) si risolve facilmente con un po' di trigonometria. In particolare, utilizzando la formula di addizione del coseno abbiamo

$$\tan \vartheta = \frac{1}{\sin(\alpha + \beta)} \left[\frac{\sin \beta}{\sin \alpha} - \cos(\alpha + \beta) \right],\qquad (4)$$

che rappresenta la soluzione del problema.

Anche in questo caso, in virtù dell'assenza di attrito, è possibile seguire una via alternativa per la determinazione della posizione di equilibrio tramite l'utilizzo del principio dei lavori virtuali. Dobbiamo minimizzare l'energia potenziale gravitazionale dell'asta, proporzionale alla quota del centro di massa G, diciamo z_G, misurata rispetto al piano orizzontale passante per O.

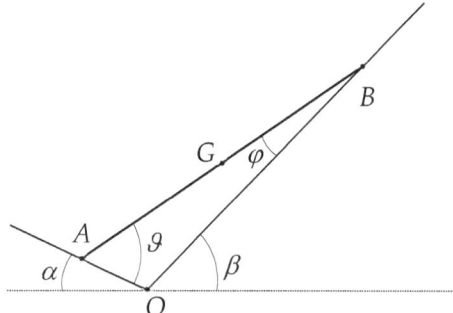

Figura 2: Determinazione della posizione di equlibrio dell'asta utilizzando il principio dei lavori virtuali.

Dalla Fig. 2, con semplici considerazioni geometriche e trigonometriche abbiamo

$$z_G = \overline{OA} \sin \alpha + \overline{AG} \sin(\vartheta - \alpha),\qquad (5)$$

dove $\overline{AG} = L/2$, mentre $\overline{OA}$ si ottiene applicando il teorema dei seni al triangolo OAB,

$$\frac{\overline{OA}}{\sin\varphi} = \frac{\overline{AB}}{\sin[\pi - (\alpha + \beta)]} = \frac{L}{\sin(\alpha + \beta)} \implies$$

$$\implies \boxed{\overline{OA} = L\frac{\sin(\alpha + \beta - \vartheta)}{\sin(\alpha + \beta)}}$$

(6)

e dove nell'ultimo passaggio abbiamo sfruttato la (1). Sostituendo la (6) nella (5) e imponendo l'annullamento della derivata rispetto a ϑ, con semplici passaggi algebrici otteniamo l'equazione

$$2\sin\alpha\cos(\alpha + \beta - \vartheta) = \cos(\vartheta - \alpha)\sin(\alpha + \beta), \qquad (7)$$

che, applicando le formule di addizione, diventa

$$2\sin\alpha\cos\vartheta\cos(\alpha + \beta) + 2\sin\alpha\sin\vartheta\sin(\alpha + \beta) =$$

$$= \cos\alpha\cos\vartheta\sin(\alpha + \beta) + \sin\alpha\sin\vartheta\sin(\alpha + \beta),$$

(8)

ovvero, semplificando ulteriormente,

$$\sin\alpha\left[\cos(\alpha + \beta)\cos\vartheta + \sin(\alpha + \beta)\sin\vartheta\right] =$$

$$= \cos\vartheta\left[\sin(\alpha + \beta)\cos\alpha - \cos(\alpha + \beta)\sin\alpha\right].$$

(9)

Infine, utilizzando ancora una volta le formule di addizione delle funzioni trigonometriche, si riottiene la (3).

203. Le forze che agiscono sulla sfera sono illustrate nella Fig. 1.

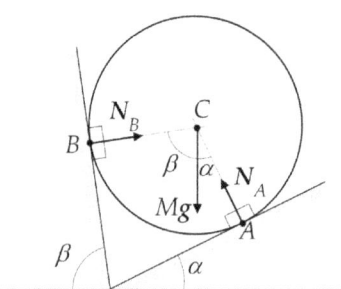

Figura 1: Sfera in equilibrio.

Oltre alla forza peso $M\boldsymbol{g}$, applicata nel centro di massa C, abbiamo le reazioni vincolari $\boldsymbol{N}_A$ ed $\boldsymbol{N}_B$, applicate rispettivamente nei punti A e B. Notiamo che le rette di applicazione delle tre forze passano per il punto comune C. Ciò implica che la seconda equazione cardinale è automaticamente soddisfatta. Scriviamo quindi la prima equazione cardinale,

$$M\boldsymbol{g} + \boldsymbol{N}_A + \boldsymbol{N}_B = 0, \tag{1}$$

che, proiettata lungo la direzione orizzontale, dà

$$N_B \sin\beta - N_A \sin\alpha = 0 \Longrightarrow \boxed{\frac{N_A}{N_B} = \frac{\sin\beta}{\sin\alpha}} \tag{2}$$

c.v.d.

204. Le forze applicate all'asta sono descritte nella Fig. 1.

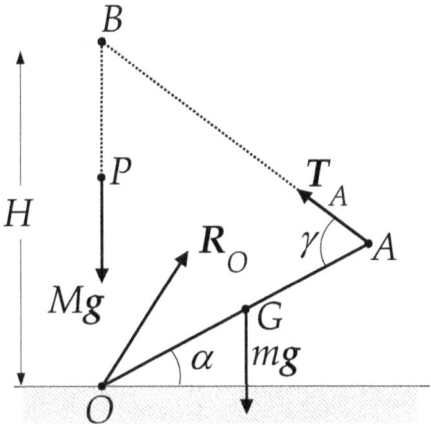

Figura 1: Le forze applicate.

Poiché il filo è ideale, il modulo della tensione in A è pari a $T_A = Mg$. Applicando la seconda equazione cardinale dell'equilibrio e calcolando i momenti delle forze rispetto al polo O, avremo

$$mg\frac{L}{2}\cos\alpha = T_A L\sin\gamma = MgL\sin\gamma, \qquad (1)$$

dove, applicando il teorema dei seni al triangolo OAB, abbiamo

$$\frac{H}{\sin\gamma} = \frac{\overline{AB}}{\cos\alpha} \implies \frac{\sin\gamma}{\cos\alpha} = \frac{H}{\overline{AB}}, \qquad (2)$$

e, in virtù del teorema di Carnot,

$$\overline{AB} = \sqrt{L^2 + H^2 - 2HL\sin\alpha}. \qquad (3)$$

Sostituendo la (3) nella (2) e tenendo conto della (1), abbiamo

$$4\left(\frac{M}{m}\right)^2 = \frac{\overline{AB}^2}{H^2} = \frac{L^2 + H^2 - 2HL\sin\alpha}{H^2}, \qquad (4)$$

da cui, dopo semplici passaggi algebrici, si ottiene la tesi.

È utile mostrare come il medesimo risultato si può ottenere utilizzando il principio dei lavori virtuali. A questo scopo esprimiamo l'energia potenziale di tutto il sistema, ossia dell'asta e della massa M. L'energia potenziale della prima è $m g \frac{L}{2} \sin \alpha$, mentre quella di M, indicando con ℓ la lunghezza del filo, ha la seguente espressione:

$$M g [H - (\ell - \overline{AB})], \qquad (5)$$

e tenendo conto della (3), l'energia potenziale totale E_p diventa

$$E_p(\alpha) = m g \frac{L}{2} \sin \alpha + M g (H - \ell + \sqrt{L^2 + H^2 - 2HL \sin \alpha}). \quad (6)$$

Imponendo l'annullamento della derivata prima rispetto ad α si ha

$$\frac{dE_p}{d\alpha} = m g \frac{L}{2} \cos \alpha - \frac{2HLM g \cos \alpha}{2 \sqrt{L^2 + H^2 - 2HL \sin \alpha}} = 0, \qquad (7)$$

ovvero, riarrangiando, si riottiene la (4).

205. È sufficiente applicare la seconda equazione cardinale dell'equilibrio calcolando i momenti delle tre forze agenti rispetto alla cerniera O.

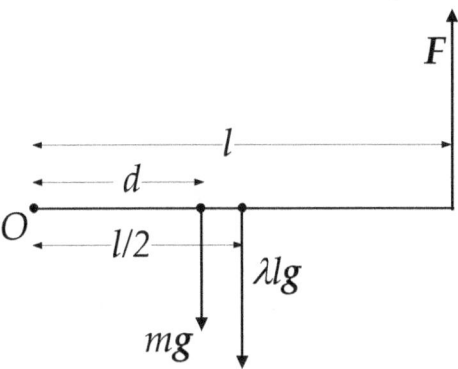

Figura 1: Geometria per l'applicazione della seconda equazione cardinale di equilibrio.

Con riferimento alla Fig. 1, la seconda equazione cardinale dà

$$F\,l = mg\,d + \lambda\,g\,l\,\frac{l}{2} \implies F = \frac{mg\,d}{l} + \frac{\lambda g}{2}\,l\,, \qquad (1)$$

il cui valore minimo si ottiene per un'asta avente lunghezza pari a[22]

$$l = \sqrt{\frac{2md}{\lambda}}\,. \qquad (2)$$

---

[22] È interessante trovare il minimo della funzione $a/x + bx$ senza ricorrere ai metodi del Calcolo. A questo scopo riscriviamo l'espressione come segue:

$$\frac{a}{x} + bx = \frac{a + bx^2}{x} = \frac{b(x^2 + a/b)}{x}\,,$$

che diventa, "completando" il quadrato fra parentesi,

$$\frac{b(x^2 + a/b - 2x\sqrt{a/b} + 2x\sqrt{a/b})}{x} = \frac{b(x - \sqrt{a/b})^2 + 2x\sqrt{a/b}}{x} = 2\sqrt{a/b} + \frac{b(x - \sqrt{a/b})^2}{x}\,,$$

che, per $x > 0$, assume il minimo valore, pari a $2\sqrt{a/b}$, quando il secondo termine si annulla, il che avviene per $x = \sqrt{a/b}$.

206. Sfruttando la simmetria del problema, è sufficiente studiare l'equilibrio di una delle due aste, diciamo quella AC. Nella Fig. 1 sono schematizzate le forze applicate sull'asta.

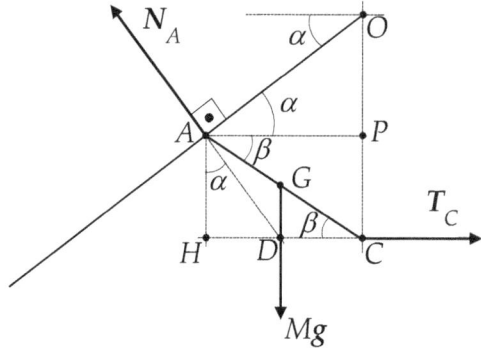

Figura 1: Forze applicate all'asta AC all'equilibrio.

Sempre per ragioni di simmetria la forza applicata in C, diciamo T_C, è diretta orizzontalmente, mentre la reazione in A, diciamo N_A, è diretta ortogonalmente alla direzione OA. Condizione necessaria per l'equilibrio dell'asta è che le rette di applicazione delle tre forze passino per un punto comune, diciamo D. Dalla figura possiamo scrivere, con riferimento ai triangoli rettangoli ACH e ADH, le seguenti equazioni:

$$\begin{cases} \dfrac{\overline{AH}}{\overline{CH}} = \tan\beta\,, \\[2mm] \dfrac{\overline{DH}}{\overline{AH}} = \tan\alpha\,, \end{cases} \tag{1}$$

che, moltiplicate membro a membro e tenendo conto che $\overline{CH} = 2\overline{DH}$, dimostrano la tesi.

Anche in questo caso possiamo sfruttare l'assenza di attrito nei vincoli e risolvere il problema applicando il principio dei lavori virtuali. A tale scopo calcoliamo la quota z_G del centro di massa G rispetto a quella del punto (fisso) O. Sempre dalla Fig. 1 abbiamo

$$z_G = -\left(\overline{OP} + \frac{\overline{PC}}{2}\right) = -\left(\overline{AP}\tan\alpha + \frac{\overline{AC}}{2}\sin\beta\right) =$$

$$= -\overline{AC}\left(\cos\beta\tan\alpha + \frac{\sin\beta}{2}\right),$$

(2)

e, annullando la derivata rispetto a β, si ottiene infine

$$-\sin\beta\tan\alpha + \frac{\cos\beta}{2} = 0 \implies \boxed{2\tan\beta\tan\alpha = 1}$$

(3)

c.v.d.

207. L'esercizio si risolve analogamente a quanto fatto nel caso precedente. Nella Fig. 1 è mostrata l'analisi delle forze agenti su una singola asta, tenendo conto che, per simmetria, la reazione vincolare nella cerniera O è diretta orizzontalmente verso sinistra.

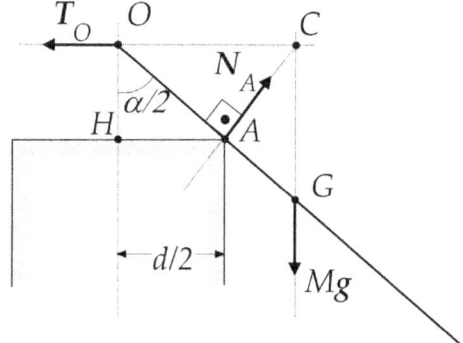

Figura 1: L'analisi delle forze.

Per ciò che concerne la reazione nel punto A, in virtù del fatto che il vincolo è perfettamente liscio essa sarà diretta normalmente alla direzione dell'asta. Imponiamo dunque che le direzioni delle tre forze passino per il punto comune C. Sfruttando la similitudine dei triangoli rettangoli OAC e OCG abbiamo

$$\frac{\overline{OA}}{\overline{OC}} = \sin\frac{\alpha}{2},$$

$$\frac{\overline{OC}}{\overline{OG}} = \sin\frac{\alpha}{2}, \tag{1}$$

ovvero, eliminando $\overline{OC}$ e tenendo conto che $\overline{OG} = L/2$,

$$\overline{OA} = \frac{L}{2}\sin^2\frac{\alpha}{2}. \tag{2}$$

D'altra parte, considerando il triangolo rettangolo OHA abbiamo

$$\overline{OA} = \frac{\overline{AH}}{\sin\alpha/2} = \frac{d/2}{\sin\alpha/2}, \tag{3}$$

che, sostituita nella (2), dimostra la tesi.

Anche in questo problema, data l'assenza di attrito, possiamo arrivare alla soluzione utilizzando il principio dei lavori virtuali, minimizzando l'energia potenziale gravitazionale dell'asta, ossia minimizzando la quota del centro di massa G. Sempre con riferimento alla Fig. 1, indicando con z_G la quota di G rispetto alla quota (fissa) del punto H, semplici considerazioni trigonometriche danno

$$z_G = \overline{OH} - \overline{CG} = \frac{d/2}{\tan \alpha/2} - \frac{L}{2} \cos \frac{\alpha}{2}, \tag{4}$$

da cui, imponendo $\dfrac{\partial z_G}{\partial \alpha} = 0$, otteniamo l'equazione

$$-\frac{d}{2} \frac{1}{\tan^2 \alpha/2} \frac{1}{\cos^2 \alpha/2} \frac{1}{2} + \frac{L}{2} \sin \frac{\alpha}{2} \frac{1}{2} = 0, \tag{5}$$

che, semplificando e riarrangiando, prova nuovamente la tesi.

208. Le forze che agiscono sull'asta sono tre: oltre alla forza peso $M\boldsymbol{g}$, applicata nel centro di massa dell'asta, e alla tensione del filo $\boldsymbol{T}$ applicata nell'estremo libero A, abbiamo la reazione vincolare nel punto di supporto O, come mostrato nella Fig. 1.

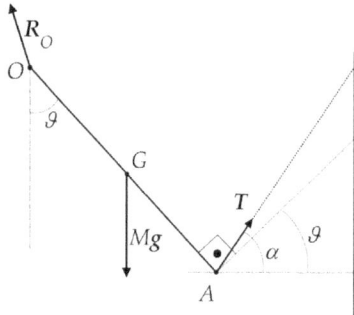

Figura 1: Analisi delle forze.

Una volta fissati i valori degli angoli ϑ ed α, le incognite numeriche del problema di equilibrio sono *tre*: il modulo della tensione T e la reazione $\boldsymbol{R}_O$, individuata da due numeri. Poiché le equazioni cardinali di equilibrio per un problema in cui tutte le forze applicate al corpo sono complanari conducono a un sistema di tre equazioni (scalari), la soluzione del problema è univocamente determinata. Tuttavia, poiché non siamo interessati a determinare la reazione in O, è sufficiente applicare la sola seconda equazione cardinale, calcolando i momenti assiali delle forze rispetto all'asse passante per O e ortogonale al piano dell'asta. Sempre dalla Fig. 1 abbiamo

$$M g \frac{L}{2} \sin \vartheta = T_\perp L, \tag{1}$$

dove $T_\perp = T \cos(\vartheta - \alpha)$ rappresenta la componente della tensione $\boldsymbol{T}$ ortogonale alla direzione dell'asta. Risolvendo per T abbiamo

$$T = \frac{M g}{2} \frac{\sin \vartheta}{\cos(\vartheta - \alpha)}, \tag{2}$$

il cui valore minimo si ottiene, fissato ϑ, quando il coseno a denominatore diviene massimo, ossia quando $\alpha = \vartheta$, cosicché la direzione della tensione T è ortogonale all'asta.

209. La Fig. 1 mostra l'insieme delle forze agenti sulla ruota.

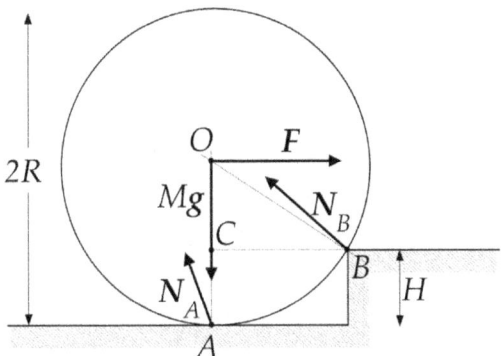

Figura 1: Le forze agenti sulla ruota.

Oltre alla forza F abbiamo la forza peso applicata nel centro di massa O e le due reazioni vincolari N_A e N_B applicate rispettivamente nei punti A e B. È evidente che nella situazione più generale (ossia in presenza di attrito sia in A che in B) il numero di incognite supera quello delle relazioni scalari (tre) che si ottengono applicando le equazioni di equilibrio. Il trucco per risolvere il problema consiste nello studiare il problema di equilibrio nella situazione limite in cui la ruota si stacca da terra, ossia dal punto A. Tale situazione è caratterizzata matematicamente dalla condizione $N_A = 0$, il che riduce il numero delle incognite di due. Per determinare il valore di F è sufficiente applicare la seconda equazione di equilibrio calcolando i momenti delle rimanenti tre forze rispetto al punto B, ossia

$$F\,\overline{OC} = Mg\,\overline{BC}, \qquad (1)$$

dove $\overline{OC} = R - H$ e il braccio della forza peso si ottiene con semplici considerazioni geometriche tramite la relazione

$$\overline{BC} = \sqrt{\overline{OB}^2 - \overline{OC}^2} = \sqrt{R^2 - (R-H)^2} = \sqrt{2RH - H^2}, \qquad (2)$$

da cui, sostituendo nella (1), segue la tesi.

210. Per ragioni di simmetria studieremo l'equilibrio statico di uno solo dei
     due dischi di raggio *a*. Nella Fig. 1 sono schematizzate le forze agenti
     su di esso.

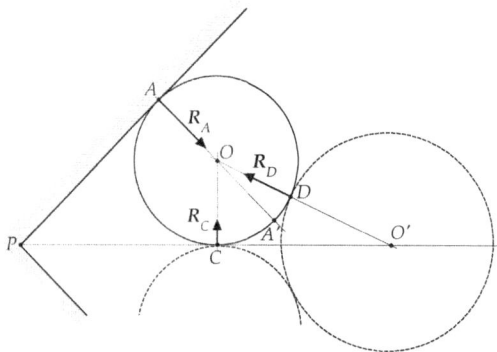

Figura 1: Le forze necessarie per l'equilibrio.

Abbiamo la reazione vincolare R_A della parete nel punto di contatto
A, la reazione R_C nel punto di contatto col disco gemello e, infine, la
reazione R_D nel punto di contatto col disco di raggio *b*. Poiché le rette
di applicazione delle tre forze passano per il centro *O* del disco, la seconda equazione cardinale è automaticamente verificata. Per garantire
l'equilibrio del disco dobbiamo imporre la prima equazione cardinale,
che dà

$$R_A + R_C + R_D = 0, \tag{1}$$

dove, per simmetria, il vettore R_C è diretto verticalmente e, necessariamente, verso l'alto. Una situazione analoga è mostrata nella Fig. 2,
dove il raggio *b* del terzo disco è stato considerevolmente ridotto. Notiamo che, contrariamente a quanto mostrato nella Fig. 1, la configurazione della Fig. 2 non può garantire l'equilibrio, poiché la forza R_C
dovrebbe essere necessariamente diretta verso il basso. Da un esame
delle due figure, non è difficile convincersi che il verso della forza R_C
è determinato dalla posizione del punto di contatto *D*. In particolare,
vediamo che se *D* si trova "al di sopra" del punto *A'*, corrispondente all'intersezione della direzione di R_A con il bordo del disco, R_C è
diretta l'alto (e l'equilibrio sarà dunque possibile). Viceversa, se *D* si
trova "al di sotto" di *A'*, l'equilibrio non sarà possibile. La situazione

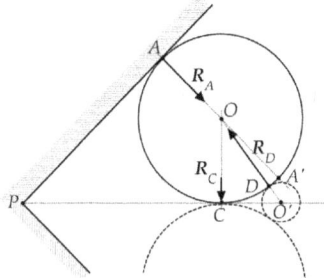

Figura 2: Il disco non può rimanere in equilibrio, poiché la forza R_C dovrebbe necessariamente essere diretta verso il basso.

limite è rappresentata nella Fig. 3, dove $R_C = 0$ e l'equilibrio del disco è assicurato da una coppia di forze a braccio nullo.

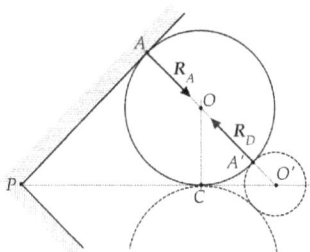

Figura 3: La situazione limite $R_C = 0$, con i tre punti A, A' e O' allineati.

Sempre dalla Fig. 3 possiamo tradurre questa condizione in una relazione algebrica tra i raggi a e b considerando il triangolo rettangolo OCO' e tenendo conto che l'angolo tra le direzioni $O'C$ e $O'O$ è pari a 45°, cosicché avremo $\overline{OO'} = \sqrt{2}\,\overline{OC}$. Inoltre, poiché $\overline{OO'} = a + b$ e $\overline{OC} = a$, si ottiene

$$a + b = \sqrt{2}a \implies b = (\sqrt{2} - 1)a = \boxed{\frac{a}{\sqrt{2} + 1}} \qquad (2)$$

c.v.d.

211. Trascurando la forza peso del disco, l'analisi delle forze è mostrata nella Fig. 1, dove è schematizzato per semplicità il cono di attrito solamente in corrispondenza del punto B.

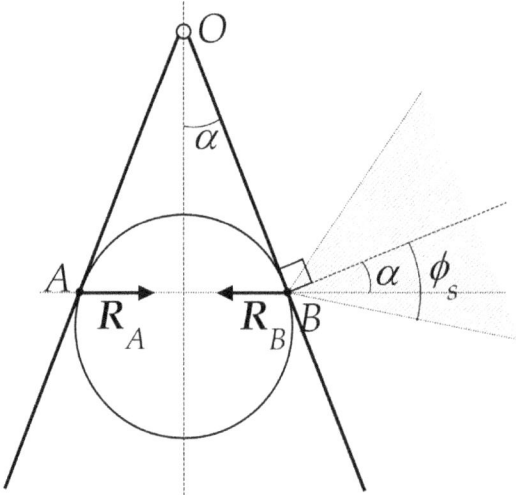

Figura 1: L'analisi delle forze.

È chiaro che, affinché il disco si mantenga in equilibrio, è necessario che le due reazioni vincolari costituiscano una coppia a braccio nullo. Inoltre, per la simmetria del problema, la direzione delle forze deve essere ortogonale all'asse di simmetria passante per O. Dalla figura si evince che tale condizione implica che la direzione di ciascuna reazione formi con l'asse ortogonale alla rispettiva asta un angolo pari ad α. Poiché per l'equilibrio tale angolo deve essere minore dell'angolo di attrito, la tesi è automaticamente dimostrata.

212. Per risolvere il problema dobbiamo scrivere le equazioni di equilibrio per ciascuna asta, tenendo conto delle mutue interazioni e dell'azione vincolare nel punto di sospensione A. La Fig. 1 mostra l'analisi delle forze.

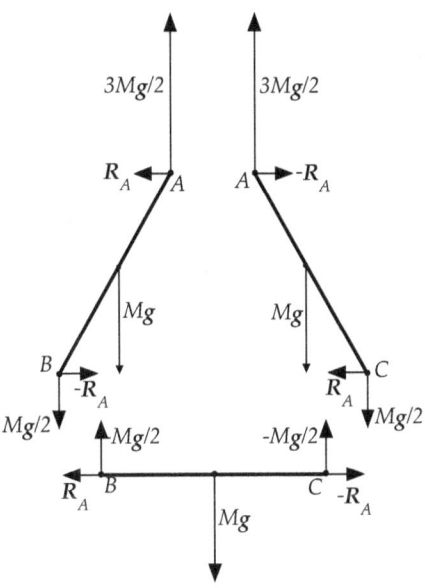

Figura 1: L'analisi delle forze per ciascuna asta.

Inizieremo imponendo la prima equazione cardinale. Per ragioni che appariranno chiare in seguito, la prima asta da analizzare è quella orizzontale BC. Essa è soggetta all'azione di tre forze: la forza peso Mg, applicata nel centro di massa, e le due reazioni vincolari nelle cerniere B e C. Per ovvie ragioni di simmetria, abbiamo che la componente verticale di entrambe le reazioni sarà in modulo pari a $Mg/2$, diretta verso l'alto. Per ciò che concerne le componenti orizzontali, esse saranno uguali e contrarie, come mostrato nella figura. Indicheremo col simbolo R il relativo modulo, che sarà l'unica variabile del nostro problema. Una volta completata l'analisi delle forze per l'asta BC, l'analisi per le rimanenti aste diviene quasi automatica. Infatti, come si evince ancora dalla Fig. 1, le forze che agiscono, per esempio, sull'asta AB, si ottengono applicando ancora una volta la prima equazione cardinale e il terzo principio della dinamica alla cerniera B. Lo stesso dicasi per l'asta AC. Notiamo, in particolare, come la forza totale esercitata in corrispondenza del punto di sospensione A è pari a $3Mg$, come ci si doveva aspettare. Per calcolare il modulo della forza R è sufficiente applicare la seconda equazione cardinale dei sistemi a una delle aste oblique, per esempio la AB, come mostrato nella Fig. 2.

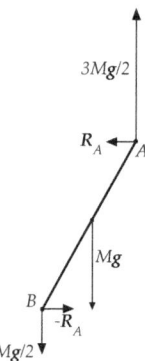

Figura 2: Applicazione della seconda equazione cardinale all'asta AB.

In particolare, calcolando i momenti delle forze rispetto al polo B, abbiamo

$$-Mg\frac{L}{2}\cos\frac{\pi}{3} + \frac{3}{2}MgL\cos\frac{\pi}{3} - RL\sin\frac{\pi}{3} = 0 \Longrightarrow \boxed{R = \frac{Mg}{\sqrt{3}}}$$

(1)

213. La Fig. 1 mostra l'analisi delle forze agenti sulle due sfere.

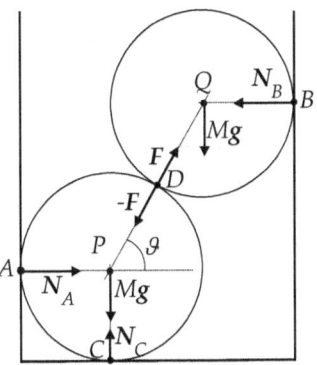

Figura 1: L'analisi delle forze.

La sfera inferiore è soggetta all'azione di quattro forze, mentre su quella superiore agiscono tre forze. Le due sfere interagiscono mutuamente tramite la coppia di forze F e $-F$ applicate nel punto di contatto. Notiamo per prima cosa che le direzioni di tutte le forze agenti su ciascuna sfera passano per i rispettivi centri. Ciò significa che la seconda equazione cardinale dell'equilibrio è automaticamente soddisfatta. Per risolvere il problema è sufficiente scrivere la prima equazione cardinale per ciascuna sfera,

$$\begin{cases} N_A + Mg + N_C - F = 0, \\ F + Mg + N_B = 0, \end{cases} \tag{1}$$

e proiettarle lungo le direzioni orizzontale e verticale. A questo scopo è necessario determinare l'inclinazione ϑ sull'orizzontale della congiungente i centri delle sfere. Tenendo conto della geometria della Fig. 1 abbiamo

$$\cos\vartheta = \frac{1}{2} \implies \vartheta = \frac{\pi}{3}. \tag{2}$$

Iniziamo dalla seconda delle (1), che è descritta geometricamente nella Fig. 2.

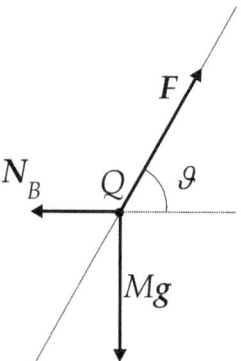

Figura 2: La prima equazione cardinale applicata alla sfera superiore.

Dalla stessa figura abbiamo, con semplici considerazioni trigonometriche,

$$\frac{Mg}{N_B} = \tan\vartheta \implies \boxed{N_B = \frac{Mg}{\tan\vartheta} = \frac{Mg}{\sqrt{3}}}$$

$$\frac{Mg}{F} = \sin\vartheta \implies \boxed{F = \frac{Mg}{\sin\vartheta} = 2\frac{Mg}{\sqrt{3}}} \tag{3}$$

Per determinare il modulo della reazione in A è sufficiente proiettare la prima delle (1) lungo la direzione orizzontale. Dalla Fig. 1, tenendo conto della (3), abbiamo

$$N_A = F\sin\vartheta = \boxed{Mg} \tag{4}$$

214. Conviene studiare il problema in un sistema di riferimento non inerziale rotante con velocità angolare ω, nel quale l'asta è in quiete. In
questo modo la forza di Coriolis non interviene e il problema si riduce allo studio dell'equilibrio statico dell'asta sotto l'azione della forza
peso, della reazione vincolare nel punto di sospensione O e della forza
d'inerzia (centrifuga), come schematizzato nella Fig. 1.

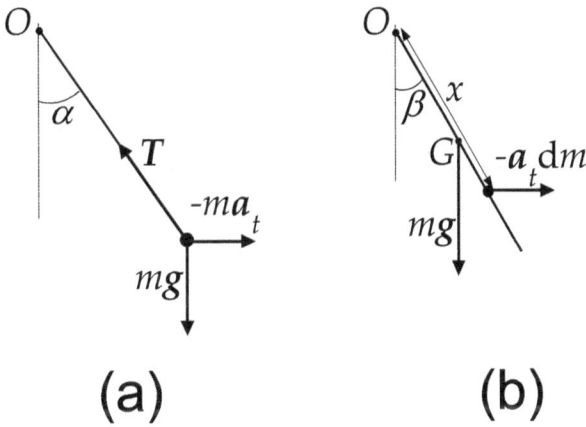

(a)   **(b)**

Figura 1: L'analisi delle forze nel sistema di riferimento non inerziale.

Nella situazione descritta nella figura (a), dove tutta la massa è concentrata nell'estremità libera dell'asta, per determinare l'angolo di equilibrio α è sufficiente scrivere la seconda equazione cardinale rispetto al
polo O, che dà

$$m g L \sin\alpha = m a_t L \cos\alpha \implies \tan\alpha = \frac{a_t}{g}, \qquad (1)$$

dove il modulo di a_t, ossia dell'accelerazione di trascinamento nel
punto ove è posizionato m (cfr. Fig. 1), è dato da $a_t = \omega^2 L \sin\alpha$.
Sostituendo nella (1) si ottiene

$$\tan\alpha = \frac{\omega^2 L}{g} \sin\alpha \implies \boxed{\cos\alpha = \frac{g}{\omega^2 L}} \qquad (2)$$

Per quanto riguarda il caso descritto nella figura (b), possiamo pensare
la forza peso $m g$ applicata al centro di massa dell'asta, mentre la forza

centrifuga sarà distribuita lungo tutta la lunghezza L. In particolare, indicando con x l'ascissa, misurata sull'asta a partire dal punto O, del generico elemento di massa dm, la seconda equazione cardinale, scritta ancora rispetto al punto O, dà

$$m g \frac{L}{2} \sin \beta = \int_0^L (x \cos \beta)(a_t \, dm), \qquad (3)$$

dove $a_t = \omega^2 x \sin \beta$. Indicando con λ la densità lineare di massa dell'asta, sostituendo e semplificando abbiamo

$$m g \frac{L}{2} \sin\beta = \lambda \omega^2 \sin\beta \cos \beta \int_0^L x^2 \, dx \implies \boxed{\cos \beta = \frac{3}{2} \frac{g}{\omega^2 L}} \quad (4)$$

da cui, per confronto con la (1), segue la tesi.

215. L'assenza di attrito suggerisce l'utilizzo del principio dei lavori virtuali. Per questo occorre minimizzare l'energia potenziale del sistema pensata in funzione di un parametro geometrico di configurazione. In particolare, poiché l'energia potenziale è puramente gravitazionale, è sufficiente determinare la quota del centro di massa del sistema costituito dalle due sfere. Nella Fig. 1 è illustrata la geometria del problema.

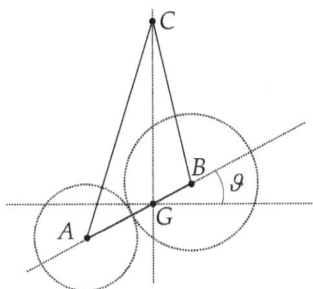

Figura 1: Geometria per l'applicazione del principio dei lavori virtuali.

L'angolo ϑ, che indica l'inclinazione della congiungente i centri A e B delle due sfere con l'orizzontale, sarà il parametro geometrico di configurazione rispetto al quale esprimere la quota del c.d.m. del sistema G. Indicando con H la distanza $\overline{CG}$, il principio dei lavori virtuali si esprime tramite la condizione

$$H'(\vartheta) = 0, \tag{1}$$

dove l'apice indica la derivazione rispetto a ϑ. Inoltre, poiché per ipotesi le sfere rimangono a contatto, la seguente relazione deve essere soddisfatta:

$$\frac{\overline{AG}}{\overline{BG}} = \frac{m}{M}, \tag{2}$$

dove M ed m indicano rispettivamente la massa della sfera di sinistra e quella della sfera di destra. Infine, poiché la lunghezza del filo rimane costante, abbiamo

$$\overline{AC} + \overline{BC} = \text{cost.} \implies \boxed{\frac{\mathrm{d}}{\mathrm{d}\vartheta}(\overline{AC} + \overline{BC}) = 0} \tag{3}$$

che rappresenta la relazione chiave per risolvere il problema. Infatti, applicando il teorema di Carnot ai due triangoli AGC e BGC abbiamo

$$\overline{AC} = \sqrt{X^2 + H^2 + 2XH\sin\vartheta},$$

$$\overline{BC} = \sqrt{x^2 + H^2 - 2xH\sin\vartheta}, \tag{4}$$

dove per semplicità abbiamo posto $\overline{AG} = X$ e $\overline{BG} = x$. Derivando la (4) rispetto a ϑ e tenendo conto della (1), abbiamo

$$\frac{\mathrm{d}}{\mathrm{d}\vartheta}\overline{AC} = \frac{1}{2\overline{AC}}(2H\!H' + 2XH'\sin\vartheta + 2XH\cos\vartheta) = \frac{X}{\overline{AC}}H\cos\vartheta,$$

$$\frac{\mathrm{d}}{\mathrm{d}\vartheta}\overline{BC} = \frac{1}{2\overline{BC}}(2H\!H' - 2xH'\sin\vartheta - 2xH\cos\vartheta) = -\frac{x}{\overline{BC}}H\cos\vartheta, \tag{5}$$

che, sostituita nella (3), con semplici passaggi algebrici dà

$$\frac{X}{\overline{AC}} = \frac{x}{\overline{BC}} \implies \boxed{\frac{\overline{BC}}{\overline{AC}} = \frac{x}{X} = \frac{M}{m}} \tag{6}$$

c.v.d.

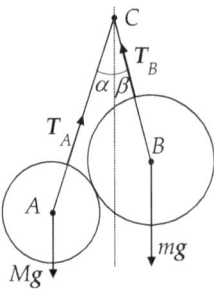

Figura 2: Analisi delle forze.

Possiamo ottenere un'interessante interpretazione geometrica della condizione (6) applicando la seconda equazione cardinale e calcolando i momenti delle forze esterne agenti sulle due sfere rispetto all'asse orizzontale passante per C. Dalla Fig. 2 abbiamo

$$M g \overline{AC} \sin \alpha = m g \overline{BC} \sin \beta, \qquad (7)$$

dove α e β sono gli angoli formati dalle congiungenti i centri delle sfere con il punto di sospensione rispetto alla verticale. Sostituendo la (6) nella (7) si evince immediatamente che, all'equilibrio, tali angoli devono essere identici.

216. L'analisi delle forze è illustrata nella Fig. 1.

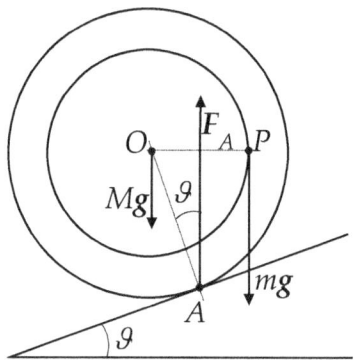

Figura 1: Analisi delle forze.

Per risolvere il problema è sufficiente applicare le due equazioni cardinali di equilibrio, tenendo conto che la reazione vincolare del piano
inclinato nel punto di contatto A è pari a $F_A = -(M + m)g$. Calcolando i momenti delle tre forze rispetto al centro O, dalla seconda
equazione cardinale di equilibrio abbiamo

$$F_A \, \overline{OA} \sin \vartheta = m g \, \overline{OP} \implies \sin \vartheta = \frac{m \cancel{g}}{(m + M)\cancel{g}} \frac{r}{R}, \qquad (1)$$

c.v.d.

217. Risolveremo il problema utilizzando sia le equazioni cardinali che il principio dei lavori virtuali. Nella Fig. 1 sono schematizzate le forze agenti sulle varie porzioni del sistema.

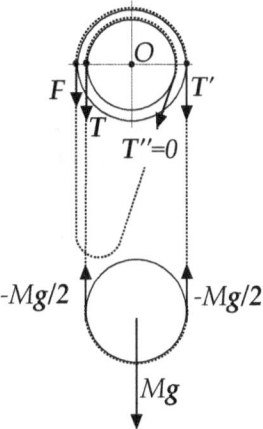

Figura 1: Analisi delle forze del paranco differenziale.

Affinché la carrucola inferiore sia in equilibrio, in virtù della simmetria, è necessario che le forze trasmesse dalla catena siano uguali e pari a $-Mg/2$. Essendo il filo ideale, questi valori di tensione vengono trasmessi alle due carrucole superiori, come illustrato nella Fig. 1, cosicché scriveremo

$$T = T' = \frac{Mg}{2}.$$ (1)

Per quanto concerne la tensione indicata nella figura dal simbolo T'', non è difficile convincersi che essa è nulla, in quanto per ipotesi la catena è assimilata a un filo ideale e, dunque, privo di massa. A questo punto possiamo imporre la seconda equazione cardinale di equilibrio al sistema delle due carrucole superiori, calcolando i momenti delle tre forze F, T e T' rispetto al punto O. Indicando con R ed r rispettivamente il raggio della carrucola esterna e quello della carrucola interna, abbiamo

$$F R + T r = T' R,$$ (2)

che, tenendo conto della (1), con semplici passaggi dà

$$F = \frac{Mg}{2} \frac{R - r}{R} = \frac{Mg}{2} \left(1 - \frac{r}{R} \right), \tag{3}$$

c.v.d.

Ritroviamo adesso il medesimo risultato utilizzando il principio dei lavori virtuali. A tale scopo supponiamo che il punto di applicazione P della forza F si sposti nella posizione P', come schematizzato nella Fig. 2, dove δs indica lo spostamento virtuale corrispondente.

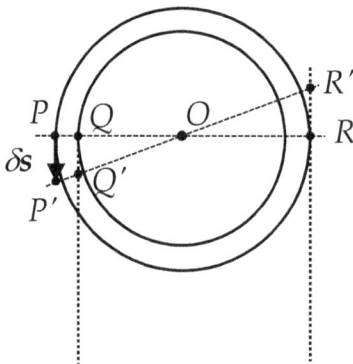

Figura 2: L'applicazione del principio dei lavori virtuali al paranco differenziale.

Il lavoro virtuale di F in seguito a tale spostamento è pari a $F \delta s = F \overline{PP'}$, chiaramente positivo. All'equilibrio, questo lavoro virtuale deve essere esattamente compensato da un altro lavoro, negativo, che può essere ascritto alla sola forza peso Mg. Per calcolarlo, è sufficiente determinare lo spostamento verticale del punto di applicazione di Mg in seguito allo spostamento virtuale di P. Ciò può essere fatto tenendo conto che il filo è perfettamente inestensibile e ciò implica che il sollevamento della carrucola mobile inferiore in seguito alla rotazione delle carrucole superiori mostrata nella Fig. 2 sarà pari (approssimativamente) a $(\overline{RR'} - \overline{QQ'})/2$. Sfruttando la similitudine dei triangoli

OPP', OQQ' e ORR' abbiamo

$$\begin{cases} \overline{QQ'} = \overline{PP'}\dfrac{r}{R} = \delta s\,\dfrac{r}{R}\,, \\[3mm] \overline{RR'} = \overline{PP'} = \delta s\,, \end{cases} \tag{4}$$

cosicché scriveremo il principio dei lavori virtuali nella forma seguente:

$$F\,\overline{PP'} - Mg\,\frac{\overline{RR'} - \overline{QQ'}}{2} = 0 \implies F\,\delta\!\!\!/s = \frac{Mg}{2}\,\delta\!\!\!/s\left(1 - \frac{r}{R}\right), \tag{5}$$

c.v.d.

218. La situazione è schematizzata nella Fig. 1, dove sono indicate le forze agenti sulla piastra triangolare.

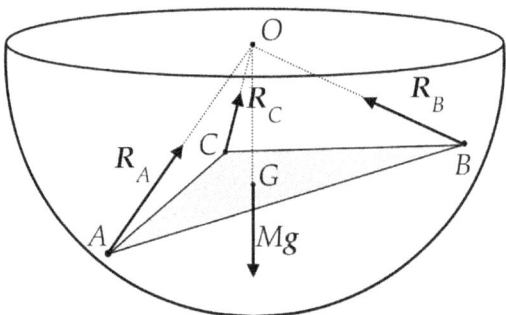

Figura 1: L'analisi delle forze.

Oltre la forza peso Mg applicata nel centro di massa G abbiamo le tre reazioni vincolari R_A, R_B ed R_C applicate rispettivamente nei punti A, B e C. Poiché per ipotesi la sfera è perfettamente liscia, le direzioni delle tre reazioni passano per il centro O e ciò implica necessariamente che anche la direzione della forza peso Mg deve passare per il medesimo punto. Segue dunque la prima parte della tesi.

Per determinare la distanza del $\overline{OG}$ utilizzeremo un approccio algebrico. Scriviamo dapprima le seguenti relazioni vettoriali:

$$\begin{cases} \overrightarrow{GA} - \overrightarrow{GO} = \overrightarrow{AO}, \\[2ex] \overrightarrow{GB} - \overrightarrow{GO} = \overrightarrow{BO}, \\[2ex] \overrightarrow{GC} - \overrightarrow{GO} = \overrightarrow{CO}, \end{cases} \qquad (1)$$

dove i tre vettori $\overrightarrow{GA}$, $\overrightarrow{GB}$ e $\overrightarrow{GC}$ sono orientati lungo le mediane del triangolo con modulo pari ai 2/3 di queste. Prendendo il modulo quadro di ciascuna equazione,

$$
\begin{cases}
\overline{GA}^2 + \overline{GO}^2 - 2\,\overline{GO} \cdot \overline{GA} = \overline{AO}^2 = R^2, \\[2mm]
\overline{GB}^2 + \overline{GO}^2 - 2\,\overline{GO} \cdot \overline{GB} = \overline{BO}^2 = R^2, \\[2mm]
\overline{GC}^2 + \overline{GO}^2 - 2\,\overline{GO} \cdot \overline{GC} = \overline{CO}^2 = R^2,
\end{cases}
\tag{2}
$$

e sommandole membro a membro si ottiene

$$
\overline{GA}^2 + \overline{GB}^2 + \overline{GC}^2 + 3\,\overline{GO}^2 - \overrightarrow{GO} \cdot (\overrightarrow{GA} + \overrightarrow{GB} + \overrightarrow{GC}) = 3R^2,
\tag{3}
$$

dove nell'ultimo passaggio abbiamo tenuto conto del fatto che il centro di massa *G* può essere interpretato come la media aritmetica delle posizioni dei tre vertici. Ricordiamo adesso che la somma dei quadrati delle mediane eguaglia i 3/4 della somma dei quadrati dei lati del triangolo, cosicché avremo

$$
\overline{GO}^2 = R^2 - \frac{1}{3}(\overline{GA}^2 + \overline{GB}^2 + \overline{GC}^2) =
$$

$$
= R^2 - \frac{1}{3} \times \frac{4}{9} \times \frac{3}{4}(a^2 + b^2 + c^2),
\tag{4}
$$

da cui, semplificando ed estraendo la radice quadrata, segue la seconda parte della tesi.

219. La situazione è schematizzata nella Fig. 1.

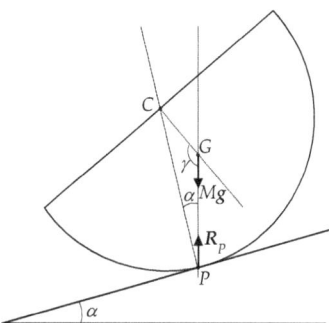

Figura 1: Analisi delle forze sul piano inclinato.

Il punto P indica il contatto tra la superficie sferica e il piano inclinato, mentre G indica il centro di massa della semisfera che dista 3/8 del raggio dal centro C della semisfera stessa. Volendo costruire per via geometrica la configurazione di equilibrio partendo dal punto P dovremmo tracciare due semirette: la prima ha direzione ortogonale al piano e va a intercettare il centro C (la superficie sferica è tangente al piano in P), mentre la seconda ha direzione verticale e va a intercettare il centro di massa G. Per l'equilibrio le uniche due forze agenti sulla semisfera, ossia il peso $M\boldsymbol{g}$ applicato in G e la reazione vincolare del piano $\boldsymbol{R}_P$, devono costituire una coppia di forze a braccio nullo. Ciò accade quando la direzione verticale (ossia quella di $\boldsymbol{R}_P$) cade all'interno del cono di attrito ovvero quando l'angolo α è inferiore all'angolo di attrito. La prima parte della tesi è dunque dimostrata.

La seconda parte della tesi è facilmente dimostrabile applicando il teorema dei seni al triangolo PCG,

$$\frac{\overline{CG}}{\sin\alpha} = \frac{R}{\sin\gamma}, \tag{1}$$

dove γ è l'angolo al vertice G. Risolvendo la (1) rispetto a $\sin\gamma$ abbiamo

$$\sin\gamma = \sin\alpha\,\frac{R}{\overline{CG}} = \frac{8}{3}\,\sin\alpha \le 1 \implies \sin\alpha \le \frac{3}{8}, \tag{2}$$

c.v.d.

220. Introduciamo un sistema di riferimento cartesiano bidimensionale con origine in O e gli assi lungo le direzioni orizzontale e verticale, come mostrato nella Fig. 1.

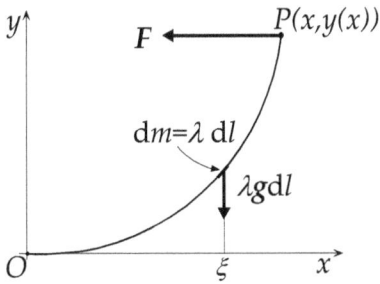

Figura 1: La geometria del problema.

Indichiamo con (x, y) le coordinate cartesiane dell'estremo P dell'arco a cui è applicata la forza orizzontale F. Il profilo dell'arco sarà descritto matematicamente dalla funzione $y = y(x)$. Per risolvere il problema è sufficiente imporre l'equilibrio dei momenti assiali di tutte le forze esterne, calcolati rispetto all'asse z. A questo scopo, indicando con dl l'elemento di linea infinitesimo sull'arco e con $\xi \in [0, x]$ la sua ascissa, la seconda equazione cardinale dà

$$F y = \int_0^x \xi\,(\lambda g\,dl) \implies \boxed{y = \frac{1}{R}\int_0^x \xi\,dl} \tag{1}$$

dove $R = F/(\lambda g)$ è un parametro che ha le dimensioni di una lunghezza.

Mostriamo adesso che se l'arco OP è circolare di raggio R e il suo centro C è posto in corrispondenza dell'asse y, come schematizzato nella Fig. 2, la (1) è soddisfatta. A questo scopo è sufficiente localizzare i punti sull'arco tramite l'angolo ϑ, cosicché la lunghezza dell'elemento di linea infinitesimo diventa $dl = R\,d\vartheta$, e la sua ascissa $\xi = R \sin\vartheta$. Sostituendo nell'integrale e indicando con ϑ_0 la posizione angolare di P abbiamo

$$y = \frac{1}{R}\int_0^{\vartheta_0} R^2 \sin\vartheta\,d\vartheta = R(1 - \cos\vartheta_0), \tag{2}$$

che, come si evince dalla Fig. 2, coincide proprio con la quota di P.

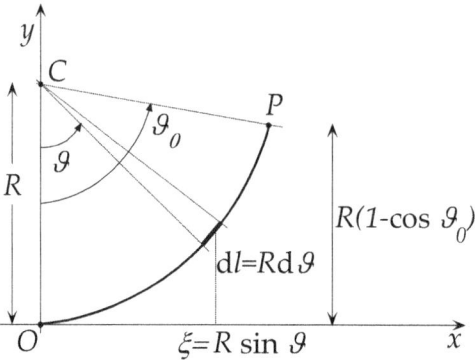

Figura 2: Geometria per un arco di forma circolare.

A questo punto ci potremmo chiedere se, oltre al profilo circolare, esistano altre tipologie di profili in grado di soddisfare la (1). Per dimostrare che ciò non è possibile, sostituiamo nella (1) l'espressione dell'elemento di linea in coordinate cartesiane $\mathrm{d}l = \sqrt{\mathrm{d}x^2 + \mathrm{d}y^2} = \sqrt{1 + y'^2}\,\mathrm{d}x$,

$$y(x) = \frac{1}{R} \int_0^x \xi \sqrt{1 + y'(\xi)^2}\,\mathrm{d}\xi\,, \qquad (3)$$

che da un punto di vista matematico ha la forma di un'equazione integrale nell'incognita $y = y(x)$. Per risolverla è sufficiente derivarne ambo i membri rispetto alla variabile x, ottenendo così l'equazione differenziale

$$y'(x) = \frac{1}{R} x \sqrt{1 + y'(x)^2} \implies y' = \frac{x/R}{\sqrt{1 - x^2/R^2}}\,. \qquad (4)$$

Integrando per separazione delle variabili e imponendo la condizione iniziale $y(0) = 0$, con semplici passaggi algebrici abbiamo

$$y(x) = \int_0^x \frac{\xi/R}{\sqrt{1 - \xi^2/R^2}} = -R \int_0^x \mathrm{d}\left[\sqrt{1 - \frac{\xi^2}{R^2}}\right] =$$

$$= R\left(1 - \sqrt{1 - \frac{x^2}{R^2}}\right),$$

(5)

da cui, riarrangiando, troviamo

$$\frac{x^2}{R^2} + \left(\frac{y}{R} - 1\right)^2 = 1,$$

(6)

ossia l'equazione cartesiana della circonferenza di centro C e raggio R considerata nella Fig. 2.

221. In Fig. 1 è illustrata la geometria del problema nel sistema di riferimento solidale col centro di massa dell'asta.

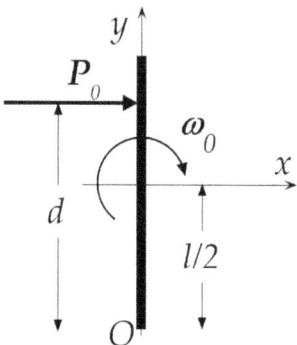

Figura 1: Studio del problema nel sistema di riferimento solidale col centro di massa.

Indicando con l la sua lunghezza, con P_0 l'impulso ad essa comunicato e con d la distanza del punto di applicazione dall'estremo O, il modulo del momento angolare iniziale L_0, calcolato rispetto al centro di massa, è

$$L_0 = P_0 \left(d - \frac{l}{2} \right). \tag{1}$$

La velocità iniziale del centro di massa è $v_c = P_0/M$, mentre il modulo della velocità angolare dell'asta attorno ad esso è $\omega_0 = 12L_0/Ml^2$. Calcoliamo adesso la velocità "assoluta" del punto O; tenendo conto della (2) abbiamo

$$v_O = v_c - \omega_0 \frac{l}{2} = \frac{P_0}{M} - \frac{12P_0(d-l/2)}{Ml^2}\frac{l}{2} = \frac{P_0}{M}\left[1 - 6\left(\frac{d}{l} - \frac{1}{2} \right) \right], \tag{2}$$

che si annulla ponendo $d/l = 2/3$, c.v.d.

222. Nella Fig. 1 abbiamo schematizzato le forze in gioco durante lo scivolamento.

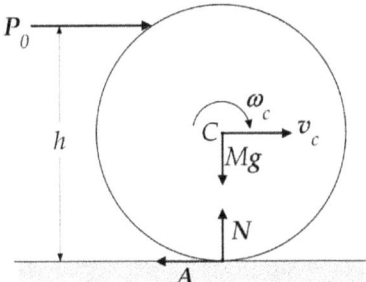

Figura 1: Le forze in gioco durante lo scivolamento.

Indicando con v_0 e ω_0 rispettivamente velocità del centro di massa e velocità angolare della palla rispetto al centro di massa all'istante iniziale, avremo

$$P_0 = M v_0 \implies v_0 = \frac{P_0}{M},$$

$$L_0 = P_0 \frac{4}{5} R = I_c \omega_0 \implies \omega_0 = \frac{4}{5} P_0 R \frac{5}{2MR^2} = \frac{2v_0}{R}, \tag{1}$$

dove abbiamo tenuto conto che il momento d'inerzia di una sfera omogenea di raggio R rispetto a un diametro è pari a $I_c = 2MR^2/5$. Vediamo dunque che il punto di contatto della sfera si muove verso sinistra rispetto al piano con una velocità relativa uguale e opposta a v_0. Ciò implica che la forza di attrito A sarà diretta nel verso del moto, accelerando il centro di massa. Le due equazioni cardinali danno

$$\begin{cases} M\dot{v}_c = A, \\[2mm] \dfrac{2}{5} MR^2 \dot{\omega}_c = -AR, \end{cases} \tag{2}$$

da cui, eliminando A, si ottiene

$$\dot{v}_c + \frac{2}{5} R \dot{\omega}_c = 0 \implies \Delta v_c = -\frac{2}{5} R \Delta \omega_c. \tag{3}$$

Infine, indicando con V e Ω rispettivamente velocità finale del centro di massa e velocità angolare finale attorno al centro di massa, imponendo la condizione di rotolamento $V = \Omega R$, dalla (3) otteniamo facilmente

$$-\frac{5}{2}(V - v_0) = R\Omega - R\omega_0 = V - 2v_0 \Longrightarrow \boxed{V = \frac{9}{7}v_0} \qquad (4)$$

c.v.d.

223. Le forze in gioco sono schematizzate nella Fig. 1.

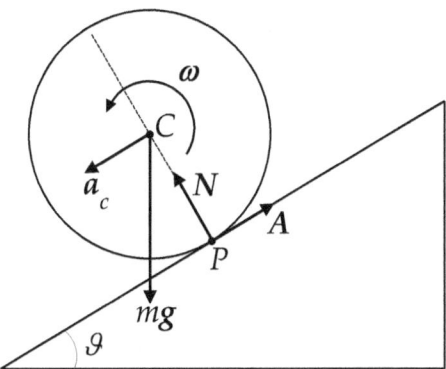

Figura 1: L'analisi delle forze durante il rotolamento.

Applicando le equazioni cardinali abbiamo

$$\begin{cases} ma_c = mg\sin\vartheta - A\,, \\[2mm] \dfrac{1}{2}mR^2\dot\omega = AR\,, \end{cases} \tag{1}$$

dove A è il modulo della forza d'attrito. La condizione di rotolamento implica $a_c = R\dot\omega$ da cui, eliminando A tra le (1) si ottiene facilmente il risultato cercato.

224. Ripetendo gli stessi ragionamenti svolti per risolvere il problema precedente e ricordando che il momento d'inerzia di una sfera omogenea è pari a $2mR^2/5$, le equazioni cardinali si scrivono come segue:

$$\begin{cases} ma_c = mg\sin\vartheta - A, \\[2ex] \dfrac{2}{5}mR^2\dot{\omega} = AR, \end{cases} \qquad (1)$$

da cui si ottiene, imponendo ancora una volta la condizione di rotolamento,

$$a_c = \frac{5}{7}g\sin\vartheta. \qquad (2)$$

225. Le forze in gioco sono illustrate nella Fig. 1.

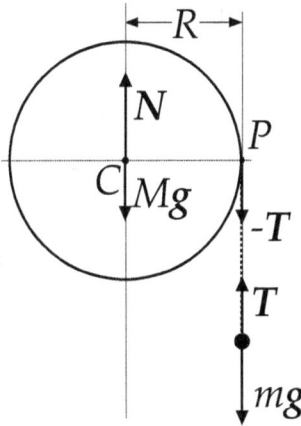

Figura 1: Analisi delle forze in gioco.

La massa m si muove verso il basso in accordo con la seconda legge della dinamica,

$$ma = mg + T,\tag{1}$$

che, proiettata lungo un asse verticale orientato verso il basso, dà

$$ma = mg - T.\tag{2}$$

La carrucola è vincolata a ruotare senz'attrito attorno all'asse orizzontale passante per il centro di massa C. Applicando la seconda equazione cardinale abbiamo

$$\frac{1}{2}MR^2\dot{\omega} = TR,\tag{3}$$

dove $\dot{\omega}$ indica l'accelerazione angolare della carrucola. Poiché per ipotesi il filo non scivola sul disco, dobbiamo imporre che $a = \dot{\omega}R$, cosicché dal confronto tra la (2) e la (3) otteniamo facilmente

$$
\begin{cases}
a = g \, \dfrac{1}{1 + \dfrac{M}{2m}}, \\[4ex]
T = \dfrac{mg}{1 + \dfrac{2m}{M}}.
\end{cases}
\tag{4}
$$

Per calcolare la reazione vincolare in C è sufficiente imporre l'equilibrio del disco tramite la prima equazione cardinale,

$$
N + Mg - T = 0,
\tag{5}
$$

da cui, proiettando lungo l'asse verticale e tenendo conto della (4), si ottiene

$$
N = Mg + T = Mg \, \frac{M + 3m}{M + 2m}.
\tag{6}
$$

226. Nel caso della figura (a) la forza F è applicata direttamente al centro di massa del disco, per cui la prima equazione cardinale dà

$$F = \dot{P} \implies P = F t,\qquad(1)$$

e l'energia cinetica del disco diventa

$$E_c = \frac{P^2}{2M} = \frac{F^2}{2M}\, t^2.\qquad(2)$$

Nel caso della figura (b) del testo, la forza F presenta un momento rispetto al centro di massa non nullo, come schematizzato nella Fig. 1.

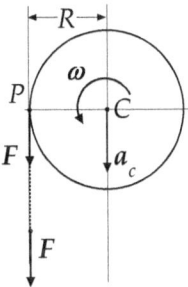

Figura 1: Analisi delle forze nel caso della figura (b).

Conseguentemente, il centro si massa del disco si muoverà ancora una volta in accordo con la (1), ma a questo moto traslatorio dovremo sovrapporre un moto rotatorio attorno al centro di massa il cui momento angolare L_C assiale si trova applicando la seconda equazione cardinale,

$$I_C\,\dot{\omega} = FR \implies L_C = Pt = FRt,\qquad(3)$$

dove $I_C = MR^2/2$ è il momento d'inerzia del disco rispetto all'asse di simmetria. Infine, ricordando che l'energia cinetica rotazionale è pari a $L_C^2/2I_C$, tenendo conto che quella relativa alla traslazione di C è data ancora dalla (2), otteniamo per l'energia cinetica totale la seguente espressione:

$$E_c = \frac{1}{2}\frac{F^2}{M}t^2 + \frac{1}{2}2F^2R^2MR^2t^2 = \frac{3}{2}\frac{F^2}{M}t^2.\qquad(4)$$

227. L'analisi delle forze è illustrata nella Fig. 1.

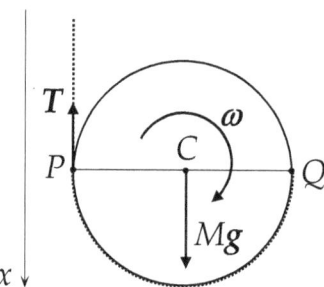

Figura 1: Analisi delle forze in gioco.

Indicando con a l'accelerazione del centro di massa e con ω la velocità angolare di rotazione attorno a C, applicando le equazioni cardinali avremo

$$
\begin{cases}
Ma = Mg - T, \\[2mm]
\dfrac{MR^2}{2}\,\dot{\omega} = TR.
\end{cases}
\tag{1}
$$

Inoltre, poichè la bobina non scivola sul filo, dovremo imporre che a ogni istante il punto P è fermo, il che implica

$$
a = \dot{\omega} R.
\tag{2}
$$

Sostituendo la (2) nella (1) otteniamo facilmente

$$
\begin{cases}
Ma = Mg - T, \\[2mm]
\dfrac{Ma}{2} = T,
\end{cases}
\implies
\begin{cases}
a = \dfrac{2}{3}g, \\[2mm]
T = \dfrac{Mg}{3},
\end{cases}
\tag{3}
$$

c.v.d.

228. La Fig. 1 mostra la relazione tra l'impulso iniziale e il momento angolare dell'asta nelle due situazioni.

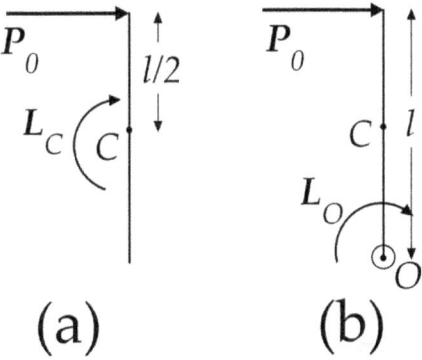

Figura 1: Impulso iniziale e momento angolare iniziale dell'asta nei due casi.

Nella prima, data l'assenza di forze esterne applicate, si deve conservare sia l'impulso che il momento angolare, calcolato rispetto al centro di massa C. Se P_0 indica il modulo dell'impulso iniziale, il momento angolare rispetto a C è pari a $L_C = P_0 l/2$, cosichhé l'energia cinetica totale (traslazione + rotazione) è pari a

$$E_a = \frac{P_0^2}{2M} + \frac{L_C^2}{2I_C} = 4\frac{P_0^2}{M}, \tag{1}$$

dove $I_C = Ml^2/12$ rappresenta il momento d'inerzia dell'asta rispetto all'asse passante per il centro di massa. Nel caso della situazione della figura (b) invece, l'asta è vincolata a ruotare attorno al proprio estremo O con un momento angolare iniziale pari a $L_O = P_0 l$. In questo caso l'energia cinetica è puramente rotazionale e vale, tenendo conto che $I_O = Ml^2/3$,

$$E_b = \frac{L_O^2}{2I_O} = 3\frac{P_0^2}{M}, \tag{2}$$

da cui, tenendo conto della (1), si ottiene

$$\frac{E_a}{E_b} = \frac{4}{3}, \tag{3}$$

c.v.d.

229. La Fig. 1 mostra la geometria del problema e l'analisi delle forze.

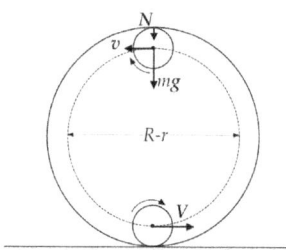

Figura 1: Analisi delle forze.

L'energia cinetica iniziale della sfera, che rotola senza strisciare con velocità V, è pari a

$$E_c = \frac{1}{2}mV^2 + \frac{1}{2} \times \frac{2}{5}mr^2 \left(\frac{V}{r}\right)^2 = \frac{7}{10}mV^2. \qquad (1)$$

Affinché la sfera compia il giro della morte, la reazione vincolare N nel punto più alto della traiettoria deve essere non negativa. Scrivendo la prima equazione cardinale e tenendo conto che il centro di massa della sfera compie un moto circolare di raggio $R - r$, abbiamo

$$N + mg = \frac{mv^2}{R-r} \implies \frac{mv^2}{R-r} \geq mg. \qquad (2)$$

dove v indica la velocità del centro di massa della sfera. Per calcolare v^2 applichiamo la legge di conservazione dell'energia meccanica nella forma seguente:

$$\frac{7}{10}mv^2 - \frac{7}{10}mV^2 = -2mg(R-r) \implies$$

$$\implies \frac{mv^2}{R-r} = \frac{mV^2}{R-r} - \frac{20}{7}mg, \qquad (3)$$

da cui, sostituendo nella (2), con semplici passaggi algebrici si ottiene infine

$$V \geq \sqrt{\frac{27}{7}g(R-r)}. \qquad (4)$$

230. L'analisi delle forze nell'istante in cui viene tagliato il filo è illustrata nella Fig. 1. Sia M la massa dell'asta ed l la sua lunghezza.

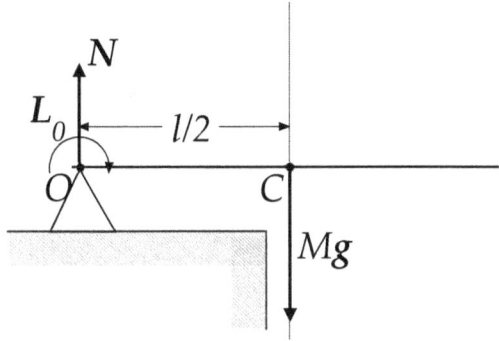

Figura 1: Analisi delle forze.

Le due equazioni cardinali applicate al moto dell'asta diventano

$$\begin{cases} M\mathbf{g} + \mathbf{N} = M\,\mathbf{a}_C, \\ Mg\dfrac{l}{2} = I_O\,\dot{\omega} = \dfrac{Ml^2}{3}\,\dot{\omega} \implies \dot{\omega}l = \dfrac{3}{2}g, \end{cases} \tag{1}$$

dove $\mathbf{a}_C$ indica l'accelerazione del centro di massa dell'asta, $\dot{\omega}$ l'accelerazione angolare[23] dell'asta rispetto al punto O e $I_O = ml^2/3$ il momento d'inerzia rispetto all'asse di rotazione. Poiché il centro di massa è vincolato a muoversi lungo la traiettoria circolare di centro O e raggio $l/2$, il modulo dell'accelerazione a_C e quello dell'accelerazione angolare sono legati dalla relazione

$$a_C = \frac{l}{2}\,\dot{\omega}, \tag{2}$$

che, sostituita nella seconda delle (1), dà

$$a_C = \frac{3}{4}g. \tag{3}$$

[23]Per semplicità consideriamo positive le rotazioni orarie anziché quelle antiorarie. In questo modo $\dot{\omega}$ coincide col modulo dell'accelerazione angolare dell'asta.

Infine, proiettando la prima equazione cardinale lungo la direzione verticale, abbiamo

$$N = Mg - Ma_C = \frac{Mg}{4}, \tag{4}$$

dove nell'ultimo passaggio abbiamo utilizzato la (4).

231. Conviene studiare il problema nel sistema di riferimento, schematizzato nella Fig. 1, solidale col centro di massa del sistema che, causa l'assenza di forze esterne, rimane in quiete.

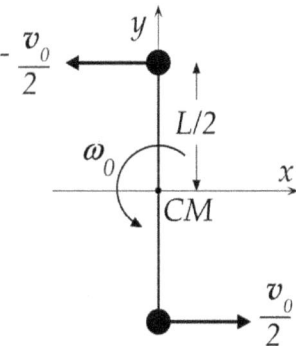

Figura 1: Studio del problema nel sistema di riferimento solidale col centro di massa.

In tale sistema di riferimento le due masse hanno velocità iniziali uguali e opposte, in modulo pari a $v_0/2$. Le masse compiono un moto circolare uniforme attorno al centro di massa di raggio $L/2$ con identica velocità angolare ω_0 pari a

$$\omega_0 = \frac{v_0}{L}, \tag{1}$$

Per cui il tempo necessario perchè il filo si disponga parallelamente alla direzione iniziale è pari a $\pi/\omega_0 = \pi L/v_0$.

232. Il sistema costituito dalle due masse non è soggetto a forze esterne dirette orizzontalmente.

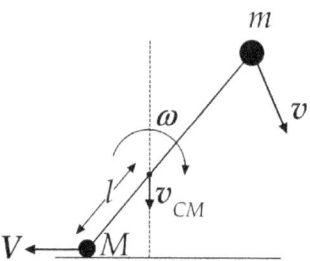

Figura 1: Il moto verticale del centro di massa.

Come schematizzato nella Fig. 1, ciò implica che il centro di massa del sistema, che si trova a una distanza l dalla massa M, si muove lungo una traiettoria verticale e contemporaneamente l'asta ruota intorno ad esso con la velocità angolare ω. In particolare, la massa M scivola verso sinistra con velocità V, mantenendosi costantemente in contatto con il piano orizzontale.

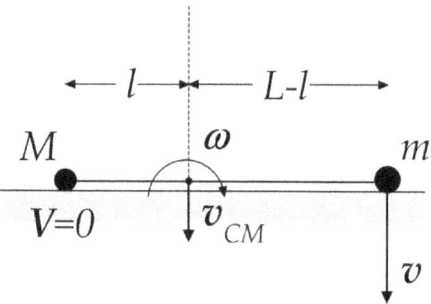

Figura 2: La situazione finale.

Quando l'asta raggiunge la posizione orizzontale la velocità di M si annulla, in quanto la velocità v della massa m è divenuta verticale, come schematizzato nella Fig. 2. Possiamo calcolare il valore di v applicando la legge di conservazione dell'energia meccanica alla massa m, che dà

$$mgL = \frac{1}{2}mv^2 \implies v = \sqrt{2gL}. \tag{1}$$

Per calcolare il corrispondente valore di ω possiamo esprimere la velocità delle due masse nella situazione finale. In particolare, poiché $V = 0$, avremo

$$V = 0 \implies v_{\text{CM}} - \omega l = 0 \implies v_{\text{CM}} = \omega l, \tag{2}$$

mentre per la velocità scalare di m scriveremo

$$v = v_{\text{CM}} + \omega(L - l) = \omega l + \omega(L - l) = \omega L, \tag{3}$$

e infine dal confronto con la (1) segue la tesi.

233. La geometria del problema è illustrata nella Fig. 1, dove sono eviden-
ziate le reazioni vincolari nei punti A e B.

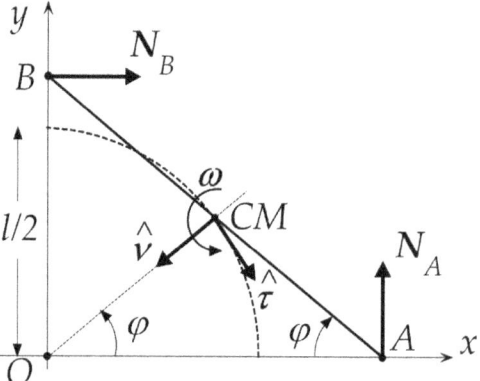

Figura 1: La geometria del problema

Il centro di massa del sistema compie una traiettoria circolare di raggio $l/2$ e centro O, rappresentata dalla curva tratteggiata. Scriviamo
quindi le equazioni cardinali dell'asta

$$
\begin{cases}
\boldsymbol{N}_A + \boldsymbol{N}_B + M\boldsymbol{g} = M\,\boldsymbol{a}_{\mathrm{CM}}, \\[2mm]
N_A \dfrac{l}{2} \cos\varphi - N_B \dfrac{l}{2} \sin\varphi = \dfrac{ML^2}{12}\,\dot\omega,
\end{cases}
\tag{1}
$$

dove $\omega = -\dot\varphi$ e dove i momenti sono calcolati rispetto al centro di massa del sistema. Poiché la traiettoria di quest'ultimo è circolare, scriviamo la rappresentazione polare della sua velocità e dell'accelerazione,

$$
\begin{cases}
\boldsymbol{v}_{\mathrm{CM}} = \dfrac{l}{2}\,\dot\varphi\,\hat\tau, \\[3mm]
\boldsymbol{a}_{\mathrm{CM}} = \dfrac{l}{2}(-\ddot\varphi\,\hat\tau + \dot\varphi^2\,\hat\nu).
\end{cases}
\tag{2}
$$

Applicando la legge di conservazione dell'energia meccanica tra l'istante iniziale e l'istante generico e tenendo conto del secondo teorema di

König avremo

$$Mg\frac{l}{2}(1-\sin\varphi) = \frac{1}{2}Mv_{CM}^2 + \frac{1}{2}\frac{Ml^2}{12}\dot\varphi^2, \qquad (3)$$

ovvero, tenendo conto della prima delle (2),

$$\boxed{\dot\varphi^2 = \frac{3g}{l}(1-\sin\varphi)} \qquad (4)$$

Il distacco dell'asta dalla parete verticale avviene quando

$$N_B = 0, \qquad (5)$$

che implica, una volta sostituita nelle equazioni cardinali (1), l'annullamento della componente x dell'accelerazione a_{CM}, poiché le forze esterne rimanenti sono tutte dirette verticalmente. In particolare, tenendo conto della seconda delle (2) e della geometria del problema (cfr. Fig. 1), abbiamo

$$-\ddot\varphi\sin\varphi - \dot\varphi^2\cos\varphi = 0 \implies \boxed{\ddot\varphi = -\frac{\dot\varphi^2\cos\varphi}{\sin\varphi}} \qquad (6)$$

Rimangono da scrivere la componente y della prima equazione cardinale e la seconda equazione cardinale, che danno rispettivamente

$$N_A - Mg = M\frac{l}{2}(\ddot\varphi\cos\varphi - \dot\varphi^2\sin\varphi), \qquad (7)$$

e

$$N_A\frac{l}{2}\cos\varphi = -\frac{Ml^2}{12}\ddot\varphi, \qquad (8)$$

ovvero, tenendo conto della (6),

$$\begin{cases} N_A - Mg = -\dfrac{Ml}{2}\dfrac{\dot\varphi^2}{\sin\varphi}, \\[2ex] N_A = \dfrac{Ml}{6}\dfrac{\dot\varphi^2}{\sin\varphi}. \end{cases} \qquad (9)$$

Infine eliminando N_A tra le (9) si ottiene

$$\dot{\varphi}^2 = \frac{3g}{2l} \sin\varphi, \qquad (10)$$

che, per confronto con la (4), dà l'angolo di distacco

$$\boxed{\sin\varphi = \frac{2}{3}} \qquad (11)$$

234. La geometria è illustrata nella Fig. 1.

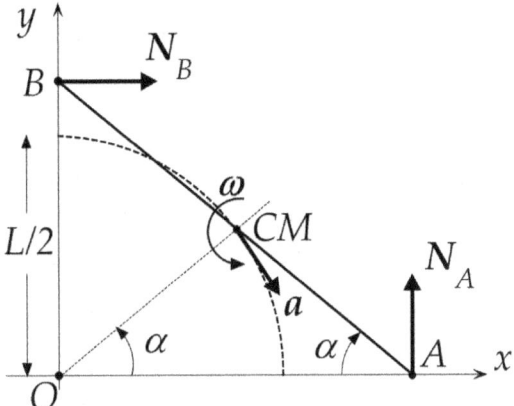

Figura 1: La geometria del problema all'istante iniziale.

Scriviamo la prima equazione cardinale,

$$\begin{cases} Ma_x = N_B, \\ Ma_y = N_A - Mg. \end{cases} \qquad (1)$$

Poiché l'asta è inizialmente ferma, la componente normale dell'accelerazione del centro di massa è nulla. Con riferimento alla geometria della Fig. 1 ciò implica

$$Ma_v = Ma_x \cos\alpha + Ma_y \sin\alpha = 0, \qquad (2)$$

ovvero, tenendo conto della (1),

$$\boxed{N_A \sin\alpha + N_B \cos\alpha = Mg \sin\alpha} \qquad (3)$$

che rappresenta la prima relazione lineare tra i moduli delle reazioni.

Per determinare la seconda relazione, scriviamo dapprima la seconda equazione cardinale rispetto al centro di massa

$$N_A \frac{l}{2} \cos\alpha - N_B \frac{l}{2} \sin\alpha = -\frac{Ml^2}{12}\ddot{\alpha} = -\frac{Ml}{6}a_\tau, \qquad (4)$$

dove $\dfrac{l\ddot{a}}{2} = a_\tau$ rappresenta la componente tangenziale dell'accelerazione del centro di massa, che può essere facilmente espressa in termini delle componenti cartesiane a_x e a_y come segue:

$$Ma_\tau = Ma_y \cos\alpha - Ma_x \sin\alpha = N_A \cos\alpha - N_B \sin\alpha - Mg\cos\alpha, \tag{5}$$

e dove nell'ultimo passaggio abbiamo utilizzato ancora una volta la (1). Sostituendo la (6) nella (4), con semplici passaggi algebrici otteniamo

$$\boxed{N_A \cos\alpha - N_B \sin\alpha = \frac{Mg}{4}\cos\alpha} \tag{6}$$

che insieme alla (3) costituisce un sistema lineare in N_A ed N_B la cui soluzione è

$$\begin{cases} N_A = Mg\left(1 - \dfrac{3}{4}\cos^2\alpha\right) \\[2mm] N_B = \dfrac{3}{4}Mg\sin\alpha\cos\alpha, \end{cases} \tag{7}$$

c.v.d.

235. Sia $H = L \sin \alpha$ la quota iniziale del punto B. La corrispondente quota del centro di massa è $H/2$. Se il sistema scende di un terzo della quota iniziale, il centro di massa scende di $H/6$, cosicché l'energia cinetica del sistema sarà pari a $MgH/6$ (poiché l'asta parte da ferma). Indicando con $v_c = \dot{\alpha} l/2$ la velocità scalare del centro di massa, per il secondo teorema di König l'energia cinetica dell'asta è pari a

$$\frac{1}{2} M v_c^2 + \frac{1}{2} \times \frac{Ml^2}{12} \dot{\alpha}^2 = \frac{1}{2} M v_c^2 + \frac{1}{2} \times \frac{M}{3} v_c^2 = \boxed{\frac{2}{3} M v_c^2} \qquad (1)$$

Uguagliando tale energia al lavoro fatto dalla forza peso avremo

$$\frac{MgH}{6} = \frac{2}{3} M v_c^2 \Longrightarrow \boxed{\frac{2M v_c^2}{l} = \frac{3}{4} M g \sin \beta} \qquad (2)$$

dove $\sin \beta = \frac{2}{3} \sin \alpha$ definisce la posizione finale dell'asta. Procedendo analogamente a quanto fatto nella risoluzione del precedente problema, ossia proiettando la prima equazione cardinale scritta nella posizione finale lungo la direzione tangenziale e normale alla traiettoria del centro di massa e tenendo conto della (2), otteniamo il sistema lineare

$$\begin{cases} N_A \cos \beta - N_B \sin \beta = \dfrac{Mg}{4} \cos \beta, \\[4mm] Mg \sin \beta - N_A \sin \beta - N_B \cos \beta = \dfrac{2M v_c^2}{L} = \dfrac{3}{4} Mg \sin \beta, \end{cases} \qquad (3)$$

la cui soluzione è

$$N_A = \frac{Mg}{4}, \qquad (4)$$

$$\boxed{N_B = 0}$$

c.v.d.

www.ingramcontent.com/pod-product-compliance
Lightning Source LLC
Chambersburg PA
CBHW080633180526
45168CB00008B/3152